"十二五"国家重点图书

国家科学技术学术著作出版基金资助

网 络 科 学 与 工 程 丛 书

NSE

8

FUZA DONGTAI WANGLUO DE TONGBU

复杂动态网络的同步

Synchronization in Complex Dynamical Networks

■ 陆君安 刘慧 陈娟 著

高等教育出版社·北京

图书在版编目（CIP）数据

复杂动态网络的同步 / 陆君安，刘慧，陈娟著 . --
北京：高等教育出版社，2016. 6
（网络科学与工程丛书）
ISBN 978-7-04-045197-9

Ⅰ. ①复… Ⅱ. ①陆… ②刘… ③陈… Ⅲ. ①动态网
络-研究 Ⅳ. ①TN711

中国版本图书馆 CIP 数据核字（2016）第 075164 号

策划编辑　刘　英　　责任编辑　刘　英　　封面设计　李卫青　　版式设计　马　云
责任校对　张小镝　　责任印制　韩　刚

出版发行	高等教育出版社	网　　址	http://www.hep.edu.cn
社　　址	北京市西城区德外大街4号		http://www.hep.com.cn
邮政编码	100120	网上订购	http://www.hepmall.com.cn
印　　刷	北京汇林印务有限公司		http://www.hepmall.com
开　　本	787mm×960mm　1/16		http://www.hepmall.cn
印　　张	18		
字　　数	280千字	版　　次	2016年6月第1版
购书热线	010-58581118	印　　次	2016年6月第1次印刷
咨询电话	400-810-0598	定　　价	69.00元

本书如有缺页、倒页、脱页等质量问题，请到所购图书销售部门联系调换
版权所有　侵权必究
物 料 号　45197-00

作者简介

陆君安，武汉大学数学与统计学院教授、博士生导师。近 20 年来一直致力于复杂网络和混沌等方面的研究，曾获 2008 年度国家自然科学二等奖、2007 年度教育部自然科学一等奖、2013 年度和 2006 年度湖北省自然科学一等奖和二等奖。发表学术论文 200 余篇，其中 SCI 论文 100 余篇，SCI 他引 3000 余次，合著 4 部。培养博士生、硕士生多名，其中 3 名获湖北省优秀博士论文奖，2 名获全国优秀博士论文提名奖。2014 年和 2015 年入选爱思唯尔（Elsevier）中国高被引学者榜。

刘慧，华中科技大学自动化学院副教授、硕士生导师。2005 年、2007 年和 2010 年分获武汉大学理学学士、硕士和博士学位，2013 年获荷兰格罗宁根大学工学博士学位。曾于中国科学院数学与系统科学研究院、香港理工大学等做访问学者、博士后。研究方向为复杂网络的控制与应用、非线性系统以及图论方法应用等。
2011 年获湖北省优秀博士论文奖，2014 年入选湖北省楚天学子。

陈娟，武汉科技大学理学院副教授。2006 年获华中师范大学理学学士学位，2008 年和 2011 年分获武汉大学理学硕士和博士学位。曾在香港城市大学做研究助理。近年来一直从事复杂网络同步与控制研究工作。

序

随着以互联网为代表的网络信息技术的迅速发展，人类社会已经迈入了复杂网络时代。人类的生活与生产活动越来越多地依赖于各种复杂网络系统安全可靠和有效的运行。作为一个跨学科的新兴领域，"网络科学与工程"已经逐步形成并获得了迅猛发展。现在，许多发达国家的科学界和工程界都将这个新兴领域提上了国家科技发展规划的议事日程。在中国，复杂系统包括复杂网络作为基础研究也已列入《国家中长期科学和技术发展规划纲要（2006—2020 年）》。

网络科学与工程重点研究自然科学技术和社会政治经济中各种复杂系统微观性态与宏观现象之间的密切联系，特别是其网络结构的形成机理与演化方式、结构模式与动态行为、运动规律与调控策略，以及多关联复杂系统在不同尺度下行为之间的相关性等。网络科学与工程融合了数学、统计物理、计算机科学及各类工程技术科学，探索采用复杂系统自组织演化发展的思想去建立全新的理论和方法，其中的网络拓扑学拓展了人们对复杂系统的认识，而网络动力学则更深入地刻画了复杂系统的本质。网络科学既是数学中经典图论和随机图论的自然延伸，也是系统科学和复杂性科学的创新发展。

为了适应这一高速发展的跨学科领域的迫切需求，中国工业与应用数学学会复杂系统与复杂网络专业委员会偕同高等教育出版社出版了这套"网络科学与工程丛书"。这套丛书将为中国广大的科研教学人员提供一个交流最新研究成果、介绍重要学科进展和指导年轻学者的平台，以共同推动国内网络科学与工程研究的进一步发展。丛书在内容上将涵盖网络科学的各个方面，特别是网络数学与图论的基础理论，网络拓扑与建模，网络信息检索、搜索算法与数据挖掘，网络动力学（如人类行为、网络传播、同步、控制与博弈），实际网络应用（如社会网络、生物网络、战争与高科技网络、无线传感器网络、通信网络与互联网），以及时间序列网络分析（如脑科学、心电图、音乐和语言）等。

"网络科学与工程丛书"旨在出版一系列高水准的研究专著和教材，使其成为引领复杂网络基础与应用研究的信息和学术资源。我们殷切希望通过这套丛书的出版，进一步活跃网络科学与工程的研究气氛，推动该学科领域知识的普及，并为其深入发展做出贡献。

金芳蓉 (Fan Chung) 院士
美国加州大学圣迭戈分校
二〇一一年元月

前言

　　同步是自然和社会中广泛存在的现象，人们利用耦合动力学系统如耦合映像格子（coupled map lattices）和细胞神经网络（cellular neural networks）来研究同步现象已经有许多年的历史，但是早期这些工作都集中在具有比较简单和规则结构的网络上．最近十多年来，随着复杂网络小世界特性和无标度特性的发现，人们开始将节点的动力学性质与网络的复杂结构结合起来研究网络的同步化行为，使得复杂网络的同步成为网络科学的一个重要研究方向，并在诸多领域开始得到应用．

　　复杂动态网络区别于传统的图论主要在于两个方面，一方面它是由大量相同或者相异的节点和边组成的复杂的拓扑结构，另一方面是该网络节点具有自身的动力学，按照网络拓扑结构的不同而演化产生不同的群体行为，可能收敛于平衡点、周期轨或者混沌吸引子．复杂动态网络的同步正是这种演化的群体行为的最重要现象．因此研究网络同步就要研究网络的拓扑结构和节点动力学两者之间相互作用所产生的极其复杂的演化行为，这正是本书试图紧扣的主线．

　　复杂动态网络同步的数学模型有离散模型和连续模型，本书主要讨论连续模型．连续模型中最基本的是耦合微分方程模型和 Kuramoto 振子模型，主要研究的是网络节点的完全同步和相同步等问题. 复杂动态网络同步的研究方法基本上有三种, 一种是利用 Lyapunov 函数方法的全局同步的稳定性分析, 第二种是由 Pecora 等人在 20 世纪 90 年代提出的局部同步的主稳定函数方法, 第三种是由 Belykh 等人在 2004 年提出的时变网络全局同步的连接图稳定性方法, 它将 Lyapunov 函数方法与图论结合起来. 本书将在第 4、5、6 章中分别详细介绍.

复杂动态网络的同步一方面要研究网络的结构是如何决定和影响网络节点之间的同步关系, 不同的拓扑结构如何产生不同的同步过程; 另一方面网络节点的动力学也能反演网络的拓扑结构, 这就是近几年来的一个热门方向: 基于同步的网络结构识别. 网络的 Laplacian 矩阵谱不但含有网络结构的大量信息, 而且与网络的同步能力和网络的同步过程紧密相关, 这也是近几年的一个重要研究方向. 本书将在第 7、8 章中详细介绍这两方面的内容.

复杂动态网络的同步在物理、化学、生物、工程技术以及社会和经济领域中有着广泛的背景, 短短的 10 多年已经取得了很大的进展, 但是距离人们彻底理解这一复杂现象和把握其本质, 还有很长的路要走. 人们为了研究的方便, 总是对模型给予种种假设, 而实际中的网络同步问题要复杂得多, 未解决和尚未认识的问题依然很多. 下面这些问题都是值得深入研究的. 譬如有向加权网络的同步就是一个困难的问题, 目前还没有比较系统的方法来估计网络耦合强度的下界; 同步过程的研究有利于揭示复杂系统的演化机理, 它与特征值谱存在着紧密的关系, 目前主要考虑的是最小非零特征值和最大特征值, 而对特征值谱和特征向量的研究还很少看到; 网络结构与同步演化的关系, 目前大量研究的是结构如何决定和影响网络同步, 反过来的问题这几年已经开始研究, 但还远远不够, 我们在基于同步的网络结构识别方面已经取得一定进展, 但更实际的问题是基于实际数据的网络结构反演，最近几年开始已有一些研究工作；如何设计简单的控制器和控制尽可能少的节点来实现网络同步的优化问题，由于目标函数的多样性，仍有很大的研究空间；再譬如实际网络的同步经常呈模块或聚类结构，涉及跨度很广的尺度问题，还有多层网络的同步和扩散问题，等等．因此，我们说复杂动态网络同步的研究仍然处于一个新兴的阶段，方兴未艾．

本书包括如下 9 章．

第 1 章概述图和网络的基本概念以及相关的矩阵理论，介绍几类典型的复杂网络模型．

第 2 章给出离散动力系统稳定性和常微分方程稳定性的基本理论，以及混沌的基本概念和典型的例子，还介绍了我们提出的 Lorenz 系统最终界的一种估计方法．

第 3 章介绍网络同步的三种定义，对于它们之间的相互关系我们做了详细的论证，给出网络同步最基本的微分方程模型和 Kuramoto 振子模型，说明同步态和同步轨之间的联系和区别，讨论同步态与暂态之间的关系，分析有向网络中根块和叶块对同步态的贡献．本章在理论推导的基础上，提供了一批简单而又直观的实例加以说明，并指出一些尚待解决的问题．

第 4 章讨论网络全局同步的 Lyapunov 函数方法，首先介绍了最基本的线性耦合下的网络同步结果，接着介绍了基于不同控制方法下的网络同步判据，包括：自适应控制的同步方法、牵制控制的同步方法、含时滞的同步、脉冲同步等．本章在阐述我们的研究工作的同时，力求覆盖到国际国内同行的代表性成果．

第 5 章讨论网络局部同步的主稳定函数方法，在此基础上给出刻画网络同步能力的特征值指标，分析了规则网络、小世界网络、无标度网络和我们提出的一种等距加边的小世界网络的同步能力，最后介绍了我们最近提出的同步稳定域的分叉问题，分析节点参数对同步的影响.

第 6 章讨论时变网络全局同步的连接图稳定性方法，在详细推导的基础上介绍了 Belykh 等人的理论结果，并增加了算例及该方法的一些应用. 我们从 Spielman 提出的图谱理论的角度重新理解网络全局同步的经典结果，建立了侧重动力学的 Lyapunov 方法、侧重图拓扑的图比较方法以及连接图方法之间的桥梁. 期望更多的图论结果能够比较直接地应用到复杂网络同步动力学的问题上.

第 7 章给出几种类型网络的特征值谱分布，分析特征值谱与度序列之间的关系. 并且，在中尺度意义下，研究了不同拓扑结构的复杂网络的同步化过程，详细讨论了网络特征值谱与同步化过程之间的关系. 本章以特征值谱为桥梁，力求揭示复杂网络的拓扑结构与同步化过程的内在联系，为复杂网络的中尺度研究提供新的立足点.

第 8 章讨论基于网络同步的网络拓扑结构的识别问题，详细推导同时识别网络拓扑和动力学参数的网络动力学方法，理论分析指出两簇函数组在同步流形上线性无关是网络拓扑识别的必要条件. 在此基础上我们指出了网络同步阻碍拓扑识别的原则.

第 9 章讨论网络同步的某些进展，包括：大规模网络基于同步的粗粒化方法，在降低网络规模的同时保留初始网络的同步性质；聚类环和聚类链同步的尺度可变性问题，网络规模增大时动力学的同步性质能否继续保持的问题；多层网络的结构、两层星形网络、两层 BA 网络的同步问题.

复杂动态网络的同步这一领域的研究进展十分迅速，新的成果不断涌现. 要从大量素材中选取最合适的内容，是一项很困难的事情. 我们尽量把最基本最重要的理论、方法和应用（包括我们团队最近 10 余年的部分成果）撰写出来，力求既有严格的数学推导，又有便于理解的实例，在分析的基础上尽可能提出值得进一步思考的问题，让读者和我们一道享受研究的乐趣．由于我们的水平有限，错误和遗漏在所难免，敬请读者批评指教．

过去 10 余年我们得到了网络科学领域许多专家的热情帮助和支持，在这里我们表示衷心的感谢！虽然我们很难一一列举他们的名字，但是我们还是要特别感谢 10 余年来我国网络科学的领军人物陈关荣教授长期以来对我们研究团队多方面的支持和帮助，感谢谢智刚教授、汪小帆教授、吕金虎研究员、李翔教授、方锦清研究员、史定华教授、汪秉宏教授、曹进德教授、傅新楚教授、陈士华教授等在本书的写作过程中所给予的关心和鼓励．还要感谢我们团队其他成员李大美、吴晓群、周进、韩秀萍、张群娇、赵军产、汤龙坤等教授、博士对本书的撰写所给予的具体帮助，感谢高等教育出版社刘英女士对本书出版的大力支持和精心编辑．最后我们感谢国家自然科学基金项目（编号：11172215，61374173，61304164，61403154）的资助．

作者

2015 年 12 月

目录

第1章 图、网络及矩阵理论

图论的研究可以追溯到 18 世纪伟大的数学家欧拉对著名的 Königsberg 七桥问题的研究. 欧拉对七桥问题的抽象和论证思想, 为图论的发展奠定了基础. 在 20 世纪 50 年代末 60 年代初, 两位匈牙利数学家 Paul Erdös 和 Alfred Rényi (ER) 在图论领域做出了一个重要突破, 建立了随机图理论 (random graph theory)[1], 被公认是在数学上开创了复杂网络理论的系统性研究. 20 世纪末, 小世界和无标度网络模型的提出, 打破了人们习惯性地用随机图来描述现实中复杂网络的传统思维, 确立了复杂网络研究的里程碑.

复杂动态网络的同步

1.1 图的基本概念

图可以用来直观地表示事物以及它们之间的联系, 一般用节点表示事物, 用边表示它们之间的联系. 下面我们主要采用文献 [2, 3] 中的记号与概念.

定义 1.1. 二元组 $(\mathcal{V}(\mathcal{G}), \mathcal{E}(\mathcal{G}))$ 称为图. 其中 $\mathcal{V}(\mathcal{G})$ 是非空集合, 称为节点集; $\mathcal{E}(\mathcal{G})$ 是 $\mathcal{V}(\mathcal{G})$ 中所有节点之间的边的集合. 通常用 $\mathcal{G} = (\mathcal{V}, \mathcal{E})$ 表示图.

图可以分为有限图与无限图两类. 本书只讨论有限图的范畴, 也就是 $\mathcal{V}$ 为有限集. 取 $\mathcal{V} = \{v_1, \cdots, v_N\}$, 这里 N 是图中节点的数目. 边集 $\mathcal{E} \in \mathcal{V} \times \mathcal{V}$, 即如果存在从节点 v_i 到节点 v_j 的边, 则 $e_{ij} = (v_i, v_j) \in \mathcal{E}$. 如果一条边的两个端点相同, 那么这条边称为自环. 在同一对节点之间可以存在多条边, 称为重边. 本书将只考虑简单图, 也就是不存在自环和重边的图.

当给定节点数目以及它们之间的相邻关系, 便很容易画出相应的图来, 不过图的形状不是唯一的. 形状不同但结构相同的图叫做**同构**. 下面给出图同构的定义.

定义 1.2. 假设两个节点数和边数都相同的图为 $\mathcal{G}_1 = (\mathcal{V}_1, \mathcal{E}_1)$ 和 $\mathcal{G}_2 = (\mathcal{V}_2, \mathcal{E}_2)$. 如果 $\mathcal{G}_1$ 和 $\mathcal{G}_2$ 之间存在双射 f, 使得 $(u, v) \in \mathcal{E}_1$, 当且仅当 $(f(u), f(v)) \in \mathcal{E}_2$, 则称 $\mathcal{G}_1$ 和 $\mathcal{G}_2$ 同构.

例 1.1. 如图 1.1 所示的两个图 $\mathcal{G}_1$ 和 $\mathcal{G}_2$. 它们之间存在双射 f 满足: $f(v_1) = a, f(v_2) = x, f(v_3) = b, f(v_4) = y, f(v_5) = c, f(v_6) = z$. 并且对于任意 $e = (u, v) \in \mathcal{E}_1$, 都有 $e' = (f(u), f(v)) \in \mathcal{E}_2$; 反之亦然. 所以 $\mathcal{G}_1$ 和 $\mathcal{G}_2$ 同构.

图 $\mathcal{G}$ 的边可以是有方向的, 也可以是无方向的. 它们分别称为有向边和无向边, 可以用 $e_{ij} = (v_i, v_j)$ 表示. 如果 $e_{ij} = (v_i, v_j)$ 是有向边, 称 v_i 是 e_{ij} 的起点,

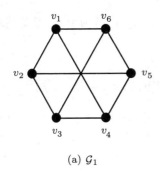

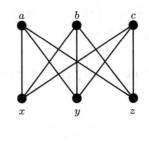

(a) $\mathcal{G}_1$ (b) $\mathcal{G}_2$

图 1.1 两个同构图

v_j 是 e_{ij} 的终点; 如果 $e_{ij} = (v_i, v_j)$ 是无向边, 称 v_i, v_j 是 e_{ij} 的两个端点. 全部由无向边组成的图称为**无向图**; 全部由有向边组成的图称为**有向图**; 既有有向边又有无向边组成的图称为混合图. 由于可以将无向边看做是双向的有向边, 因此本书中我们将混合图当做有向图来处理.

定义 1.3. 有向图 $\mathcal{G} = (\mathcal{V}, \mathcal{E})$ 中, 选择 q 条有向边, 若边序列 $P = (e_1, e_2, \cdots, e_q)$, 其中 $e_k = (v_i, v_j)$, 满足 v_i 是 e_{k-1} 的终点, v_j 是 e_{k+1} 的始点, 就称 P 是 $\mathcal{G}$ 的一条有向路径.

定义 1.4. 无向图 $\mathcal{G} = (\mathcal{V}, \mathcal{E})$ 中, 选择 q 条无向边, 若边序列 $P = (e_1, e_2, \cdots, e_q)$, 其中 $e_k = (v_i, v_j)$, 满足 v_i 是 e_{k-1} 的一个端点, v_j 是 e_{k+1} 的一个端点, 就称 P 是 $\mathcal{G}$ 的一条路径.

假设 $\mathcal{G}$ 是无向图, 若 $\mathcal{G}$ 的任意两个节点之间都存在路径, 就称 $\mathcal{G}$ 是**连通图**, 否则称为**非连通图**. 如果 $\mathcal{G}$ 是有向图, 不考虑其边的方向, 即视之为无向图, 若它是连通的, 则称 $\mathcal{G}$ 是**弱连通图**. 假设 $\mathcal{G}$ 是有向图, 如果对任意一对节点 (v_i, v_j) $i \neq j$, 都存在节点 v_i 到节点 v_j 的有向路径, 那么称这个有向图是**强连通图**. 如果在有向图 $\mathcal{G}$ 中存在一个节点 v_r, 使得任何其他节点 $v_i \in \mathcal{V}$, 都存在一个从 v_r 到 v_i 的有向路径, 则称图 $\mathcal{G}$ 含有**有向生成树**. 由 $\mathcal{G}$ 的所有节点及部分边所构成的有向树, 就是图 $\mathcal{G}$ 的有向生成树. 事实上它是图 $\mathcal{G}$ 的一个子图. 节点 v_r 称为该有向生成树的根节点.

定义 1.5. 如果图 $\mathcal{G} = (\mathcal{V}, \mathcal{E})$ 的每条边 $e_k = (v_i, v_j)$ 都被赋以一个实数 ε_k

3

作为该边的权, 则称 $\mathcal{G}$ 是加权图. 记为 $\mathcal{G} = (\mathcal{V}, \mathcal{E}, \varepsilon)$. 特别地, 如果这些权都是正实数, 则称 $\mathcal{G}$ 是正权图.

根据具体的应用背景, 边权可以表示该边的长度、容量、费用等.

1.2 图的代数表示

在对图 $\mathcal{G}$ 进行计算时, 需要用代数方法进行表示. 有兴趣的读者可以参看有关文献, 如文献 [3]. 这里我们主要介绍后面章节将涉及的图的邻接矩阵以及 Laplacian 矩阵.

图的邻接矩阵 $\bar{A}$ 是一个方阵, 其元素为

$$\bar{a}_{ij} = \begin{cases} 1, & (v_j, v_i) \in \mathcal{E}; \\ 0, & \text{其他}. \end{cases}$$

在有向图中, 一个节点的**入度** (in-degree) 是终点为该节点的边数; 一个节点的**出度** (out-degree) 是始点为该节点的边数. $k_i^{(\text{in})}$ 记做节点 i 的入度, $k_i^{(\text{out})}$ 记做节点 i 的出度, 那么有 $k_i^{(\text{in})} = \sum_{j, j \neq i} \bar{a}_{ij}$, $k_i^{(\text{out})} = \sum_{j, j \neq i} \bar{a}_{ji}$. 如果节点 i 的入度等于它的出度, 那么说节点 i 是平衡的 (balanced). 在有向图 $\mathcal{G}$ 中, 如果所有的节点都是平衡的, 那么称图 $\mathcal{G}$ 是平衡的. 对于一个无向图, 它的邻接矩阵是对称的, 也就是对所有的 $1 \leqslant i, j \leqslant N$ 都有 $\bar{a}_{ij} = \bar{a}_{ji}$.

定义入度矩阵 $\Delta \in \mathbb{R}^{N \times N}$ 是对角元为 $k_i^{(\text{in})}$ 的 N 阶对角矩阵. 那么, 图 $\mathcal{G}$ 的 Laplacian 矩阵为 $L = \Delta - \bar{A}$.

例 1.2. 图 1.2 (a) 中所描述的图是无向的, 图 1.2 (b) 中所描述的图是有向

的、强连通的, 这两个图的邻接矩阵分别为

$$\begin{pmatrix} 0 & 1 & 0 & 1 \\ 1 & 0 & 1 & 0 \\ 0 & 1 & 0 & 1 \\ 1 & 0 & 1 & 0 \end{pmatrix} \quad 和 \quad \begin{pmatrix} 0 & 0 & 0 & 1 \\ 1 & 0 & 0 & 0 \\ 0 & 1 & 0 & 0 \\ 0 & 0 & 1 & 0 \end{pmatrix}.$$

这两个图的 Laplacian 矩阵分别为

$$\begin{pmatrix} 2 & -1 & 0 & -1 \\ -1 & 2 & -1 & 0 \\ 0 & -1 & 2 & -1 \\ -1 & 0 & -1 & 2 \end{pmatrix} \quad 和 \quad \begin{pmatrix} 1 & 0 & 0 & -1 \\ -1 & 1 & 0 & 0 \\ 0 & -1 & 1 & 0 \\ 0 & 0 & -1 & 1 \end{pmatrix}.$$

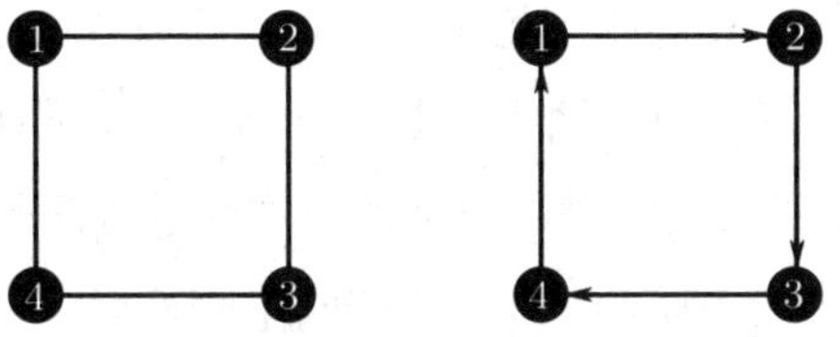

(a) 无向图   (b) 有向图

图 1.2   两个图例

如果我们考虑加权图 $\mathcal{G} = (\mathcal{V}, \mathcal{E}, \varepsilon)$, ε_{ij} 表示边 (v_j, v_i) 上的权重. 那么, 该加权图的邻接矩阵定义为 $\bar{A}^{(w)} = [\bar{a}_{ij}^{(w)}]_{N \times N}$, 这里

$$\bar{a}_{ij}^{(w)} = \begin{cases} \varepsilon_{ij}, & (v_j, v_i) \in \mathcal{E}; \\ 0, & \text{其他}. \end{cases}$$

入度矩阵 $D^{(w)} = [d_{ii}^{(w)}]_{N \times N}$ 定义为对角元为 $d_{ii}^{(w)} = \sum\limits_{j, j \neq i} \varepsilon_{ij}$, $i = 1, \cdots, N$ 的对角矩阵. 相应地, 加权图 $\mathcal{G}$ 的 Laplacian 矩阵为 $L^{(w)} = D^{(w)} - \bar{A}^{(w)}$.

上面介绍了图的 Laplacian 矩阵. 人们通常还关注 Laplacian 矩阵的特征值序列, 即称为 Laplacian 矩阵的特征值谱, 简称为 Laplacian 谱. 事实上, 图和它的 Laplacian 谱之间存在非常紧密的关系, 有时我们可以利用图的谱来判定两个图是否同构. 当两个图的谱不相等时, 两个图一定不同构, 反之则不一定成立.

例 1.3. 如图 1.3 所示的两个图 $\mathcal{G}_1$ 和 $\mathcal{G}_2$, 它们的度序列相同. 但是, $\mathcal{G}_1$ 中度为 3 的节点与度为 2 的节点的连边数为 2, 而 $\mathcal{G}_2$ 中这样的边有 6 条. 因此, 这两个图是不同构的. 然而, 它们的 Laplacian 谱是相同的, 都为: $0, 0.6571, 1, 2.5293, 3, 4, 4, 4.8136$.

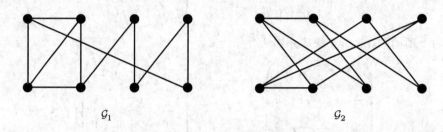

图 1.3   两个同谱但不同构的图

如果两个不同构的图具有相同的 Laplacian 谱, 则称这两个图为**同谱图**[4]. 同谱图的存在, 使得利用谱来判断两个图是否同构存在局限性. 但是, 两个大型网络同谱的概率非常低, 所以由同谱图导致的谱方法的局限性在绝大多数情况下是可以忽略的, 人们仍然可以用图的谱来分析网络的性质.

1.3　复杂网络简介

现实世界中许多复杂网络, 如 WWW、Internet、通信网络、电力网络、生物神经网络、新陈代谢网络、科研合作网络、演员合作网络、社会关系网络等, 尽管看上去各不相同, 但是它们有着惊人的相似之处. 概括起来, 它们有以下主要特征:

- 网络的规模巨大: 现实网络的规模通常都非常大, 节点数目一般在几万、几十万到几亿、几十亿, 因此研究如此海量节点的网络, 需要好的模型来刻画.
- 稀疏性: 现实网络的边数通常是节点数的线性阶, 即 $O(N)$, 而不是 N 的 2 次方阶.

- 小世界特性: 网络的平均路径长度很小并且具有聚类特性.
- 节点度的幂律分布: 节点度分布近似为幂律分布, 这也是最引人注目的性质.

1.3.1 复杂网络中的基本特征量

1. 节点的度 (degree)

图 $\mathcal{G}$ 中节点 i 的**度** k_i 定义为: 与该节点连接的其他节点的数目. 在有向网络中, 一个节点的度分为出度和入度. 直观地看, 一个节点的度越大就意味着这个节点在某个意义上越重要. 网络中所有节点的度 k_i 的平均值称为网络的节点平均度, 记为 $\langle k \rangle$.

网络中节点的度的分布情况可用分布函数 $P(k)$ 来描述. $P(k)$ 表示的是随机选取一个节点其度为 k 的概率. 最近邻网络有着简单的度序列, 它的所有节点具有相同的度, 所以度分布为 Delta 分布, 它有一个 "尖峰". 那么, 任何随机化倾向都将使这个 "尖峰" 的形状变缓. 完全随机网络的度分布接近于 Poisson 分布, 其形状在远离 "尖峰" $\langle k \rangle$ 处呈指数下降, 这意味着当 $k \gg \langle k \rangle$ 时, 度为 k 的节点几乎不存在. Barabási 等人研究发现, 许多实际网络的度分布明显地不同于 Poisson 分布, 而用幂律形式 $P(k) \sim k^{-\gamma}$ 可以更好地刻画. 一个函数称为是 " 无标度" 的, 如果该函数具有如下性质: 对于任意给定的常数 a, 存在常数 b 使得 $f(ax) = bf(x)$ 成立. 而幂律函数正是唯一具有这种性质的函数, 这表明幂律度分布的网络没有明显的特征标度, 所以我们称它为无标度网络. 有关这方面的详细介绍, 可以参看文献 [5].

2. 平均路径长度 (average path length)

在一个网络中, 两个节点 i 和 j 之间的距离 d_{ij} 定义为连接 i 和 j 的最短路径所包含的边的数目. 网络中任意两个节点间距离的最大值称为网络直径 D. 一个网络的平均路径长度 L 定义为网络中任意两个点间距离的平均值. 研究发现, 尽管许多实际的复杂网络的节点数目巨大, 但网络的平均路径长度却惊人地小, 即使在稀疏连接的网络中情况也是如此. 这就是网络的小世界特性, 或者所谓的 "六度分离原则"[6].

3. 聚类系数 (clustering coefficient)

生活中人们经常会遇到这样的现象, 你的两个朋友, 他们之间也是朋友. 这种特性被称为聚类特性. 网络的聚类系数可以由下面的方式定义. 假设节点 i 连接着 k_i 条边, 并通过它们连接到 k_i 个其他的节点, 这些节点都是节点 i 的邻接节点. 易知在这些邻接节点之间最多可能存在 $k_i(k_i-1)/2$ 条边, 此时这些邻接节点之间是全部互相连接的. 实际上这些节点之间存在的边的数目 $E_i \leqslant k_i(k_i-1)/2$. 节点 i 的聚类系数 C_i 就定义为 $2E_i/k_i(k_i-1)$. 整个网络的聚类系数 C 定义为网络中所有节点的聚类系数的均值. 平均聚类系数 C 总是小于等于 1, 等于 1 当且仅当网络是全连接的. 对于 N 个节点的完全随机网络, 其聚类系数 $C = O(1/N)$. 而许多大规模的实际网络都具有明显的聚类效应, 它们的聚类系数虽然远小于 1, 但是却比 $O(1/N)$ 要大得多. 这告诉我们, 实际的复杂网络并不是完全随机的.

4. 其他特征

上述三种统计特性是复杂网络最基本的特征, 随着研究的深入, 人们逐渐发现真实网络还具有其他一些重要的统计性质, 例如:

(1) 网络的鲁棒性与脆弱性: 网络的功能依赖其节点的连通性, 我们称网络节点的删除对网络连通性的影响为网络的鲁棒性. 其分析有两种方式: 随机删除和蓄意删除. Albert 等人分别对度分布服从指数分布的 ER 随机网络模型和度分布服从幂律分布的 BA 无标度网络模型进行了研究, 结果显示: 随机删除节点基本上不影响 BA 网络的平均路径长度, 相反, 有选择地删除节点 (有意识地去除网络中一部分度大的节点) 后, BA 网络的平均路径长度较随机网络的增长快得多[7]. 这表明, BA 模型相对随机网络具有较强的鲁棒性和蓄意攻击下的脆弱性. 出现上述现象的原因在于, 幂律分布网络中存在少数具有很大度数的节点, 它们在网络连通中扮演着关键性角色, 这种节点称为 Hub 型节点.

(2) 介数: 介数分为节点介数和边介数. 节点介数为网络中所有最短路径经过该节点的数量的比例; 边介数含义类似. 介数反映了节点或边在整个网络中的作用和影响力, 具有很强的现实意义. 例如, 在社会关系网络或技术网络中, 介数的分布特征反映了不同人员、资源和技术在相应生产关系中的地位.

(3) 度和聚类系数之间的相关性: 网络中度和聚类系数之间的相关性被用来描述不同网络结构之间的差异, 它包括两个方面: 不同度数节点之间的相关性、节点度分布与其聚类系数之间的相关性. 前者指的是网络中与度大节点相连接的节点的度偏高还是偏低; 后者指的是度大节点的聚类系数偏高还是偏低. 实证表明, 在社会网络 (演员合作网络、公司董事网络、电子邮箱网络) 中节点具有正的度相关性, 而节点度分布与其聚类系数之间却具有负的相关性; 其他类型的网络 (信息网络、技术网络、生物网络) 则相反[5].

1.3.2 几种典型的网络模型

要理解网络结构与网络行为之间的关系, 就需要对实际网络的结构特征有很好的了解, 并在此基础上建立合适的网络模型. 本节介绍几种基本的网络模型.

1. 规则网络

(1) 星型网络

网络中有一个中心节点, 其他节点都与该中心节点相连. 一个具有 N 个节点的星型网络, 其中心节点的度为 $N-1$, 其他 $N-1$ 个节点的度为 1.

(2) 最近邻网络

网络中每一个节点都和它周围的邻居节点相连. 通常也被称为耦合格子 (lattice). 最近邻网络包含 N 个围成一个环的点, 其中每个节点都与它左右各 K 个邻居节点相连. 最近邻耦合网络是高聚类的, 但不是小世界网络. 当 $N \to \infty$ 时, 它的平均路径长度趋于无穷大. 那么是否存在一个同时具有高聚类和小世界特性的稀疏规则网络呢? 答案是肯定的, 比如星型网络就是一个简单的例子. 当 $N \to \infty$ 时, 它的平均路径长度趋于 2 而聚类系数趋于 1. 表明星型网络同时具有稀疏性、聚类性和小世界特性. 可惜的是大多数实际网络并不具有星型形状.

(3) 全连接网络

在全连接网络中, 每个节点都和其他所有节点连接. 因此, 在具有相同节点数的所有网络中, 全连接网络具有最小的平均路径长度 $L = 1$ 和最大的聚类系数 $C = 1$. 虽然全连接网络模型反映了许多实际网络所具有的聚类性质和小世界特性, 但其显著的局限性在于: 在一个具有 N 个节点的全连接网络中共有 $N(N-1)/2$ 条边. 但在实际网络中, 边是比较稀疏的, 一般网络边的数目是 N 的量级而不是 N^2 的量级.

9

2. 随机图网络

ER 随机图理论[1] 是在 1959 年由 Erdös 和 Rényi 提出的. 假设网络有 N 个节点, 以概率 p 来连接任意两个不同节点, 这样就生成了一个具有 N 个节点和 $pN(N-1)/2$ 条边的随机图网络. 随机图网络的平均度是 $\langle k \rangle = p(N-1)$, 度的分布呈 Poisson 分布. 随机图理论研究的主要问题是: 当概率 p 为多大时, 随机图会产生一些特殊的属性. Erdös 和 Rényi 最重要的发现是 ER 随机图具有涌现或相变性质, 也就是说, 如果概率 p 大于某一临界值 $p_c \sim (\ln N)/N$, 那么几乎每一个随机图都是连通的. 随机网络的平均路径长度是 $(\ln N)/\langle k \rangle$ 数量级, 表明它具有典型的小世界特性. 另外, 它的聚类系数是 $C = p = \langle k \rangle/(N-1) \ll 1$, 这意味着大规模随机网络没有聚类特性.

3. 小世界网络模型

通过上面的分析可以看到, 最近邻网络具有高聚类特征, 但不具有小世界特性. 全连接网络具有较大的聚类系数和小世界特性, 但边连接过于稠密. 随机图网络具有小的平均路径长度, 但却不具有实际网络的聚类特性, 聚类系数过小. 因此, 这些网络模型都不能再现真实网络的一些重要特征, 实际网络通常是既具有某种规则性, 又具有一些随机性. 为了描述从规则格子到随机网络之间的转变, 1998 年 Watts 和 Strogatz 引入了小世界网络模型, 也称之为 WS 小世界网络模型. 其生成算法如下[8]:

第 1 步: 从一个具有 N 个节点, 每个节点具有 $2K$ 个近邻 (左右相连的节点各 K 个) 的最近邻网络开始. 为了使网络连接具有稀疏性, 要满足 $N \gg K$.

第 2 步: 随机化重连. 以概率 p 重新连接 (rewire) 网络中的每条边. 重新连接在这里是指把一条边的一端从一个节点转移到在网络中随机选取的另一个节点上, 并保证节点没有自连接以及两个节点间没有重复连接. 这样网络中就产生了 pNK 条 "长距离连接". 通过改变 p, 可以产生从规则格子 ($p = 0$) 到随机网络 ($p = 1$) 的转变.

研究发现, 对于一个较小的重新连接概率 p, 聚类系数改变很小, 但平均路径长度却减小得很快. 这类既具有较短平均路径长度又具有较高聚类系数的网络就称为小世界网络. 小世界网络的度分布和 ER 随机图一样也是服从 Poisson 分布. 注意到在 WS 小世界网络模型中, 随机化重新连接的过程有可能破坏整个网络的连通性. 为了克服这个问题, Newman 和 Watts 在文献 [9, 10] 中对这个小世界网络模型做了一点修改, 提出了 NW 小世界网络模型. 在该模型中, 不断开原有的连接, 而是以概率 p 在随机选定的一对节点间添加新的连接. 同样, 也要保证节点没有自连接以及节点之间没有重复连接. 当 $p = 0$ 时, NW 网络就是原来的规则最近邻网络; 当 $p = 1$ 时, 网络变成规则的全连接网络. 研究发现, 在 p 较小和 N 足够大时, NW 模型具有和 WS 模型相同的特性.

4. 无标度网络模型

上述网络模型中, 最近邻网络的度分布为 Delta 函数, 因为网络中所有节点的度都相同. ER 随机图网络和小世界网络的度分布都是 Poisson 分布, 该分布在度的均值处有一个峰值, 在两侧呈指数衰减. 而最近研究发现, 实际的很多大规模复杂网络的度分布都服从幂律 (power-law) 分布, 包括 Internet、蛋白质作用网、新陈代谢网络等.

为了解释这种幂律分布, Barabási 和 Albert (BA) 提出了无标度网络模型[11,12]. BA 无标度网络模型的演化生成主要有两个要点: 增长 (growth) 和偏好连接 (preferential attachment). 他们认为之前的大多数复杂网络模型都忽略了这两点. 首先, 大多数网络都是开放的, 不断有新的节点加入. 但规则网络、ER 随机图网络和小世界网络等网络模型却都是节点数目固定不变的网络. 另外, ER 随机图网络和小世界网络模型中考虑加入连接和重新连接是等概率一致分布的, 但现实中很多网络连接却倾向于 "富者更富 (rich gets richer)" 的偏好性. 下面介绍 BA 无标度网络模型的生成算法[11]:

第 1 步: (增长性) 假设网络最初有 m_0 个节点, 每次加入 1 个新节点, 并选择已有的 m 个节点与之连接, 这里 $m < m_0$.

第 2 步: (偏好连接性) 在挑选哪些节点与新加入的节点相连接时, 我们假设与节点相连接的概率 $\Pi(k_i)$ 都正比于节点的度, 即 $\Pi(k_i) = k_i / \sum_j k_j$. 根据上述步骤重复 t 次后生成得到一个有 $N = m_0 + t$ 个节点和 mt 条边的网络.

这样生成的网络中, 有少数度大的节点, 而大多数节点的度都比较小. 这和实际网络的情况比较类似. 比如, 在万维网中像雅虎、新浪等这样知名的网站有很多连接, 但大多数网站的连接数都比较少. 下面给出 BA 无标度网络的一些重

复杂动态网络的同步

要特征:

(1) BA 无标度网络的平均路径长度为[13]: $L \propto \dfrac{\log N}{\log \log N}$. 这表明该网络具有小世界特征.

(2) 聚类系数: 文献 [14] 对 BA 无标度网络的聚类系数做了详细的分析, 结果表明, 当网络规模充分大时, 按照以上算法生成的 BA 网络具有一定的聚类特征.

(3) 度分布: 节点具有度为 k 的概率为 $P(k) \sim 2m^2 k^{-\gamma}$, 这里 $\gamma = 3$. 这种度分布称为无标度的幂律分布.

参考文献

[1] Erdös P, Rényi R. On random graphs I [J]. Publicationes Mathematicae, 1959, 6: 290–297.

[2] Godsil C, Royle G. Algebraic Graph Theory [M]. New York: Springer-Verlag, 2001.

[3] 戴一奇, 胡冠章, 陈卫. 图论与代数结构 [M]. 北京: 清华大学出版社, 1995.

[4] Butler S, Grout J. A construction of cospectral graphs for the normalized Laplacian [J]. The Electronic Journal of Combinatorics, 2011, 18(1): 231.

[5] 史定华. 网络度分布理论 [M]. 北京: 高等教育出版社, 2011.

[6] Guare J. Six Degrees of Separation: A Play [M]. New York: Vintage, 1990.

[7] 汪小帆, 李翔, 陈关荣. 网络科学导论 [M]. 北京: 高等教育出版社, 2012.

[8] Watts D J, Strogatz S H. Collective dynamics of 'small-world' networks [J]. Nature, 1998, 393(6684): 440–442.

[9] Newman M E J, Watts D J. Renormalization group analysis of the small-world network model [J]. Phys. Lett. A, 1999, 263(4–6): 341–346.

[10] Newman M E J, Watts D J. Scaling and percolation in the small-world network model [J]. Phys. Rev. E, 1999, 60: 7332–7342.

[11] Barabási A L, Albert R. Emergence of scaling in random networks [J]. Science, 1999, 286: 509–512.

[12] Barabási A L, Albert R, Jeong H. Mean-field theory for scale-free networks [J]. Physica A, 1999, 272: 173–187.

[13] Cohen R, Havlin S. Scale-free networks are ultrasmall [J]. Phys. Review. Lett., 2003,

90: 058701.

[14] Fronczak A, Fronczak P, Holyst J A. Mean-field theory for clustering coefficients in Barabási-Albert networks [J]. Phys. Rev. E, 2003, 68: 046126.

第 2 章 动力系统稳定性理论

动力系统主要研究一个确定性系统的状态随时间变化的规律. 确定性系统的刻画方式, 可以是状态变量的微分方程, 也可以是状态变量的差分方程. 在研究复杂动态网络时, 网络节点的演化主要由常微分方程动力系统或者离散动力系统来刻画, 特别在研究复杂动态网络同步时, 强调节点动力学按网络结构而相互耦合, 因此它研究的是一种高维动力系统的解的性态. 本章介绍离散动力系统和常微分方程的稳定性基础知识、混沌的概念、几种典型的混沌系统, 最后介绍 Lorenz 系统最终界的一种估计方法.

2.1 离散动力系统稳定性

离散动力系统可以表示为

$$x_{n+1} = f(x_n)$$

其中 $x_n \in M$, 映射 $f : M \to M$, 我们希望了解随着 n 的增大, 序列 $x, f(x), f^2(x),$ $\cdots, f^n(x), \cdots$ 的最终性态. 因此称 $x, f(x), f^2(x), \cdots, f^n(x), \cdots$ 的集合为 x 的向前轨道, 记为

$$O^+(x) = \{x, f(x), f^2(x), \cdots, f^n(x), \cdots\}.$$

如果 f 是同胚, 还可以定义 x 的全轨道

$$O(x) = \{\cdots, f^{-n}(x), \cdots, f^{-2}(x), f^{-1}(x), x, f(x), f^2(x), \cdots, f^n(x), \cdots\},$$

x 的向后轨道, 记为

$$O^-(x) = \{x, f^{-1}(x), f^{-2}(x), \cdots, f^{-n}(x), \cdots\}.$$

对于一维离散动力系统, 可以画出点 x 的向前轨道 $O^+(x)$ 的前面几项. 例如对于 Logistic 模型 (虫口模型) $x_{n+1} = \mu x_n(1-x_n)$, 可以先做 $f(x) = \mu x(1-x)$ 的图像, 并做直线 $y = x$, 现设初值为 x_0, 过 $(x_0, 0)$ 做平行于 y 轴的直线与 $y = f(x)$ 相交于 $(x_0, f(x_0))$, 记为 (x_0, x_1), 过此点做 x 轴的平行线交 $y = x$ 于点 (x_1, x_1), 再过此点做 y 轴的平行线交 $y = f(x)$ 于 $(x_1, f^2(x_0))$, 记为 (x_1, x_2), 再做 x 的平行线, 依次下去, 便得到 x_0 的向前轨道 $O^+(x)$ 的前面几项. 这个过程如图 2.1 所示.

对于离散动力系统, 即使很简单的非线性映射其轨道都可能非常复杂. 然而存在一些特殊的点, 其轨道十分简单, 而且在整个系统的研究中起到非常重要的作用.

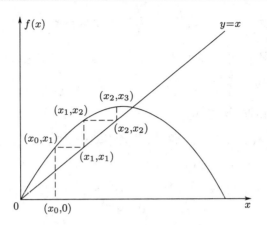

图 2.1　一维离散动力系统的向前轨道

定义 2.1. (**周期点**) 如果对于某个 $x_0 \in M$ 有 $f^n(x_0) = x_0$, 但对于小于 n 的自然数 k, $f^k(x_0) \neq x_0$, 则称 x_0 是 f 的一个 n-**周期点**.

定义 2.2. 当 x_0 是 f 的 n-周期点时, 称 $\{x_0, f(x_0), f^2(x_0), \cdots, f^{n-1}(x_0)\}$ 为 f 的 n-**周期轨**.

注 2.1. 1-周期点就是**不动点**, 对于定义在区间上的实函数所决定的一维离散动力系统来说, $y = f(x)$ 与 $y = x$ 的交点就是不动点, $y = f^n(x)$ 与 $y = x$ 的交点包含了所有的 n-周期点.

早在 1964 年, 苏联数学家 Sarkovskii 就指出, 对于连续的区间迭代, 可以把所有的自然数按一定次序重新排列, 假设 m 排在 n 的前面, 那么如果有 m-周期点的话, 就一定有 n-周期点.

定理 2.1. (**Sarkovskii 定理**[1]) 设 $f(x)$ 是区间 I 上的连续函数, 其值域包含在 I 中, 将自然数按如下顺序排列:

$$3 \triangleleft 5 \triangleleft 7 \triangleleft \cdots \triangleleft 2n+1 \triangleleft 2n+3 \triangleleft \cdots \triangleleft$$
$$2 \times 3 \triangleleft 2 \times 5 \triangleleft \cdots \triangleleft 2(2n+1) \triangleleft \cdots \triangleleft$$
$$\cdots \cdots \triangleleft$$
$$2^m \times 3 \triangleleft 2^m \times 5 \triangleleft \cdots \triangleleft 2^m \times (2n+1) \triangleleft \cdots \triangleleft$$
$$\cdots \cdots \triangleleft 2^l \triangleleft 2^{l-1} \triangleleft \cdots \triangleleft 2^2 \triangleleft 2 \triangleleft 1 \triangleleft$$

如果 f 有 m-周期点, 则当 $m \triangleleft n$ 时, f 必有 n-周期点.

推论 2.1. 设 $f(x)$ 是区间 I 上的连续函数, 其值域包含在 I 中, 如果 $f(x)$ 有 3-周期点, 则 $f(x)$ 有任意周期点.

下面讨论周期点的稳定性.

对于一维情况, 设 f 连续可微, x_0 是其不动点, 如果有一个微小的扰动 δ_0, 做一次迭代后, $\bar{x}_1 = f(x_0 + \delta_0) \approx f(x_0) + f'(x_0)\delta_0$, 设 $\bar{x}_1 = x_0 + \delta_1$, 可得 $\delta_1 \approx f'(x_0)\delta_0$, 再做第二次迭代, 依次下去, n 次迭代后, $\bar{x}_n$ 与 x_0 的偏差 $\delta_n \approx [f'(x_0)]^n \delta_0$. 所以我们有如下定义.

定义 2.3. 设 x_0 是 $f(x)$ 的不动点, 若 $|f'(x_0)| < 1$, 则称 x_0 为 $f(x)$ 的 **吸引不动点**, 若 $|f'(x_0)| > 1$, 则称 x_0 为 $f(x)$ 的 **排斥不动点**.

定义 2.4. 设 x_0 是 $f(x)$ 的 n-周期点, 若 $\left|\dfrac{d}{dx}f^n(x_0)\right| < 1$, 则称 x_0 为 $f(x)$ 的吸引周期点 (吸引子), 若 $\left|\dfrac{d}{dx}f^n(x_0)\right| > 1$, 则称 x_0 为 $f(x)$ 的 **排斥周期点** (排斥子). 称 $\{x_0, f(x_0), \cdots, f^{n-1}(x_0)\}$ 为稳定 (不稳定)n-周期轨.

例 2.1. Logistic 映射

$$x_{n+1} = \mu x_n (1 - x_n) \tag{2.1}$$

由 $\mu x(1-x) = x$ 可得两个不动点 $x_0 = 0$, $x_1 = 1 - 1/\mu$, 由 $f'(x) = \mu(1-2x)$ 知, 当 $0 < \mu < 1$ 时, $x_0 = 0$ 是吸引不动点, 当 $\mu > 1$ 时, $x_0 = 0$ 是排斥不动点. 当 $1 < \mu < 3$ 时, $x_1 = 1 - 1/\mu$ 是吸引不动点, 而当 $0 < \mu < 1$ 或者 $\mu > 3$ 时, $x_1 = 1 - 1/\mu$ 是排斥不动点. 所以当 $0 < \mu < 3$ 时, 它的动力学性态十分简单. 在 $\mu = 3$ 开始, 出现 2-周期, 产生倍周期分岔通向混沌, μ 的分岔点有一个极限 $\mu_\infty = 3.569945672$. 当 μ 越过 μ_∞ 进入 $(\mu_\infty, 4)$, 便进入混沌区, 在 $\mu = 4$ 时系统在 $[0,1]$ 上是混沌的, 如图 2.2 所示.

对于 n 维离散动力系统也有类似的定义.

定义 2.5. 设 $F(x)$ 是 R^n 到 R^n 的光滑映射, x_0 是由 $F(x)$ 所定义的 n 维离散动力系统的 k-周期点. 若 $DF^k(x_0)$ 的 n 个特征值的模均小于 1, 则称 x_0 为

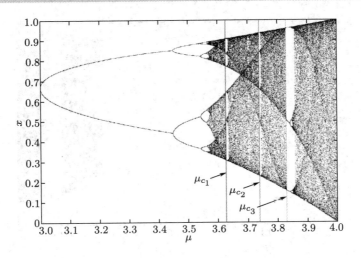

图 2.2　Logistic 映射分岔图

吸引周期点, 若 $DF^k(x_0)$ 存在模大于 1 的特征值, 则称 x_0 为不稳定周期点. 特别地, 若 $DF^k(x_0)$ 的所有特征值的模均大于 1, 则称 x_0 为排斥周期点.

例 2.2. Hénon 映射[2]

$$H : \begin{cases} x_{n+1} = 1 - ax_n^2 + y_n \\ y_{n+1} = bx_n \end{cases} \tag{2.2}$$

其中 $b = 0.3, a \in (0.2, 1.4)$. 容易求得, 当 $0.1225 = \dfrac{(1-b)^2}{4} \leqslant a \leqslant \dfrac{3(1-b)^2}{4} = 0.3675$, 系统有唯一的吸引不动点 (x^*, bx^*), $x^* = \dfrac{(b-1) + \sqrt{(1-b)^2 + 4a}}{2a}$, 而当 $0.3675 = \dfrac{3(1-b)^2}{4} \leqslant a \leqslant \dfrac{(1+b)^2}{4} + (1-b)^2 = 0.9125$, 产生了 2-周期点 $\left(\dfrac{1-b+\sqrt{\Delta}}{2a}, \dfrac{b(1-b) - b\sqrt{\Delta}}{2a} \right)$ 和 $\left(\dfrac{1-b-\sqrt{\Delta}}{2a}, \dfrac{b(1-b) + b\sqrt{\Delta}}{2a} \right)$, 其中 $\Delta = 4a - 3(1-b)^2$. 随着 a 的增大, 出现了稳定的 4-周期轨、8-周期轨 $\cdots\cdots$, 直到 $a = a_\infty \approx 1.06$, 系统进入了混沌区, 如图 2.3 所示.

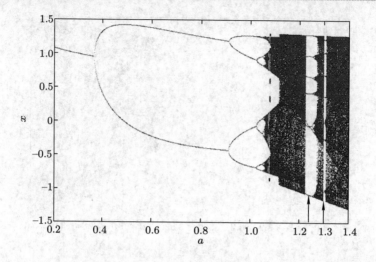

图 2.3 Hénon 映射分岔图

2.2 混沌的概念

2.2.1 帐篷映射

为了引入混沌的概念, 我们先看一个有趣的例子. 由

$$f(x) = \begin{cases} 2x, & 0 \leqslant x < 1/2 \\ 2(1-x), & 1/2 \leqslant x \leqslant 1 \end{cases} \tag{2.3}$$

所确定的离散动力系统中, $f(2/7) = 4/7$, $f^2(2/7) = 6/7$, $f^3(2/7) = 2/7$, 即 $2/7$ 是 3-周期点, 而且 $f : [0,1] \to [0,1]$ 连续, 从而由 Sarkovskii 定理知, 此离散动力系统有任意周期点. 显然, $O^+(0) = \{0, 0, 0, \cdots\}$, $O^+(1) = \{1, 0, 0, \cdots\}$. 下面为了解释清楚每一点 $x_0 \in (0,1)$ 的向前轨道 $O^+(x_0)$, 将它表示为 2 进制小数:

$$x_0 = \sum_{k=1}^{\infty} \frac{a_k}{2^k} = (0.a_1 a_2 a_3 \cdots)_2, \quad a_k \in \{0, 1\}.$$

由定义可知, 如果记 $\bar{a}_k = 1 - a_k$, 则

$$f(x_0) = \begin{cases} (0.a_2a_3a_4\cdots)_2, & a_1 = 0 \\ (0.\bar{a}_2\bar{a}_3\bar{a}_4\cdots)_2, & a_1 = 1 \end{cases}$$

由此可知, $x_0 \in (0,1)$ 的轨道有下列几种情况:

(1) 若 $x_0 = (0.a_1a_2a_3\cdots a_k000\cdots)_2$ 或者 $x_0 = (0.a_1a_2a_3\cdots a_k111\cdots)_2$, 即 x_0 为有理数, 且用真分数表示时, 其分母是 2^m, 则至多经过 $m+1$ 次迭代后为 0, 即 $x_n = 0(n \geqslant m+1)$.

(2) 若 $x_0 = (0.b_1\cdots b_ma_1a_2\cdots a_ka_1a_2\cdots a_k\cdots)_2$, 即 x_0 的二进制展开中, 除前面有限项外, 后面的项呈周期出现, 即 x_0 是有理数, 且其真分数表示中, 分母含有非 2 的因子, 则经过有限次迭代后, 迭代序列也将出现循环.

(3) 若 x_0 的二进制展开中永远不产生循环, 即 x_0 是无理数, 则 x_0 的轨道永远不会趋于 0, 也永远不会产生循环, 而是一个貌似无规则的序列. 如 $x_0 = 1/\sqrt{2} = (0.1011010100000010011\cdots)_2$, 则 $x_1 = (0.10010101111101100\cdots)_2, \cdots$, 根本无规则可循, 既不趋于 0, 也不呈周期变化.

再来看看这个系统对初值是如何敏感依赖的. 取 $x_0 = 2/7$, 即 3-周期点, 则 $x_{3000} = 2/7, x_{3001} = 4/7, x_{3002} = 6/7, x_{3003} = 2/7, \cdots$, 再取 $\bar{x}_0 = \dfrac{2}{7}\left(1 - \dfrac{1}{2^{3000}}\right)$, 显然 $|x_0 - \bar{x}_0| = \dfrac{2}{7}\cdot\dfrac{1}{2^{3000}}$, 十分接近, 但是由于 $\bar{x}_0 = \dfrac{2}{7}\cdot\dfrac{2^{3000}-1}{2^{3000}} = \dfrac{M}{2^{2999}}$, (由于 $2^{3000} - 1 = 8^{1000} - 1$ 有 7 这个因子, 故 M 为奇数), 从而 $\bar{x}_{3000} = 0, \bar{x}_{3001} = 0, \cdots$, 即两个初值虽然非常接近, 但经多次迭代后, 它们的偏差却不小于 2/7. 这种对初值的敏感依赖性说明轨道的不可预测性. 对于 $[0,1]$ 上的一个点, 除非已经知道它是周期点, 或者理论上证明经过多少次迭代后周期循环, 否则要想通过计算来预测未来是不可能的. 计算中误差是难免的, 迭代若干步后, 计算的值与实际轨道会相差很远.

2.2.2 混沌的两种表述

从上面的例子看出, 一个完全确定的系统中出现了类似于随机过程的现象, 这种现象被称为混沌现象. 下面介绍混沌 (Chaos) 的两种表述, 一种是 1975 年发

表在 *Amer. Math. Monthly* 的短文 Period three implied chaos[3], 第一次引入如下混沌的概念.

Li-York 意义下的混沌表述: 设闭区间上的连续函数 $f(x)$, 如果满足下列条件, 便称它为混沌.

(1) f 的周期点的周期无上界.

(2) f 的定义域包含有不可数子集 S, 使得

① 对于任意两点 $x, y \in S$, 都不会有 $\lim\limits_{n \to \infty} (f^n(x) - f^n(y)) = 0$;

② 对于任意两点 $x, y \in S$, 都存在正整数列 $n_1 < n_2 < n_3 < \cdots < n_k < \cdots$, 使得 $\lim\limits_{k \to \infty} (f^{n_k}(x) - f^{n_k}(y)) = 0$;

③ 对于任意 $x \in S$ 和 f 的任一周期点 y, 都不会有 $\lim\limits_{n \to \infty} (f^n(x) - f^n(y)) = 0$.

文中还指出如果 $f(x)$ 有周期 3, 则上述条件便得以满足, 从而指出 "周期 3 蕴含着混沌", 这也是 Sarkovskii 定理的一个特例.

下面给出更直观更易于理解的 **Devaney 意义下的混沌**另一表述[4]: 设 V 是一度量空间, 映射 $f : V \to V$ 如果满足下列 3 个条件, 便称映射 f 在 V 上是混沌的.

(1) 对初值敏感依赖: 存在 $\delta > 0$, 对任意 $\varepsilon > 0$ 和任意的 $x \in V$, 在 x 的 ε 邻域内存在 y 和自然数 n, 使得 $d(f^n(x), f^n(y)) > \delta$.

(2) 拓扑传递性: 对 V 上任一对开集 X, Y, 存在 $k > 0$, 使得 $f^k(X) \cap Y \neq \phi$.

(3) f 的周期点集在 V 中稠密.

对初值的敏感依赖性是混沌的最基本特征, 它意味着无论 x 和 y 离得多么近, 在 f 的作用之下两者的轨道都可能分开较大的距离, 而且在每个点 x 附近都可以找到离它很近而在 f 的作用下终于分道扬镳的点 y. 拓扑传递性意味着任一点的邻域在 f 的作用之下将 "洒遍" 整个度量空间 V, 说明 V 不可能细分或不能分解为两个在 f 作用下不相互影响的子系统. 上述条件 (1) 和条件 (2) 一般说来是随机系统的特征, 但条件 (3) 却又表明系统具有很强的确定性与规律性, 决非一片混乱, 形似紊乱而实则有序, 这正是混沌的耐人寻味之处.

2.2.3 Lyapunov 指数

一般来说, 混沌吸引子可以用一些特征量来刻画, 这里介绍 Lyapunov 指数方法. 混沌运动的基本特点是运动对初值条件极为敏感. 两个很靠近的初值所产生的轨道, 随时间推移按指数方式分离, Lyapunov 指数就是定量描述这一现象的量.

考虑一维动力系统 $x_{n+1} = F(x_n)$ 中, 初始两点迭代后是互相分离的还是靠拢的, 取决于导数 $\left|\dfrac{dF}{dx}\right|$ 的值. 若 $\left|\dfrac{dF}{dx}\right| > 1$, 则迭代使得两点分离; 若 $\left|\dfrac{dF}{dx}\right| < 1$, 则迭代使得两点靠拢. 但是在不断的迭代过程中, $\left|\dfrac{dF}{dx}\right|$ 的值也随之而变化, 时而分离时而靠拢. 为了表示从整体上看相邻两状态分离的情况, 必须对时间 (或迭代次数) 取平均. 因此, 不妨设平均每次迭代所引起的指数分离中的指数为 L, 于是原来相距为 ε 的两点经过 n 次迭代后相距为

$$\varepsilon e^{nL(x_0)} = |F^n(x_0 + \varepsilon) - F^n(x_0)|,$$

取极限 $\varepsilon \to 0$, $n \to \infty$, 上式变为

$$L(x_0) = \lim_{n\to\infty} \lim_{\varepsilon\to 0} \frac{1}{n} \ln \left| \frac{F^n(x_0 + \varepsilon) - F^n(x_0)}{\varepsilon} \right| = \lim_{n\to\infty} \frac{1}{n} \ln \left| \frac{dF^n(x)}{dx} \right|_{x=x_0}.$$

再通过变形计算可简化为

$$L = \lim_{n\to\infty} \frac{1}{n} \sum_{i=0}^{n-1} \ln \left| \frac{dF(x)}{dx} \right|_{x=x_i} \tag{2.4}$$

式 (2.4) 中的 L 与初始值的选取没有关系, 称为原动力系统的 **Lyapunov 指数**, 它表示系统在多次迭代中平均每次迭代所引起的指数分离中的指数.

例如帐篷映射, 取其不动点 $x_0 = 2/3$, 则可计算它的 Lyapunov 指数

$$L = \lim_{n\to\infty} \frac{1}{n} \sum_{i=0}^{n-1} \ln \left| \frac{dF(x)}{dx} \right|_{x=x_i} = \lim_{n\to\infty} \frac{1}{n} \sum_{i=0}^{n-1} \ln 2 = \ln 2.$$

由上面讨论可知, 若 $L < 0$, 则意味着相邻点最终要靠拢合并成一点, 这对应于稳定的不动点和周期点运动; 若 $L > 0$, 则意味着相邻点最终要按指数方式分离, 这对应于轨道的局部不稳定, 如果轨道还有整体的稳定因素 (如整体有界、耗

散、存在捕捉区域等), 则在此作用下反复折叠, 形成混沌吸引子. 故 Lyapunov 指数 $L > 0$ 可作为系统混沌行为的一个判据.

对于一般的 n 维动力系统, 可以类似定义 Lyapunov 指数谱, 它与相空间的轨线收缩或扩张的性质相关联的, 在 Lyapunov 指数小于零的方向轨道收缩, 运动稳定, 对于初始条件不敏感; 而在 Lyapunov 指数为正的方向上, 轨道迅速分离, 对初值敏感. 在 Lyapunov 指数谱中, 最小的 Lyapunov 指数, 决定轨道收缩的快慢; 最大的 Lyapunov 指数, 则决定轨道发散即覆盖整个吸引子的快慢, 它也是实际中用来判别混沌的最重要的指标; 而所有的指数之和 $\sum L_i$ 大体上表征轨线总的平均发散快慢.

2.3 常微分方程的稳定性

关于常微分方程的解的存在性、唯一性、解的正则性以及解对初值的连续依赖性问题, 这里不做讨论, 有兴趣的读者可以参考有关文献. 本节主要讨论微分方程的稳定性, 给出自治系统和非自治系统稳定性的判别方法.

2.3.1 稳定性定义

考察以下一阶常微分方程组

$$\begin{cases} \dfrac{dx_1}{dt} = f_1(t, x_1, \cdots, x_n) \\ \dfrac{dx_2}{dt} = f_2(t, x_1, \cdots, x_n) \\ \quad\cdots\cdots\cdots\cdots \\ \dfrac{dx_n}{dt} = f_n(t, x_1, \cdots, x_n) \end{cases} \tag{2.5}$$

写成向量形式

$$\frac{dx}{dt} = F(t, x). \tag{2.6}$$

我们总是假设方程 (2.5) 满足解的存在唯一性条件, 并存在整体解.

现在给出初始条件, 那么初值问题写成

$$\begin{cases} \dfrac{dx}{dt} = F(t, x) \\ x(t_0) = x_0 \end{cases} \tag{2.7}$$

方程 (2.7) 有一个解 $x = \phi(t, x_0)$. 如果将初值做一微小扰动, 则由

$$\begin{cases} \dfrac{dx}{dt} = F(t, x) \\ x(t_0) = x_1 \end{cases} \tag{2.8}$$

所确定的解为 $x = \phi(t, x_1)$.

稳定性的基本问题就是讨论, 当扰动 $\|x_1 - x_0\|$ 很小的时候, 对解的影响是否显著. 因而引入下面定义.

定义 2.6. 如果对于任意给定的 $\varepsilon > 0$, 存在 $\delta > 0 (\delta$ 一般与 ε 和 t_0 有关), 使得当 $\|x_1 - x_0\| < \delta$ 时, 对一切 $t > t_0$, 所有受干扰运动满足

$$\|\phi(t, x_1) - \phi(t, x_0)\| < \varepsilon$$

则称未受干扰运动 $x = \phi(t, x_0)$ 是**稳定的**, 否则称为不稳定的.

为了便于研究方程 (2.7) 的未受干扰运动 $x = \phi(t, x_0)$ 的稳定性, 我们做变换: $y = x - \phi(t, x_0)$, 则由 $\dfrac{dy}{dt} = \dfrac{dx}{dt} - \dfrac{d}{dt}\phi(t, x_0) = F(t, x) - F(t, \phi(t, x_0))$, 可将原方程化为

$$\begin{cases} \dfrac{dy}{dt} = F(t, y + \phi(t, x_0)) - F(t, \phi(t, x_0)) \\ y(t_0) = 0 \end{cases} \tag{2.9}$$

从而为了讨论 $x = \phi(t, x_0)$ 的稳定性问题, 只需要对方程 (2.9) 讨论其零解的稳定性问题. 因此, 研究未受干扰运动的稳定性问题, 总可以化为研究零解的稳定性问题. 以后均假设 $F(t, 0) = 0$, 且只对零解的稳定性做出定义.

定义 2.7. 如果对于任意给定的 $\varepsilon > 0$, 存在 $\delta > 0$, 使得当 $\|x_0\| < \delta$ 时, 初值问题

$$\begin{cases} \dfrac{dx}{dt} = F(t, x) \\ x(t_0) = x_0 \end{cases}$$

的解 $x(t)$ 满足

$$\|x(t)\| < \varepsilon \quad (t \geqslant t_0)$$

则称方程 $\dfrac{dx}{dt} = F(t, x)$ 的零解是稳定的, 否则便称零解不稳定.

定义 2.8. 如果方程 (2.5) 的零解是稳定的, 且存在这样的 $\delta > 0$, 使得当 $\|x_0\| < \delta$ 时, 满足初始条件 $x(t_0) = x_0$ 的解 $x(t)$ 均有 $\lim\limits_{t \to \infty} x(t) = 0$, 则称方程 (2.5) 的零解是**渐近稳定**的. 如果 (2.5) 的零解是渐近稳定的, 且存在区域 D, 当 $x_0 \in D$ 时, 满足 $x(t_0) = x_0$ 的解 $x(t)$ 均有 $\lim\limits_{t \to \infty} x(t) = 0$, 则称 D 为 (渐近)**稳定域**或**吸引域**. 若吸引域为全空间, 则称 (2.5) 的零解是**全局渐近稳定**的.

2.3.2 自治系统的稳定性

如果微分方程组 (2.5) 的右端不显含 t, 即形如

$$\frac{dx}{dt} = F(x) \tag{2.10}$$

的微分方程组称为自治微分方程组 (或自治系统).

先给出常系数线性齐次微分方程组

$$\frac{dx}{dt} = Ax \tag{2.11}$$

的稳定性定理, 其中 A 为 $n \times n$ 常数矩阵.

定理 2.2. 如果矩阵 A 所有特征值的实部均为负, 则方程组 (2.11) 的零解是全局渐近稳定的; 如果矩阵 A 具有正实部的特征值; 则方程组 (2.11) 的零解不稳定的; 如果矩阵 A 没有正实部的特征值, 但有零实部的特征值, 则方程组 (2.11) 的零解可能是稳定的也可能是不稳定的, 当零实部的特征值的重数与其特征向量空间的维数相同时, 零解是稳定的, 否则是不稳定的.

由定理 2.2 可知, 矩阵 A 特征值的实部对讨论微分方程组 (2.11) 零解的稳定性起着关键的作用, 但当 n 很大时, A 的特征值不容易计算出来. 幸好有 Routh-Hurwitz 判别代数方程根的实部是否全为负的法则.

定理 2.3. (Routh-Hurwitz 定理) 设给定常系数 n 次代数方程

$$a_0 \lambda^n + a_1 \lambda^{n-1} + \cdots + a_{n-1} \lambda + a_n = 0 \tag{2.12}$$

其中 $a_0 > 0$, 构造行列式

$$\Delta_1 = a_1, \Delta_2 = \begin{vmatrix} a_1 & a_0 \\ a_3 & a_2 \end{vmatrix}, \Delta_3 = \begin{vmatrix} a_1 & a_0 & 0 \\ a_3 & a_2 & a_1 \\ a_5 & a_4 & a_3 \end{vmatrix}, \cdots,$$

$$\Delta_n = \begin{vmatrix} a_1 & a_0 & 0 & \cdots \\ a_3 & a_2 & a_1 & \cdots \\ \cdots\cdots\cdots\cdots \\ a_{2n-1} & a_{2n-2} & a_{2n-3} & \cdots \end{vmatrix} = a_n \Delta_{n-1},$$

其中 $a_j = 0 \ (j > n)$, 那么, n 次方程 (2.12) 的一切根均有负实部的充要条件是

$$\Delta_1 > 0, \Delta_2 > 0, \cdots, \Delta_{n-1} > 0, a_n > 0.$$

对于一般非线性微分方程组 (2.10), 则可以将 $F(x)$ 在 $x = 0$ 按一次线性近似来判定其稳定性.

定理 2.4. 设 $F: D \to R^n$ 连续可微, D 是包含原点 $x = 0$ 的邻域, $F(0) = 0$, $A = \left.\dfrac{\partial F(x)}{\partial x}\right|_{x=0}$, 则有如下结论: 如果矩阵 A 没有零实部的特征值, 则非线性微分方程组 (2.10) 零解的稳定性与其线性近似方程组 $\dfrac{dx}{dt} = Ax$ 零解的稳定性一致; 当 A 的特征值均有负的实部时, 方程组 (2.10) 的零解是渐近稳定的; 当 A 具有正实部的特征值时, 其零解是不稳定的.

注 2.2. 与常系数情形不同, 当 $A = \left.\dfrac{\partial F(x)}{\partial x}\right|_{x=0}$ 的特征值均有负的实部时, 方程组 (2.10) 的零解是渐近稳定的, 而不能得到全局渐近稳定, 它的吸引域有可能只是一个小区域.

注 2.3. 当 A 具有零实部的特征值时, 非线性微分方程组 (2.10) 零解的稳定性并不能由线性近似方程的稳定性决定, 这种情形称为临界情形. 这是常微分方程稳定性理论的重大研究课题.

下面介绍判别一般非线性微分方程组 (2.10) 稳定性的 **Lyapunov 第二方法**. 这一方法需要构造一个特殊的函数 $V(x)$, 并利用 $V(x)$ 关于方程组 (2.10) 的全导

数

$$\left.\frac{dV}{dt}\right|_{(2.10)} = \sum_{i=1}^{n} \frac{\partial V}{\partial x_i} \frac{dx_i}{dt} = \sum_{i=1}^{n} \frac{\partial V}{\partial x_i} \cdot f_i(x_1, \cdots, x_n) \tag{2.13}$$

来确定方程组零解的稳定性.

定理 2.5. 设原点 $x = 0$ 是 (2.10) 的一个平衡点, F 的定义域 $D \subset R^n$ 包含原点. 设 $V(x) : D \to R$ 是连续可微的, 如果 $V(x)$ 正定, 即对于一切 $x \neq 0$ 都有 $V(x) > 0$, 且 $V(0) = 0$, $V(x)$ 关于方程组 (2.10) 的全导数非正的, 即 $\left.\dfrac{dV}{dt}\right|_{(2.10)} \leqslant 0$, 则方程 (2.10) 的零解是稳定的. 如果存在一个正定函数 $V(x)$, 其关于方程组 (2.10) 的全导数负定, 即对于一切 $x \neq 0$ 都有 $\left.\dfrac{dV}{dt}\right|_{(2.10)} < 0$, 则方程 (2.10) 的零解是渐近稳定的.

例 2.3. 讨论

$$\begin{cases} \dfrac{dx}{dt} = -x - y + y(x + y) \\ \dfrac{dy}{dt} = x - x(x + y) \end{cases}$$

零解的稳定性. 取 $V(x, y) = \dfrac{1}{2}(x^2 + y^2)$, 则 $\dfrac{dV}{dt} = -x^2$ 非正, 从而由定理 2.5 只能得到零解是稳定的. 而实际上利用定理 2.4 线性近似方法可知, 零解是渐近稳定的. 这说明了 Lyapunov 第二方法的条件太严了. 下面给出一个应用较多的定理, 更一般的 **LaSalle 不变原理**, 可以参考文献 [5, 6, 7].

定理 2.6. 设原点 $x = 0$ 是 (2.10) 的一个平衡点, F 的定义域 $D \subset R^n$ 包含原点. 设 $V(x) : D \to R$ 是连续可微的正定函数, 在 D 内 $\left.\dfrac{dV}{dt}\right|_{(2.10)}$ 非正. 设 $S = \left\{ x \in D \,\middle|\, \left.\dfrac{dV}{dt}\right|_{(2.10)} = 0 \right\}$, 除了零解 $x = 0$ 外, 没有其他解在 S 内, 则方程组 (2.10) 的零解是渐近稳定的.

利用这个定理, 在例 2.3 中, 由于 $\dfrac{dV}{dt} = -x^2$ 非正, 而由 $\dfrac{dV}{dt} = 0$ 得到 $x = 0$, 即在 y 轴上除了零解外再没有其他解. 因此零解是渐近稳定的.

2.3.3 非自治系统的稳定性

现在讨论非自治微分方程组

$$\frac{dx}{dt} = F(t, x) \tag{2.14}$$

其中 $F : [0, \infty) \times D \to R^n$ 是 t 的分段连续函数, 且关于 x 是局部 Lipschitz 的, $D \subset R^n$ 为包含原点的定义域. 如果对于任意 $t \geqslant 0$ 有 $F(t, 0) = 0$, 则原点 $x = 0$ 是 $t = 0$ 时方程 (2.14) 的平衡点.

非自治系统的稳定性概念与自治系统有所不同, 自治系统的解仅与 $(t - t_0)$ 有关, 而非自治系统的解不仅取决于 t, 也与 t_0 有关. 对于非自治系统的稳定性除了与自治系统类似的稳定性以外, 还有一致稳定性、一致渐近稳定性概念.

定义 2.9. 如果对于任意给定的 $\varepsilon > 0$, 存在 $\delta = \delta(\varepsilon, t_0) > 0$, 使得当 $\|x(t_0)\| < \delta$ 时, 有 $\|x(t)\| < \varepsilon$ ($t \geqslant t_0 \geqslant 0$), 则称方程 (2.14) 的零平衡点是**稳定的**; 如果对于任意给定的 $\varepsilon > 0$, 存在 $\delta = \delta(\varepsilon) > 0$ (不依赖于 t_0), 使得当 $\|x(t_0)\| < \delta$ 时, 有 $\|x(t)\| < \varepsilon$ ($t \geqslant t_0 \geqslant 0$), 则称方程 (2.14) 的零平衡点是**一致稳定的**; 如果方程 (2.14) 的零平衡点是稳定的, 并且存在 $c = c(t_0)$, 使得当 $t \to \infty$ 时对于所有 $\|x(t_0)\| < c$ 都有 $x(t) \to 0$, 则称方程 (2.14) 的零平衡点是**渐近稳定的**; 如果方程 (2.14) 的零平衡点是一致稳定的, 并且存在 $c > 0$ (不依赖于 t_0), 使得当 $t \to \infty$ 时对于所有 $\|x(t_0)\| < c$ 都有 $x(t) \to 0$ (关于 t_0 一致的), 也就是对于任意给定的 $\varepsilon > 0$, 存在 $T = T(\varepsilon)$, 使得当 $t \geqslant t_0 + T(\varepsilon)$ 和 $\|x(t_0)\| < c$ 时有 $\|x(t)\| < \varepsilon$, 则称方程 (2.14) 的零平衡点是**一致渐近稳定的**; 如果方程 (2.14) 的零平衡点是一致稳定的, 并且对于任意 $\varepsilon > 0$ 和 $c > 0$, 存在 $T = T(\varepsilon, c) > 0$, 使得当 $t \geqslant t_0 + T(\varepsilon, c)$ 和 $\|x(t_0)\| < c$ 时有 $\|x(t)\| < \varepsilon$, 则称方程 (2.14) 的零平衡点是**全局一致渐近稳定的**.

下面给出非自治系统的 **Lyapunov 稳定性定理**.

定理 2.7. 设 $x = 0$ 是非自治系统 (2.14) 的一个平衡点, 即 $F(t, 0) = 0 \ \forall t \geqslant 0$. 设 $0 \in D \subset R^n$, $V : [0, +\infty) \times D \to R$ 是连续可微函数, 对 $\forall t \geqslant 0$, $\forall x \in D$ 满足

$$W_1(x) \leqslant V(t, x) \leqslant W_2(x) \tag{2.15}$$

$$\frac{\partial V}{\partial t} + \frac{\partial V}{\partial x} F(t,x) \leqslant -W_3(x) \tag{2.16}$$

其中 $W_1(x), W_2(x), W_3(x)$ 是 D 上连续正定函数 (与 t 无关), 则平衡点 $x = 0$ 一致渐近稳定.

对于非自治系统 $\dfrac{dx}{dt} = F(t,x)$ 一般不能使用线性化稳定性判别, 但是如果它的线性化系统 $\dfrac{dx}{dt} = A(t)x$ 是指数稳定的, 则原系统也是指数稳定的.

这一小节里最后给出两个很有用的定理.

定理 2.8. (比较定理) 考虑以下标量微分方程 $\dot{u} = f(t,u), u(t_0) = u_0$, 其中对于所有 $t \geqslant 0, u \in J \subset R, f(t,u)$ 关于 t 连续, 且关于 u 满足局部 Lipschitz 条件. 设 $[t_0, T)$ $(T$ 可能为无穷大) 是解 $u(t)$ 存在的最大区间, 并且对于所有 $t \in [t_0, T)$ 有 $u(t) \in J$. 又设 $v(t)$ 是连续函数, 且它的右上导数 $D^+v(t)$ 对于所有 $t \in [t_0, T)$, $v(t) \in J$ 满足以下微分不等式

$$D^+v(t) \leqslant f(t, v(t)), \quad v(t_0) \leqslant u_0$$

那么对于所有 $t \in [t_0, T)$, 都有 $v(t) \leqslant u(t)$.

LaSalle 不变原理主要用于自治系统, 对于非自治系统可以使用以下引理.

定理 2.9. (Barbǎlat 引理) 设 $f : R \to R$ 是 $[0, +\infty]$ 上的一致连续函数, 若 $\lim\limits_{t \to \infty} \int_0^t f(\tau)d\tau$ 存在且有界, 则 $\lim\limits_{t \to \infty} f(t) = 0$.

2.4 几种典型的微分方程确定的混沌系统

考虑到在研究复杂动态网络同步时, 网络节点动力学经常以混沌系统作为模型, 因而本节重点介绍经典的 Lorenz 系统以及近 10 余年来提出的 Chen 系统、Lü 系统和统一系统, 还有 Chua 电路和 Rössler 系统, 这些系统的动力学性质可以参见文献 [8].

2.4.1　Lorenz 系统族

1963 年, 美国气象学家 Lorenz 在一个三维自治系统中发现了第一个混沌吸引子, 这就是著名的 **Lorenz 系统**, 该系统可以描述为[9]

$$\begin{cases} \dot{x} = a(y - x) \\ \dot{y} = cx - xz - y \\ \dot{z} = xy - bz \end{cases} \tag{2.17}$$

其中 a, b, c 是实参数, 当 $a = 10, b = 8/3, c = 28$ 时, 系统处于混沌状态, 如图 2.4 (a) 所示. 尽管 Lorenz 系统起源于大气对流模型, 但事实上它是很多物理系统的共同简化模型, 如激光装置、磁流发电机及几个相关的对流问题. Lorenz 系统长期以来被广泛地关注[10,11]. 1999 年, Chen 在混沌系统的反控制 (或称为混沌化) 的研究中, 发现了一个新的混沌系统, 随后, 该系统被人们称为 **Chen 系统**, 这个新的系统可以描述为[12,13]

$$\begin{cases} \dot{x} = a(y - x) \\ \dot{y} = (c - a)x - xz + cy \\ \dot{z} = xy - bz \end{cases} \tag{2.18}$$

其中 a, b, c 是实参数, 当 $a = 35, b = 3, c = 28$ 时, 系统处于混沌状态, Chen 吸引子如图 2.4 (b) 所示.

　　Chen 系统与 Lorenz 系统有着相似的代数结构, 但它们之间并不拓扑等价, 即不可能通过拓扑同胚变换将其中一个变换为另一个. Chen 系统有比 Lorenz 系统更为复杂的拓扑结构和动力学行为. 文献 [14] 证明了 Chen 吸引子的存在性.

　　按照 Čelikovský 和 Vaněček 提出的分类标准[15], Chen 系统是 Lorenz 系统的对偶系统. 如果把这类系统右端写成线性部分 Ax 和二次型部分 $f(x)$ 的和, 即 $\dot{x} = Ax + f(x)$, 其中 $A = [a_{ij}]_{3\times3}$, 则可以为标准型的分类提供一个临界条件, Lorenz 系统与 Chen 系统分属于两个不同的类, 即 Lorenz 系统满足 $a_{12}a_{21} > 0$, 而 Chen 系统满足 $a_{12}a_{21} < 0$.

　　2002 年 Lü和 Chen 发现了一个临界混沌系统, 后来被称为 **Lü 系统**, 满足

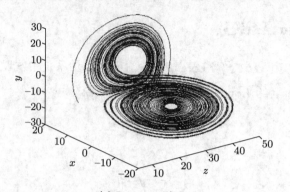

(a) Lorenz 吸引子

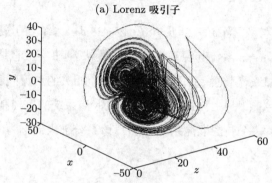

(b) Chen 吸引子

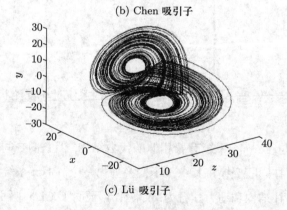

(c) Lü 吸引子

图 2.4   混沌吸引子

$a_{12}a_{21} = 0$, 系统可以描述为[16]

$$\begin{cases} \dot{x} = a(y - x) \\ \dot{y} = -xz + cy \\ \dot{z} = xy - bz \end{cases} \tag{2.19}$$

其中, a, b, c 为实参数, $a = 36, b = 3, c = 20$ 时, 系统处于混沌状态, 如图 2.4 (c) 所示. 显然 Lü系统在 Lorenz 系统和 Chen 系统之间架起了一座桥梁, 实现了一个系统到另一个系统的过渡.

2002 年, Lü 和 Chen 还提出了**统一混沌系统**, 通过引入一个可变参数, 实现了从 Lorenz 系统到 Lü系统、Chen 系统之间的连续演变, 该系统可描述为[17]

$$
\begin{cases}
\dot{x} = (25\alpha + 10)(y - x) \\
\dot{y} = (28 - 35\alpha)x - xz + (29\alpha - 1)y \\
\dot{z} = xy - \dfrac{1}{3}(\alpha + 8)z
\end{cases}
\tag{2.20}
$$

其中 α 是实参数. 对所有 $\alpha \in [0,1]$, 系统处于混沌状态. 本质上讲, 统一系统是 Lorenz 系统和 Chen 系统的凸组合. 然而它代表了由中间无穷多个混沌系统组成的整个族, 而 Lorenz 系统和 Chen 系统只是它的两个极端情形, 当 $\alpha = 0$ 时对应 Lorenz 系统, $\alpha = 1$ 时对应 Chen 系统, 按照 Čelikovsky 和 Vaněček 的分类, 系统 (2.20) 的整个混沌系统族可分为以下几类: 若 $0 \leqslant \alpha < 0.8$, 有 $a_{12}a_{21} > 0$, 则系统 (2.20) 属于广义的 Lorenz 系统; 若 $\alpha = 0.8$, 有 $a_{12}a_{21} = 0$, 则 (2.20) 属于广义的 Lü系统; 若 $0.8 < \alpha \leqslant 1$, 有 $a_{12}a_{21} < 0$, 则 (2.20) 属于广义的 Chen 系统.

紧接着, Chen 等人又构造了一类更一般的混沌系统 ——**广义 Lorenz 系统族**, 或**广义 Lorenz 规范式 (GLCF)**[18]. GLCF 是按照代数结构定义的, 这个混沌系统只有一个参数, 前面提到的混沌系统都是它的一个等价特例. 在 GLCF 中, Lorenz 系统满足 $0 < \tau < +\infty$, Lü系统满足 $\tau = 0$, Chen 系统满足 $-1 < \tau < 0$, 显然这意味着 Lorenz 系统、Lü系统及 Chen 系统是彼此不拓扑等价的.

随着研究的深入, Zhou 及 Chen 等证明了 GLCF 具有 Smale 马蹄和马蹄混沌[19], 从而是 Shilnikov 意义下混沌的. 最近, 对 Lorenz 系统族的研究又有了新的进展[20,21].

2.4.2　Chua 电路

Chua 构造的 Chua 电路是第一个真正用物理手段实现的混沌系统[22], Chua 电路由一个电感、两个电容、一个线性电阻和一个分段线性电阻组成, 如图 2.5 (a) 所示. 它表现出丰富的动力学行为, 包括各种分岔和混沌吸引子. **Chua 电路**

可描述为

$$
\begin{cases}
C_1 \dfrac{dv_{C_1}}{dt} = G\left(v_{C_2} - v_{C_1}\right) - g_{N_R}\left(v_{C_1}\right) \\[2mm]
C_2 \dfrac{dv_{C_2}}{dt} = G\left(v_{C_1} - v_{C_2}\right) + i_L \\[2mm]
L \dfrac{di_L}{dt} = -v_{C_2}
\end{cases}
$$

其中, v_{C_1} 和 v_{C_2} 分别为电容 C_1 和 C_2 的电压, i_L 为通过电感的电流. 非线性函数 $g_{N_R}\left(v_{C_1}\right)$ 表示非线性电阻 N_R 的 $v-i$ 特性, 可描述为分段线性函数:

$$
g_{N_R}\left(v_{C_1}\right) \;=\; G_b\, v_{C_1} + \frac{1}{2}\left(G_a - G_b\right)\left(\,|v_{C_1} + E| - |v_{C_1} - E|\,\right)
$$

如图 2.5 (b) 所示. 做标准化变量代换:

$$
x = \frac{v_{C_1}}{E},\, y = \frac{v_{C_2}}{E},\, z = \frac{i_L}{EG},
$$

$$
\alpha = \frac{C_2}{C_1},\, \beta = \frac{C_2}{LG^2},\, m_0 = \frac{G_a}{G},\, m_1 = \frac{G_b}{G},\, \tau = \frac{tG}{C_2}
$$

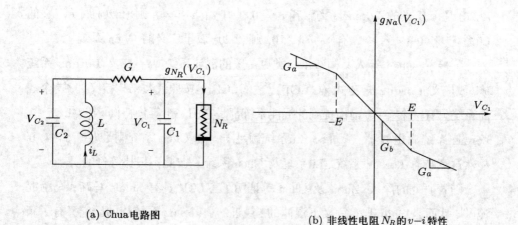

(a) Chua 电路图　　　　　　　　(b) 非线性电阻 N_R 的 $v-i$ 特性

图 2.5　Chua 电路

得到标准化无量纲的微分方程组 (该方程组为对 τ 求导):

$$
\begin{cases}
\dot{x} = \alpha(-x + y - f(x)) \\[1mm]
\dot{y} = x - y + z \\[1mm]
\dot{z} = -\beta\, y
\end{cases} \tag{2.21}
$$

其中非线性函数 $f(x) = m_1 x + \frac{1}{2}(m_0 - m_1)(|x+1| - |x-1|)$. 称方程 (2.21) 为 Chua 电路方程, 方程的解由一个 4 元参数组 $\{\alpha, \beta, m_0, m_1\}$ 确定. 当 $\alpha = 9, \beta = \frac{100}{7}, m_0 = -\frac{8}{7}, m_1 = -\frac{5}{7}$ 时, 系统 (2.21) 产生一个双涡卷混沌吸引子, 如图 2.6 所示. 文献 [23] 证明了 Chua 电路是 Shilnikov 意义下的混沌系统.

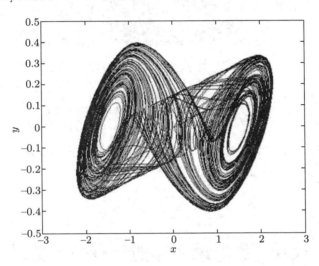

图 2.6 Chua 电路产生的双涡卷混沌吸引子

2.4.3 Rössler 系统

Rössler 系统可以用方程 (2.22) 描述[24]:

$$\begin{cases} \dot{x} = -(y + z) \\ \dot{y} = x + ay \\ \dot{z} = b + z(x - c) \end{cases} \tag{2.22}$$

这是一阶自治微分方程产生混沌的最简单的模型, 方程右端仅一个二次项. 当 $c = 2.5$ 时是一个具有一个极大值的简单极限环, 当 $c = 3.5$ 时产生两个极大值的极限环, 当 c 变到 4 时出现具有四个极大值的极限环. 如此递增下去, 当 $c = 5$ 时, 产生具有无穷极大值的极限环, 开始呈现混沌, 如图 2.7 所示.

复杂动态网络的同步

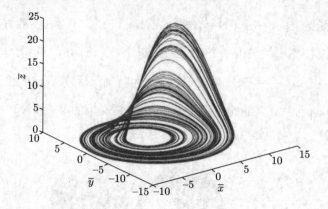

图 2.7 Rössler 系统 $(a = 0.15, b = 0.2, c = 5.7)$

2.5 Lorenz 系统最终界的一种估计方法

对于混沌这样的系统, 原点不再是稳定的平衡点, 人们不再研究在 t 趋于无穷时解趋于零的问题, 而是关心系统解的最终界的问题, 它涉及解的 "耗散性" 和 "吸引性" 问题. 混沌系统最终界的估计是混沌领域富有挑战性的基本问题之一. Lorenz 系统最终界估计虽然有些结果, 但是由于研究的困难, 一直以来进展缓慢.

最近 10 多年来, 人们在研究混沌和复杂网络的控制与同步中, 希望得到混沌系统更加精细和完善的估计, 因此也推动了这方面研究的进展. 本小节将着重介绍 Lorenz 系统最终界的一种基于优化的估计方法[25,26], 也可以用这种方法对其他的某些系统如统一系统的最终界进行估计[26,27].

定义 2.10. (最终有界, ultimate boundedness) 方程 $\dot{x} = f(t, x)$ 的解称为最终有界, 如果存在正数 b 和 c, 并且对于任意给定的 $\alpha \in (0, c)$, 存在正数 $T = T(\alpha)$, 使得当 $\|x(t_0)\| < \alpha$ 时有 $\|x(t)\| < b$, $\forall t \geqslant t_0 + T$. 如果对于任意大的 α 上式均成立, 则称为全局最终有界.

Lorenz 系统 (2.17) 的最终界研究是由俄罗斯学者 Leonov G 首先开创的, 他通过长期研究, 发表了许多关于 Lorenz 混沌系统方面的论著, 并于 1987 年首次得到了 Lorenz 系统最终界的一个圆柱形估计式及一个球形估计式, 为了叙述方便, 我们将其结论概括成如下两个定理[28,29].

定理 2.10. 设 $a > 0, b > 1, c > 1$, 则 Lorenz 系统 (2.17) 有如下的柱形最终界和球形最终界估计

$$y^2 + (z - c)^2 \leqslant \frac{b^2 c^2}{4(b-1)} \tag{2.23}$$

$$x^2 + y^2 + (z - a - c)^2 \leqslant \frac{b^2(a + c)^2}{4(b-1)} \tag{2.24}$$

定理 2.11. 系统 (2.17) 具有如下的柱形最终界估计

$$y^2 + (z - c)^2 \leqslant R^2 \tag{2.25}$$

其中

$$R = \begin{cases} c, & b < 2 \\ \dfrac{bc}{2\sqrt{b-1}}, & b \geqslant 2 \end{cases}$$

下面是 Lorenz 系统 (2.17) 的另一个椭球形最终界估计式[30], 还论述了最终界估计在混沌控制与同步的应用.

定理 2.12. 设 $a \geqslant 1, b \geqslant 2, c \geqslant 1, \lambda \geqslant 0$ 是任意常数,

$$\Omega_\lambda: \quad \lambda x^2 + y^2 + (z - \lambda a - c)^2 \leqslant \frac{b^2(\lambda a + c)^2}{4(b-1)}$$

则 Ω_λ 是系统 (2.17) 的一个最终界和正向不变集.

2.5.1 完整的球形最终界估计

Leonov 关于 Lorenz 系统最终界的估计式 (2.23) 和 (2.24) 形式简单, 使用方便, 在理论和应用上都具有重要意义, 但是估计式的证明非常复杂, 而且当系统参数在 $0 < b \leqslant 1$ 时, 它们显然不成立. 现在我们介绍 Lorenz 系统最终界的一种基于优化的估计方法[25], 它通过构造广义 Lyapunov 函数, 结合优化方法, 研究了系统 (2.17) 在任意参数 $a > 0, b > 0, c > 0$ 情形下的球形最终界, 得到了一个完整的

球形最终界估计式, 推广了 Leonov 的估计式; 另一方面, 使用广义 Lyapunov 函数与优化理论结合的方法, 大大简化了 Leonov 的证明过程.

先证明如下基本引理.

引理 2.1. 考虑椭球面

$$\Gamma = \left\{ (x,y,z) \mid \frac{x^2}{a^2} + \frac{y^2}{b^2} + \frac{(z-c)^2}{c^2} = 1, a > 0, b > 0, c > 0 \right\}$$

记 $G = x^2 + y^2 + z^2, H = x^2 + y^2 + (z - 2c)^2, (x,y,z) \in \Gamma$, 则

$$G_1 \equiv \max_{(x,y,z) \in \Gamma} G = H_1 \equiv \max_{(x,y,z) \in \Gamma} H = \begin{cases} \dfrac{a^4}{a^2 - c^2}, a \geqslant b, a \geqslant \sqrt{2}c, \\[2mm] \dfrac{b^4}{b^2 - c^2}, b > a, b \geqslant \sqrt{2}c, \\[2mm] 4c^2, a < \sqrt{2}c, b < \sqrt{2}c. \end{cases} \quad (2.26)$$

证明: 显然 $\max\limits_{(x,y,z) \in \Gamma} G = \max\limits_{(x,y,z) \in \Gamma} H$.

设 $F(x,y,z) = x^2 + y^2 + z^2 + \lambda \left(\dfrac{x^2}{a^2} + \dfrac{y^2}{b^2} + \dfrac{(z-c)^2}{c^2} - 1 \right)$, 令

$$\frac{1}{2} F'_x = x \left(1 + \frac{\lambda}{a^2} \right) = 0$$

$$\frac{1}{2} F'_y = y \left(1 + \frac{\lambda}{b^2} \right) = 0$$

$$\frac{1}{2} F'_z = z + \lambda \frac{z - c}{c^2} = 0$$

(i) 当 $\lambda \neq -a^2, \lambda \neq -b^2$ 时, 解得 $(x_0, y_0, z_0) = (0,0,0)$ 或 $(0,0,2c)$. 这时, $G_1 = 0$ 或 $G_1 = 4c^2$;

(ii) 当 $\lambda = -a^2 \ (a \neq b)$, $a \geqslant \sqrt{2}c$ 时, 上述方程组有下列解: $x_0 = \pm \dfrac{a^2}{a^2 - c^2} \sqrt{a^2 - 2c^2}, y_0 = 0, z_0 = \dfrac{a^2 c}{a^2 - c^2}$. 这时 $G_1 = \dfrac{a^4}{a^2 - c^2}$;

(iii) 当 $\lambda = -b^2 \ (a \neq b)$, 如果 $b \geqslant \sqrt{2}c$, 则可得 $x_0 = 0, y_0 = \pm \dfrac{b^2}{b^2 - c^2} \sqrt{b^2 - 2c^2}, z_0 = \dfrac{b^2 c}{b^2 - c^2}$, 因此 $G_1 = \dfrac{b^4}{b^2 - c^2}$;

(iv) 当 $\lambda = -a^2 \ (a = b)$, 得到 $z_0 = \dfrac{a^2 c}{a^2 - c^2}$, x_0, y_0 为 Γ 上的任意点, 这时

$$G_1 = \frac{a^4}{a^2 - c^2}.$$

综合 (i) 至 (iv), 即得引理的结论. □

下面给出 Lorenz 系统 (2.17) 在参数 $a > 0, b > 0, c > 0$ 情形下的球形最终界的一个完整的估计式.

定理 2.13. 设 $a > 0, b > 0, c > 0$, 记

$$\Omega = \left\{ (x, y, z) \mid x^2 + y^2 + (z - a - c)^2 \leqslant R^2 \right\} \tag{2.27}$$

其中

$$R^2 = \begin{cases} \dfrac{(a+c)^2 b^2}{4(b-1)}, & a \geqslant 1, b \geqslant 2, \\[2mm] (a+c)^2, & a > b/2, b < 2, \\[2mm] \dfrac{(a+c)^2 b^2}{4a(b-a)}, & a < 1, b \geqslant 2a. \end{cases} \tag{2.28}$$

则 Ω 为 Lorenz 系统 (2.17) 的最终界与正向不变集.

证明: 构造一个广义正定径向无界的 Lyapunov 函数

$$F(x, y, z) = x^2 + y^2 + (z - a - c)^2 \tag{2.29}$$

由于 $F = 0$ 当且仅当 $x = y = 0$, $z = a + c$ 时成立, 所以 F 不满足普通正定要求, 又因为 $F(x, y, z) > 0$ 当 $x^2 + y^2 + (z - a - c)^2 \neq 0$ 时成立, 而 $(0, 0, a + c)$ 并非系统 (2.17) 的平衡位置, 所以不能用这个函数来研究系统 (2.17) 的任何一个平衡位置的 Lyapunov 稳定性, 但 $F(x, y, z)$ 是适用于研究系统 (2.17) 的 Lagrange 渐近稳定性的 Lyapunov 函数, 故我们称其为广义正定的 Lyapunov 函数[30]. 计算沿系统 (2.17) 轨线的全导数得到

$$\begin{aligned} \frac{1}{2} \left. \frac{dF}{dt} \right|_{(2.17)} &= x\dot{x} + y\dot{y} + (z - a - c)\dot{z} \\ &= ax(y - x) + cxy - xyz - y^2 + (z - a - c)(xy - bz) \\ &= -ax^2 - y^2 - b\left(z - \frac{a+c}{2}\right)^2 + b\left(\frac{a+c}{2}\right)^2 \end{aligned}$$

令 $\left.\dfrac{dF}{dt}\right|_{(2.17)} = 0$, 得到最大值在如下中心为 $\left(0, 0, \dfrac{a+c}{2}\right)$ 的椭球面上

$$\Gamma: \frac{x^2}{\dfrac{b}{a}\left(\dfrac{a+c}{2}\right)^2} + \frac{y^2}{b\left(\dfrac{a+c}{2}\right)^2} + \frac{\left(z - \dfrac{a+c}{2}\right)^2}{\left(\dfrac{a+c}{2}\right)^2} = 1 \tag{2.30}$$

在 Γ 外部 $\dot{F} < 0$, 而在 Γ 内部 $\dot{F} > 0$, 故 F 沿轨线 (2.17) 的最终界, 即 $\varlimsup\limits_{t \to +\infty} F(x(t), y(t), z(t))$ 的界必在 Γ 上取得.

下面求 F 在 Γ 上的最大值, 并记其最大值点为 $\hat{X}_0 = (\hat{x}_0, \hat{y}_0, \hat{z}_0)$. 记 $a_1 = \sqrt{\dfrac{b}{a}}\gamma, b_1 = \sqrt{b}\gamma, c_1 = \gamma$, 这里 $\gamma = \dfrac{a+c}{2}$, 则式 (2.30) 可写为

$$\frac{x^2}{a_1^2} + \frac{y^2}{b_1^2} + \frac{(z - c_1)^2}{c_1^2} = 1.$$

由引理 2.1 得到

(i) 当 $a \geqslant 1, b \geqslant 2$ 时, 有 $b_1 \geqslant a_1, b_1 \geqslant \sqrt{2}c_1$, 因此

$$\max_{\Gamma} F = \frac{b_1^4}{b_1^2 - c_1^2} = \frac{(a+c)^2 b^2}{4(b-1)}$$

(ii) 当 $a \geqslant 1, b < 2$ 时, 有 $a_1 \leqslant b_1 < \sqrt{2}c_1$, 因此

$$\max_{\Gamma} F = 4c_1^2 = (a+c)^2$$

(iii) 当 $a < 1, b < 2a$ 时, 有 $b_1 < a_1 < \sqrt{2}c_1$,

$$\max_{\Gamma} F = 4c_1^2 = (a+c)^2$$

(iv) 当 $a < 1, b \geqslant 2a$ 时, 有 $a_1 > b_1, a_1 \geqslant \sqrt{2}c_1$,

$$\max_{\Gamma} F = \frac{a_1^4}{a_1^2 - c_1^2} = \frac{(a+c)^2 b^2}{4a(b-a)}$$

综合以上, 即得集合

$$\Omega = \left\{(x, y, z) \mid x^2 + y^2 + (z - a - c)^2 \leqslant R^2\right\}$$

其中 R 由式 (2.28) 表示, 显然有 $F \subset \Omega$.

记 $X(t) = (x(t), y(t), z(t))$ 为 (2.17) 的轨线上的点, 下面证明

$$\lim_{t \to +\infty} \rho(X(t), \Omega) = 0 \qquad (2.31)$$

用反证法. 若式 (2.31) 不成立, 则 (2.17) 的轨线恒停留于 Ω 之外. 由于 $F(x(t), y(t), z(t))$ 在 Ω 外部严格单调下降, 故极限存在, 且

$$\lim_{t \to +\infty} F(X(t)) = F^* > R^2$$

令 $s = \inf\limits_{X \in D} \left(-\dfrac{dF(X(t))}{dt} \right)$, 其中

$$D = \{ X(t) | F^* \leqslant x^2(t) + y^2(t) + (z(t) - a - c)^2$$
$$\leqslant x^2(t_0) + y^2(t_0) + (z(t_0) - a - c)^2 = F(X(t_0)) \}$$

这里 s, F^* 都是正常数, t_0 是初始时刻, 因此

$$\frac{dF(X(t))}{dt} \leqslant -s.$$

从而 $t \to \infty$ 时, 有

$$0 \leqslant F(X(t)) \leqslant F(X(t_0)) - s(t - t_0) \to -\infty.$$

这显然矛盾, 所以式 (2.31) 成立, 因此 Ω 是 (2.17) 的最终界.

下面要进一步证明, Ω 表面上的轨线都是由外部向内部走向的. 由于 $\Gamma \subset \Omega$, 故当 $X(t)$ 在 Ω 的表面且 $X(t) \neq \hat{X}_0$ 时, $\dfrac{dF}{dt} < 0$, 故 (2.17) 的轨线在 Ω 的表面 $(X(t) \neq \hat{X}_0)$ 处都是由外向内走向的, 而在点 $\hat{X}_0$ 处, 由连续开拓原理可以得到, 轨线也是从 Ω 的外部进入内部的, 故 Ω 为 (2.17) 的最终界和正向不变集. $\qquad \square$

注 2.4. 从式 (2.24) 可知, Leonov 的公式只讨论了 $b > 1$ 的情形, 在 $0 < b \leqslant 1$ 时不能适用, 且当 $b \to 1^+$ 时, 其公式中的半径 $R_1 = \dfrac{b(a+c)}{2\sqrt{b-1}} \to +\infty$. 而定理 2.13 给出了 Lorenz 系统在任意参数 $a > 0, b > 0, c > 0$ 情形下的最终界估计式, Leonov 的公式是定理 2.13 的特例.

注 2.5. 当 $a > 1, 1 \leqslant b < 2$ 时, 可从 (2.28) 得到 $R = a + c$, 而 Leonov 公式

(2.23) 中由于 $\dfrac{b}{2\sqrt{b-1}} > 1$, 故有 $R < R_1$. 这表明定理 2.13 的估计比 Leonov 更加精确.

需要指出的是, 利用定理 2.13 的结论, 可以断定在最终界 (2.27) 之外, Lorenz 系统不再存在任何平衡点、周期解、游荡回复运动和其他混沌吸引子, 这对我们深入认识 Lorenz 轨线动力学性质具有重要的意义.

2.5.2 椭球形最终界估计

混沌动力系统的轨线是极为丰富的, 有平衡位置、任意周期轨、游荡回复运动及混沌吸引子等, 因此混沌动力系统精确的最终界及不变集将是非常复杂, 精确求出最终界是不可能的, 但可以根据不同的需要, 讨论不同形式的最终界估计式. 本节我们给出了 Lorenz 系统的一族完整椭球形最终界估计式, 进一步推广了文献 [25] 中的结果, 并在椭球体积最小意义下, 给出了椭球形最终界的最优估计, 详细证明见文献 [26].

定理 2.14. 设 $\lambda \geqslant 0$ 是任意常数, $a > 0, b > 0, c > 0$, 则 Lorenz 系统 (2.17) 有如下的椭球形最终界及正向不变集

$$\Omega_\lambda : \lambda x^2 + y^2 + (z - \lambda a - c)^2 \leqslant R^2 \tag{2.32}$$

其中

$$R = \begin{cases} \dfrac{(\lambda a + c)b}{2\sqrt{b-1}}, & a \geqslant 1, b \geqslant 2, \\[2mm] \lambda a + c, & b < 2a, b < 2, \\[2mm] \dfrac{(\lambda a + c)b}{2\sqrt{a(b-a)}}, & b \geqslant 2a, a < 1. \end{cases} \tag{2.33}$$

定理 2.15. 设 $a > 0, b > 0, c > 0$, 对 Lorenz 系统 (2.17), 当 $\lambda = \lambda_0 = \dfrac{c}{5a}$ 时, $\Omega_{\lambda 0}$ 是体积最小意义下的椭球形最终界和正向不变集, 即

$$\Omega_{\lambda 0} : \dfrac{c}{5a}x^2 + y^2 + \left(z - \dfrac{6}{5}c\right)^2 \leqslant R_0^2 \tag{2.34}$$

其中

$$R_0^2 = \begin{cases} \dfrac{9c^2b^2}{25(b-1)}, & a \geqslant 1, b \geqslant 2, \\ \dfrac{36}{25}c^2, & b < 2a, b < 2, \\ \dfrac{9c^2b^2}{25a(b-a)}, & b \geqslant 2a, a < 1. \end{cases} \tag{2.35}$$

参考文献

[1] Sarkovskii A N. Coexistance of cycles of a continuous map of a line into itself [J]. Ukranian Math.J. 1964, 16: 61–71.

[2] Henon M. A two-dimensional mapping with a strange attractor [J]. Communications in Mathematical Physics, 1976, 50: 69–77.

[3] Li T Y, York J A. Period three implied chaos [J]. American Mathematical Monthly, 1975, 82: 985–992.

[4] Devaney R L. An Introduction to Chaotic Dynamical Systems [M]. Menlo Park, CA: Benjamin Cummings, 1985.

[5] Khalil H K. Nonlinear Systems [M]. 3rd ed. Upper Saddle: Prentice Hall, 2001.

[6] 陈士华, 陆君安. 混沌动力学初步 [M]. 武汉: 武汉水利电力大学出版社, 1998.

[7] 廖晓昕. 混沌动力系统的稳定性理论和应用 [M]. 北京: 国防工业出版社, 2000.

[8] 陈关荣, 吕金虎. Lorenz 系统族的动力学分析、控制与同步 [M]. 北京: 科学出版社, 2003.

[9] Lorenz E N. Deterministic nonperiodic flow [J]. Journal of the Atmospheric Sciences, 1963, 20: 130–141.

[10] Stwart I. The Lorenz attractor exists [J]. Nature, 2002, 406: 948–949.

[11] Tucker W. The Lorenz Attractor Exists [J]. C R Acad Sci Paris, 1999, 328: 1197–1202.

[12] Chen G R, Ueta T. Yet another chaotic attractor [J]. Int. J. Bifurcation Chaos, 1999, 9: 1465–1466.

[13] Ueta T, Chen G R. Bifurcation analysis of Chen's equation [J]. Int.J. Bifurcation Chaos, 2000, 10: 1917–1931.

[14] Zhou T S, Chen G R, Tang Y. Chen's attractor exists [J]. Int. J. Bifurcation Chaos, 2004, 14: 3167–3178.

[15] Vaněček A, Čelikovský S. Contral Systems: From Linear Anslysis to Synthesis of Chaos [M]. London: Prentice-Hall, 1996.

[16] Lü J H, Chen G R. A new chaotic attractor coined [J]. Int. J. Bifurcation Chaos, 2002, 12: 659–661.

[17] Lü J H, Chen G R, Cheng D, et al. Bridge the gap between the Lorenz system and the Chen system[J]. Int. J. Bifurcation Chaos, 2002, 12: 2917–2926.

[18] Čelikovský S, Chen G R. On a generalized Lorenz canonical form of chaotic systems [J]. Int. J. Bifurcation Chaos, 2002, 12: 1789–1812.

[19] Zhou T S, Chen G R, Čelikovský S. Shilnikov chaos in the generalized Lorenz canonical form of dynamics systems [J]. Nonlinearity, 2005, 39: 319–334.

[20] Chen Y, Yang Q. The nonequivalence and dimension formula for attractors of Lorenz-type systems [J]. Int. J. Bifurcation Chaos, 2013, 23: 1350200.

[21] Leonov G, Kuznetsov N, Korzhemanova N, et al. Estimation of Lyapunov dimension for the Chen and Lü systems [J]. arXiv: 1226749, 2015, 18.

[22] Chua L O, Komuro M, Matsumoto T. The double scroll family. Part I: Rigorous proof of chaos [J]. IEEE Transactions on Circuit Systems-I, 1986, 33: 1072–1096.

[23] Shilnikov L P, Shilnikov A L, Turaev D V, et al. Method of Qualitative Theory in Nonlinear Dynamics [M]. Part I. Singapore: World Scientific, 1998.

[24] Rössler O E. An equation for continuous chaos [J]. Phys. Lett. A, 1976, 57: 397–398.

[25] Li D M, Lu J A, Wu X Q, et al. Estimating the bounds for the Lorenz family of chaotic systems [J]. Chaos, Solitons and Fractals, 2005, 23: 529–534.

[26] Li D M, Lu J A, Wu X Q, et al. Estimating the Global Basin of Attraction and Positively Invariant Set for the Lorenz System and a Unified Chaotic System [J]. Journal of Mathematical Analysis and Applications, 2006, 323(2): 844–853.

[27] Li D M, Wu X Q, Lu J A. Estimating the ultimate bound and positively invariant set for the hyperchaotic Lorenz-Haken system [J]. Chaos, Solitons and Fractals, 2009, 39: 1290–1296.

[28] Leonov G, Bunin A, Koksch N. Attractor localization of the Lorenz system [J]. ZAMM, 1987, 67: 649–656.

[29] Leonov G. Bound for attractors and the existence of homoclinic orbit in the Lorenz system [J]. J. Appl. Maths Mechs, 2001, 65(1): 19–32.

[30] 廖晓昕. 论 Lorenz 混沌系统全局吸引集和正向不变集的新结果及对混沌控制与同步的应用 [J]. 中国科学: E 辑, 2004, 34(12): 1404–1419.

[31] Chen G R. Stability of Nonlinear Systems, Encyclopedia of RF and Microwave En-
    gineering [M]. New York: Wiley, 2004: 4881–4896.

[32] 吕金虎, 陆君安, 陈士华. 混沌时间序列分析[M]. 武汉: 武汉大学出版社, 2002.

第 3 章 复杂动态网络同步的基本概念

　　同步现象第一次引起科学家关注是在 1665 年, 物理学家惠更斯发现同一横梁的两个钟摆在一段时间后会产生同步摆动的现象. 在早期, 研究的重点放在具有规则拓扑结构的网络上的耦合动力学系统产生的同步行为. 最近 10 多年来, 随着复杂网络的小世界和无标度特性的发现, 大量的研究集中在复杂网络同步与网络拓扑结构之间的关系[1-16]. 但是在一些基本问题上仍然需要深入的研究, 比如什么是网络的同步态和同步轨, 网络同步的不同定义之间有什么联系等. 本章详细讨论网络的同步态与同步轨问题, 从理论上分析网络同步三种定义之间的联系, 通过直观的实例指出同步态和同步轨的区别.

3.1　一般连续时间动态网络模型

复杂动态网络是刻画多个个体耦合的复杂系统模型, 每个个体均是一个动力系统, 并且个体之间存在特定的耦合关系. 因此, 模型有两个主要部分, 一是节点动力学, 二是网络结构. 本书主要以连续时间系统为例研究复杂动态网络同步行为.

考虑由 N 个相同的节点按照某种拓扑结构组成的网络, 每个节点的信息可以被它的邻居节点采用. 故一般连续时间动态网络模型可以用如下微分方程描述:

$$\dot{x}_i(t) = f(x_i(t)) + c \sum_{j=1}^{N} \bar{a}_{ij}(H(x_j(t)) - H(x_i(t))), \quad i = 1, 2, \cdots, N \tag{3.1}$$

其中, $x_i = (x_{i1}, x_{i2}, \cdots, x_{in})^{\mathrm{T}} \in R^n$ 为节点 i 的状态变量, $f \in C[R^n, R^n]$, 常数 $c > 0$ 为网络的耦合强度, $\bar{A} = (\bar{a}_{ij})_{N \times N}$ 为反映网络拓扑结构的邻接矩阵, 可以不对称, $H \in C[R^n, R^n]$ 为内连函数.

由邻接矩阵 $\bar{A}$ 定义该网络对应的 Laplacian 矩阵 $L = (l_{ij})$ 为

$$l_{ij} = \begin{cases} -\bar{a}_{ij}, & i \neq j \\ \sum_{j \neq i} \bar{a}_{ij}, & i = j \end{cases} \tag{3.2}$$

此时, 网络可以改写成如下形式:

$$\dot{x}_i(t) = f(x_i(t)) - c \sum_{j=1}^{N} l_{ij} H(x_j(t)), \quad i = 1, 2, \cdots, N \tag{3.3}$$

Laplacian 矩阵的每行元素之和均为零, 即有

$$\sum_{j=1}^{N} l_{ij} = 0. \tag{3.4}$$

式 (3.4) 也称为耗散耦合条件, 它意味着当所有节点的状态相同时, 方程 (3.3) 右端的耦合项自动消失.

假设网络拓扑是一个无权无向的简单网络, 其对应的 Laplacian 矩阵是对称且半正定的, 因此矩阵 L 的特征值均非负, 按照从小到大的顺序排列为 $\lambda_1 \leqslant \lambda_2 \leqslant \cdots \leqslant \lambda_N$. 由于 Laplacian 矩阵行和为零, 所以最小特征值 $\lambda_1 = 0$, 其对应的特征向量为 $(1, 1, \cdots, 1)^{\mathrm{T}}$; 网络连通块的个数等于零特征值的重数; 当网络连通时, L 是一个不可约矩阵, 其余的 $N-1$ 个特征值均为正数, 这些特征值对应的特征向量构成的 $N-1$ 维子空间正交于零特征值的特征向量 $(1, 1, \cdots, 1)^{\mathrm{T}}$.

注 3.1. 模型 (3.3) 的好处在于该方程与网络的邻接矩阵及节点的度联系, 但是作为动态网络, 它默认了任意两个节点的耦合强度不是 c 就是 0. 方程 (3.5) 能够反映更一般的有向加权网络:

$$\dot{x}_i(t) = f(x_i(t)) - \sum_{j=1}^{N} l_{ij} H(x_j(t)), \quad i = 1, 2, \cdots, N \qquad (3.5)$$

其中, l_{ij} 表示节点 j 对节点 i 的权重 $(j \neq i)$, 可以为任意大于或等于零的值; 当 $j = i$ 时, l_{ii} 要满足耗散条件 (3.4).

若定义耦合矩阵 $A = -L$, 则网络 (3.3) 也可以写为

$$\dot{x}_i(t) = f(x_i(t)) + c \sum_{j=1}^{N} a_{ij} H(x_j(t)), \quad i = 1, 2, \cdots, N \qquad (3.6)$$

这个模型也是比较常用的, 将在本书的随后章节用到.

为了理解复杂动态网络模型中的内连函数, 这里举一个例子加以说明.

例 3.1. 假设网络中的节点 i $(i = 1, 2, \cdots, N)$ 是由如下状态方程描述的 Chen 混沌系统:

$$\begin{pmatrix} \dot{x}_{i1} \\ \dot{x}_{i2} \\ \dot{x}_{i3} \end{pmatrix} = \begin{pmatrix} 35(x_{i2} - x_{i1}) + c \sum_{j=1}^{N} a_{ij} x_{j1} \\ 25 x_{i1} - x_{i1} x_{i3} + 28 x_{i2} + c \sum_{j=1}^{N} a_{ij} x_{j2} \\ x_{i1} x_{i2} - 3 x_{i3} + c \sum_{j=1}^{N} a_{ij} x_{j3} \end{pmatrix},$$

节点 $i\,(i=1,2,\cdots,N)$ 的每个分量都接收到来自邻居节点对应分量的信息, 所以内连矩阵

$$
H = \begin{pmatrix} 1 & 0 & 0 \\ 0 & 1 & 0 \\ 0 & 0 & 1 \end{pmatrix}.
$$

如果网络的节点 $i\,(i=1,2,\cdots,N)$ 的状态由下列方程描述:

$$
\begin{pmatrix} \dot{x}_{i1} \\ \dot{x}_{i2} \\ \dot{x}_{i3} \end{pmatrix} = \begin{pmatrix} 35(x_{i2}-x_{i1}) + c\sum_{j=1}^{N} a_{ij}x_{j1} \\ 25x_{i1} - x_{i1}x_{i3} + 28x_{i2} \\ x_{i1}x_{i2} - 3x_{i3} \end{pmatrix},
$$

则该网络中的内连矩阵为

$$
H = \begin{pmatrix} 1 & 0 & 0 \\ 0 & 0 & 0 \\ 0 & 0 & 0 \end{pmatrix}.
$$

3.2　复杂网络的耦合相振子模型

3.2.1　Kuramoto 模型

Winfree[17] 提出了用数学方法来研究振子的同步行为, 考虑系统是由许多弱耦合、几乎相同的极限环振子耦合而成, 振子的相位通过一个函数相互影响. 在此基础上, Kuramoto 进一步指出, 可以用一个简单的相位方程来刻画具有有限个振子的耦合系统的同步[18]. 这是一类同步化程度比较弱的同步现象, 只需要考虑各个振子的相位, 而不用考虑其幅值的差异, 即相位同步. 如果两个耦合振子的相位 θ_1 和 θ_2 之差为常数, 那么就称这两个耦合振子达到**相位同步 (phase synchronization)**.

Kuramoto 提出一种平均场模型, 即每个振子与其余的 $N-1$ 个振子都有耦合, 即全连接网络, 而且耦合强度都是相等的, 方程可以写为

$$\dot{\theta}_i = \omega_i + \frac{c}{N} \sum_{j=1}^{N} \sin(\theta_j - \theta_i), i = 1, 2, \cdots, N \tag{3.7}$$

其中, θ_i 是振子 i 的相位, $\dot{\theta}_i$ 是相应的角频率, ω_i 为无耦合时的振子自然频率, c 为耦合强度. 自然频率 $\{\omega_i\}$ 假设服从某种分布, 通常采用单峰对称的高斯分布 $g(\omega)$.

对于 $N = 2$ 的情况[19], 即

$$\dot{\theta}_1 = \omega_1 + \frac{c}{2} \sin(\theta_2 - \theta_1), \tag{3.8}$$

$$\dot{\theta}_2 = \omega_2 + \frac{c}{2} \sin(\theta_1 - \theta_2), \tag{3.9}$$

如果两个振子达到相位同步, 即 $\theta_1 - \theta_2 = $ 常数, 则

$$\dot{\theta}_1 - \dot{\theta}_2 = 0.$$

将上式代入方程 (3.8) 及 (3.9), 得到

$$\omega_1 - \omega_2 - c\sin(\theta_1 - \theta_2) = 0,$$

因此, 当耦合强度 $c \geqslant |\omega_1 - \omega_2|$ 时, 两个耦合振子实现相位同步. 这说明两个振子的自然频率越接近则越容易发生相位同步.

对于一般的 N, 定义全局序参量

$$r(t)e^{i\phi(t)} = \frac{1}{N} \sum_{j=1}^{N} e^{i\theta_j(t)}, \tag{3.10}$$

其中, $i = \sqrt{-1}$ 为虚数单位, $0 \leqslant r(t) \leqslant 1$ 衡量整个网络中振子的相位同步的程度, $\phi(t)$ 表示平均相位. r 值反映了网络中形成同步簇中的节点数目占整个网络节点数的比例, r 越接近 1 表明网络中的振子相位同步程度越高, $r = 0$ 表明网络中的振子相位不同步. 将方程 (3.10) 左右两边同时乘以 $e^{-i\theta_i}$, 考虑其中的虚部, 得到

$$r\sin(\phi - \theta_i) = \frac{1}{N} \sum_{j=1}^{N} \sin(\theta_j - \theta_i), \tag{3.11}$$

代入方程 (3.7), 得到

$$\dot{\theta}_i = \omega_i + cr\sin(\phi - \theta_i), \qquad i = 1, 2, \cdots, N \tag{3.12}$$

这样, 网络的平均场特性更加明显. 相位 θ_i 都趋向于平均相位 ϕ 而不是各个振子的相位. 有效耦合 cr 在耦合和一致性之间建立了一个正反馈关系: 趋于一致的振子数的增加会导致 r 值增大; 而 cr 值的增加又会使得更多的振子进入同步簇中. Kuramoto 及其后继者[18,20] 研究发现, 耦合强度存在临界阈值 $c^* = 2/(\pi g(0))$, 当 $c < c^*$, 无论初始态怎样, 振子会按照各自的自然频率运动, 好像它们之间没有耦合关系一样, 而 $r(t)$ 迅速降为 $O(N^{-1/2})$. 当 $c > c^*$, 这种状态变得不稳定, $r(t)$ 呈指数上升, 说明有一小簇振子开始同步.

文献 [21] 研究了耦合相振子的最近邻网络模型:

$$\dot{\theta}_i = \omega_i + \frac{c}{3}[\sin(\theta_{i+1} - \theta_i) + \sin(\theta_{i-1} - \theta_i)], \qquad i = 1, 2, \cdots, N \tag{3.13}$$

这里采用周期边界条件 ($\theta_0 = \theta_N$, $\theta_{N+1} = \theta_1$), 并且取 $\sum_{i=1}^{N} \omega_i = 0$.

定义平均频率

$$\Omega_i = \lim_{T \to \infty} \frac{1}{T} \int_0^T \dot{\theta}_i(t)dt. \tag{3.14}$$

网络中任意两个振子 i 和 j 达到相位同步, 也就是说它们的平均频率至少在一段区间内保持一致, 即 $\Omega_i = \Omega_j$.

图 3.1 给出了 15 个振子的最近邻网络的平均频率随耦合强度的分岔图. 当耦合强度很弱时, 振子按照原先的自然频率运动; 随着耦合强度的增加, 振子间的一致性也随之增加. 通常, 在系统逐步实现相位同步的过程中, 任意两个具有相近频率的相邻振子很容易率先达到同步形成一个局部的同步簇. 随着耦合的进一步增强, 小的同步簇吸引更多的个体, 形成一个更大的簇. 最后当耦合强度足够大到某个临界值时, 系统所有的个体都达到同步状态. 耦合振子的相位同步过程表现为分岔树的形状, 这也说明, 在给定耦合强度情况下, 相位同步过程不但与振子的自然频率有关, 而且与振子在网络中的位置有关.

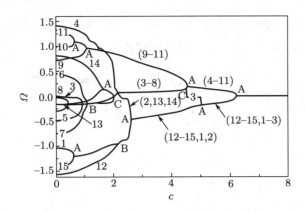

图 3.1　15 个振子最近邻网络的平均频率随耦合强度的分岔图 (取自文献 [21])

3.2.2　小世界网络相位同步

文献 [9] 详细介绍了 Hong 等人的研究工作[22], 耦合相位振子的小世界网络模型为

$$\dot{\theta}_i = \omega_i + c \sum_{j \in \Lambda_i} \sin(\theta_j - \theta_i) \tag{3.15}$$

其中, Λ_i 表示与节点 i 相连的节点集合. 自然频率 ω_i 和相位 θ_i 的初始态, 分别在均值为 0 的均匀分布的区间 $(-1/2, 1/2)$ 和 $(-\pi, \pi)$ 中随机选取.

不同耦合强度 c 以及不同拓扑结构的小世界网络模型 (加边或重连概率 p 不同), 都会使网络产生不同的相位同步特性. 网络的相位同步序参量为

$$r = \left[\left\langle \left| \frac{1}{N} \sum_{j=1}^{N} e^{i\theta_j} \right| \right\rangle \right]$$

其中 $\langle \cdot \rangle$ 表示对时间平均, $[\cdot]$ 表示对自然频率平均. $0 \leqslant r \leqslant 1$, r 越接近 1 表明网络中的振子相位同步程度越高.

图 3.2 给出了对于不同拓扑结构的小世界网络模型, 耦合强度 c 不断变化时相位同步序参量 r 的变化曲线图. 当耦合强度很弱, $c \to 0$ 时, 节点相位均匀分布在区间 $[0, 2\pi]$ 内, 因此 $r = O(1/\sqrt{N})$, 相当于一群节点按照自身的相位随机分布在区间 $(-\pi, \pi)$ 内各自运动, 没有产生同步簇. 随着 c 的增大, 逐渐形成同步

簇, 并且簇中节点个数不断增加. 当 $c \to \infty$, $r = 1$ 时, 所有节点形成一个同步簇. 这时整个网络不论拓扑结构如何, 都能达到相位同步.

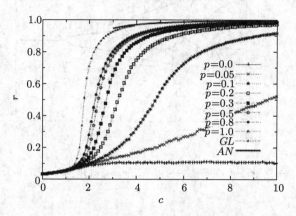

图 3.2　小世界网络模型中相位同步序参量 r 与耦合强度 c 之间的关系曲线, 其中 GL、AN 分别为全局耦合网络的序参量的数值结果和理论结果 (取自文献 [22])

从图 3.2 中还可以看到, 小世界网络的相位同步与连边概率 p 之间的关系类似于和耦合强度之间的关系: 当没有长程边时 ($p = 0$), 没有产生同步化行为; 当长程边有少量增加时, 系统的动力学行为有了显著变化 (比较 $p = 0$ 和 $p = 0.05$ 对应的曲线). 随着长程边的增多, 网络中出现同步簇, 并且簇中节点逐渐增多, 最终所有节点形成一个同步簇, 整个网络达到相位同步. 有趣的是, 随着 p 的增加, 相位同步出现饱和态. 当 $p > p_m \approx 0.5$ 以后, 再增加长程边是冗余的, 网络同步没有明显的变化. 这说明加入相当少的长程边产生的小世界网络模型, 其相位同步与全耦合网络几乎完全相同.

3.2.3　无标度网络相位同步

文献 [9] 以文献 [23, 24] 的研究工作为例, 讨论了具有 N 个振子、度分布服从 $P(k) \propto k^{-3}$ 的 BA 无标度网络的相位同步. 网络中第 i 个振子的动力学方程见式 (3.15).

文献 [23] 通过仿真实验发现 (图 3.3): 当耦合强度 c 很小时, 振子按照各自的动力学特性运动. 随着耦合强度 c 的增大, 当耦合强度超过一定临界值时同步簇开始产生. 最后同步簇中的节点个数逐渐增多, 最终形成一个同步簇. 对于具

有不同 m 值 (m 表示在生成 BA 无标度网络的过程中, 每加入一个节点, 与网络中已有节点相连产生的边数) 或不同网络规模的 BA 无标度网络, 形成相位同步的过程都类似.

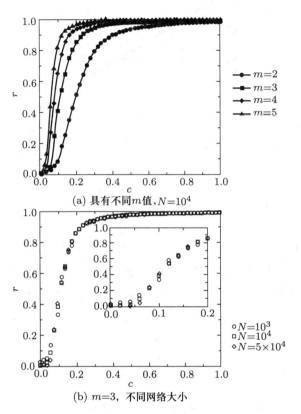

(a) 具有不同 m 值, $N=10^4$

(b) $m=3$, 不同网络大小

图 3.3　不同无标度网络拓扑结构 Kuramoto 模型的序参量随耦合强度变化趋势图 (取自文献 [23])

同时, 由于无标度网络节点度分布的不均匀性, 具有不同度的节点抗干扰能力也有所不同. 图 3.4 给出了具有不同度的节点因受到扰动而不同步后, 重新进入同步簇所需要的平均时间 $\langle \tau \rangle$ 曲线. 可以发现这条曲线呈明显的幂律趋势 $\langle \tau \rangle \propto k^{-v}$, $v = 0.96$. 因此, 节点的度越大也就越稳定. 也就是说, 度越大的节点越容易和它相邻节点发生相位锁定. 同时, 一个具有很大度的节点的不稳定, 并不会影响它所处的同步簇的稳定性. 相反, 这些大节点不同步后, 它的相邻节点会 "帮助" 它很快地恢复到同步状态. 因此, 在达到同步后, 度很大的节点抗干扰的鲁棒性很强.

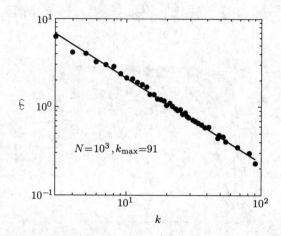

图 3.4   度为 k 的节点受到扰动后重新同步的时间曲线 (取自文献 [23])

文献 [24] 研究了幂指数 $2 < \gamma \leqslant 3$ 的无标度网络的相位同步问题. 网络中振子模型与式 (3.15) 相同, 定义 $P(k)$ 为振子的度分布, 振子的自然频率 $\{\omega_i\}$ 假设服从概率分布函数 $g(\omega)$, 得到对于一般随机网络, 振子达到相位同步的充分性条件为

$$\frac{cg(0)\pi \int dk k^2 P(k)}{2\int dk P(k)k} > 1 \tag{3.16}$$

对于度分布服从 $P(k) \propto k^{-\gamma}$ 的无标度网络, 如果 $2 < \gamma \leqslant 3$, 那么

$$\frac{\int dk k^2 P(k)}{\int dk P(k)k} \gg 1$$

因此, 对于任意耦合强度 $c > 0$, 式 (3.16) 都能满足. 这样, 无标度网络达到同步的耦合阈值几乎为 0. 这类似于病毒在 SIS 模型中传播时, 无标度网络传播阈值为 0 的情况.

3.3 同步态与同步轨问题

3.3.1 同步的几种定义及其联系

文献 [25] 研究了同步的几种定义之间的联系. 考虑一般连续时间动态网络模型, 其方程式同式 (3.6), 即

$$\dot{x}_i(t) = f(x_i(t)) + c \sum_{j=1}^{N} a_{ij} H(x_j(t)), \quad i = 1, 2, \cdots, N$$

其中, $x_i(t) \in R^n$ 表示第 i 个节点的状态变量, $f \in C[R^n, R^n]$, $c > 0$ 为耦合强度, $A = (a_{ij})_{N \times N}$ 为网络的耦合矩阵, 可以不对称, 内连函数 $H \in C[R^n, R^n]$ 表示节点状态分量之间的耦合机制.

首先, 引入网络同步及同步态的定义.

定义 3.1. 复杂网络 (3.6) 的同步流形为 $R^{n \times N}$ 中的线性子空间

$$\mathcal{M} = \{x = (x_1, \cdots, x_N) : x_i = x_j \in R^n, \forall i, j\},$$

如果当 $t \to \infty$ 时, 网络 (3.6) 的解 $x = (x_1, x_2, \cdots, x_N)$ 收敛到集合 $\mathcal{M}$ 上, 则称网络 (3.6) **完全同步 (complete synchronization)** , 简称**同步**. 也就是, 对于网络 (3.6) 所有的节点, 在任意初始条件下, 当 $t \to \infty$ 时,

$$\|x_i(t) - x_j(t)\| \to 0, \ (i, j = 1, 2, \cdots, N). \tag{3.17}$$

这是网络 (3.6) 同步的基本定义. $\mathcal{M}$ 中的任意元素可以写成 $\mathbf{1}_N \otimes z$, 则称 z 为**同步态 (synchronous state)**, 其中 $\mathbf{1}_N = (1, 1, \cdots, 1)$.

同步态与初值无关的, 仅依赖于方程的通解. 而**同步轨道 (synchronous orbit)** 是依赖于初值的, 是给定各个节点初值后的同步轨道 $z(t, t_0, x_1(t_0), \cdots, x_N(t_0)) \in R^n$.

定义 3.2. 若 $s(t)$ 满足方程

$$\dot{s}(t) = f(s(t)) \tag{3.18}$$

则称 $s(t)$ 为单个**孤立节点的解**.

由于按 (3.18) 定义的孤立节点解 $s(t)$ 具有明显的实际背景, 所以在一些文献中把它称为**同步状态**, 简称**同步态**.

本节的一个目的就是要从理论上回答当网络 (3.6) 同步时, 所有节点是否收敛于孤立节点的解 $s(t)$, 也就是说是否可以将孤立节点的解 $s(t)$ 作为网络 (3.6) 的同步态.

事实上, 主稳定函数方法 (详见第 5 章) 就是假设 $s(t)$ 是同步态, 并在 $s(t)$ 处作变分, 计算主稳定方程的最大 Lyapunov 指数, 确定同步域, 才有同步能力的 λ_2 和 λ_2/λ_N 判别准则.

引理 3.1. 若矩阵 $A = (a_{ij})_{N \times N}$ 满足: $a_{ij} \geqslant 0, i \neq j; a_{ii} = -\sum_{j=1, j\neq i}^{N} a_{ij}, i = 1, 2, \cdots, N$, 且 $\mathrm{rank}(A) = N - 1$, 则矩阵 A 零特征值对应的左特征向量 $\xi = (\xi_1, \xi_2, \cdots, \xi_N)^{\mathrm{T}}$ 非负, 即 $\xi_i \geqslant 0, 1 \leqslant i \leqslant N$. 进一步地, 若矩阵 A 不可约, 则 ξ 为正, 即 $\xi_i > 0, 1 \leqslant i \leqslant N$.

于是, 在引理 3.1 的假设基础上, 可以再设 $\sum_{j=1}^{N} \xi_j = 1$, 将 x_i 以 A 的零特征值对应的左特征向量的分量加权平均, 记为

$$\bar{x}(t) = \sum_{j=1}^{N} \xi_j x_j(t) \tag{3.19}$$

其中 $x_i(t)$ 是耦合系统 (3.6) 的解. 称 $\bar{x}(t)$ 为网络 (3.6) 节点的加权平均态, 引入 $\bar{x}(t)$ 有利于理论分析.

注 3.2. 如果 A 是对称矩阵 (无向网络), 则

$$\xi = (1/N, \cdots, 1/N)^{\mathrm{T}}.$$

下面证明网络 (3.6) 的同步态 $z(t)$ 在正极限集意义下是孤立节点的解, 即证明 $\lim_{t \to \infty} \|\dot{z}(t) - f(z(t))\| = 0$.

下面这个定理证明节点的加权平均也是网络 (3.6) 的同步态.

定理 3.1. 若网络 (3.6) 在 (3.17) 意义下同步, 即 $\lim\limits_{t \to \infty} ||x_i(t) - x_j(t)|| = 0$, $\forall i, j = 1, 2, \cdots, N$, 其充分必要条件为

$$\lim_{t \to \infty} ||x_i(t) - \bar{x}(t)|| = 0, \quad i = 1, 2, \cdots, N,$$

其中, $\bar{x}(t)$ 定义如式 (3.19).

证明: 必要性. 因为

$$0 \leqslant ||x_i - \bar{x}|| = \left\| x_i - \sum_{j=1}^{N} \xi_j x_j \right\| = \left\| \sum_{j=1}^{N} \xi_j x_i - \sum_{j=1}^{N} \xi_j x_j \right\|$$

$$= \left\| \sum_{j=1}^{N} \xi_j (x_i - x_j) \right\| \leqslant \sum_{j=1}^{N} \xi_j ||x_i - x_j|| \to 0 (t \to \infty).$$

所以, $\lim\limits_{t \to \infty} ||x_i(t) - \bar{x}(t)|| = 0, i = 1, 2, \cdots, N$.

充分性. 若对于任意 $i = 1, 2, \cdots, N, \lim\limits_{t \to \infty} ||x_i(t) - \bar{x}(t)|| = 0$, 则 $\lim\limits_{t \to \infty} \max\limits_{i=1, \cdots, N} ||x_i(t) - \bar{x}(t)|| = 0$, 而

$$||x_i(t) - x_j(t)|| = ||x_i(t) - \bar{x}(t) + \bar{x}(t) - x_j(t)||$$

$$\leqslant ||x_i(t) - \bar{x}(t)|| + ||\bar{x}(t) - x_j(t)||$$

$$\leqslant 2 \max_{i=1, \cdots, N} ||x_i(t) - \bar{x}(t)||.$$

两边取极限, 得到 $\lim\limits_{t \to \infty} ||x_i(t) - x_j(t)|| = 0$. $\qquad \square$

定理 3.1 证明了对于任意 $i = 1, 2, \cdots, N, \lim\limits_{t \to \infty} ||x_i(t) - \bar{x}(t)|| = 0$ 是网络同步的充分且必要条件. 所以, 可以定义节点的加权平均态 $\bar{x}(t) = \sum\limits_{j=1}^{N} \xi_j x_j(t)$ 为网络 (3.6) 的同步态. 因此, 网络同步也可以定义为: 对于任意 $i = 1, 2, \cdots, N$, $\lim\limits_{t \to \infty} ||x_i(t) - \bar{x}(t)|| = 0$. 即当网络同步时, 各个节点收敛于 $\bar{x}(t)$.

无向网络同步态中各节点的贡献是均等的, 有向网络同步态中各个节点的贡献一般是不同的, 如例 3.2.

例 3.2. 图 3.5 描述了一个有向网络, 其耦合矩阵为

$$A = \begin{bmatrix} -2 & 1 & 0 & 1 \\ 1 & -2 & 1 & 0 \\ 0 & 1 & -2 & 1 \\ 0 & 0 & 1 & -1 \end{bmatrix},$$

其零特征值对应的左特征向量为

$$\xi = (0.1826, 0.3651, 0.5477, 0.7303)^{\mathrm{T}}.$$

图 3.5 4 个节点组成的有向网络

下面的定理 3.2 和定理 3.3 回答 $\bar{x}(t)$ 与孤立节点方程的解 $s(t)$ 的关系.

定理 3.2. 假设 $f(\cdot)$ 是线性齐次的. 若网络同步, 则同步态 $\bar{x}(t) = \sum_{j=1}^{N} \xi_j x_j(t)$ 是孤立系统的解, 即 $\bar{x}(t)$ 满足:

$$\dot{\bar{x}}(t) = f(\bar{x}(t)) \tag{3.20}$$

证明:

$$\dot{\bar{x}} = \sum_{j=1}^{N} \xi_j \dot{x}_j = \sum_{j=1}^{N} \xi_j \left(f(x_j) + c \sum_{k=1}^{N} a_{jk} H(x_k) \right)$$

$$= \sum_{j=1}^{N} \xi_j f(x_j) + c \sum_{j=1}^{N} \sum_{k=1}^{N} \xi_j a_{jk} H(x_k)$$

$$= f\left(\sum_{j=1}^{N} \xi_j x_j \right) + c \left(\xi_1, \xi_2, \cdots, \xi_N \right) A \begin{pmatrix} H(x_1) \\ H(x_2) \\ \vdots \\ H(x_N) \end{pmatrix}$$

根据 $\xi = (\xi_1, \xi_2, \cdots, \xi_N)^{\mathrm{T}}$ 为 A 的零特征值对应的左特征向量, 即 $\xi^{\mathrm{T}} A = \mathbf{0}$, 从而

$$\dot{\bar{x}}(t) = f\left(\sum_{j=1}^{N} \xi_j x_j\right) = f(\bar{x}(t)).$$

$\square$

例 3.3. 考虑 2 个节点的线性耦合, 每个节点是一阶线性常系数微分方程:

$$\begin{cases} \dot{x}_1(t) = f(x_1(t)) - [x_1(t) - x_2(t)] \\ \dot{x}_2(t) = f(x_2(t)) - [x_2(t) - x_1(t)] \end{cases}$$

其中 $f(x) = x$. 得到两个特解 $\begin{bmatrix} x_1 \\ x_2 \end{bmatrix} = \begin{bmatrix} e^t \\ e^t \end{bmatrix}$ 和 $\begin{bmatrix} e^{-t} \\ -e^{-t} \end{bmatrix}$ 线性无关, 所以两个节点的通解为 $x_1 = c_1 e^t + c_2 e^{-t}$, $x_2 = c_1 e^t - c_2 e^{-t}$, 两个常数由初始条件确定. 孤立节点方程 $\dot{s}(t) = s(t)$ 的通解为 $s(t) = c_1 e^t$, 常数由初始条件确定. 显然各节点的平均态满足孤立节点方程, 即 $\bar{x}(t) = s(t) = c_1 e^t$.

因此, 在给定任意初值 $x_1(0)$, $x_2(0)$ 条件下, 在 t 趋近无穷时两个节点趋于同步 $\lim\limits_{t \to \infty} \|x_1(t) - x_2(t)\| = 0$, 并且都趋于孤立节点的某一个特解 $c^* e^t$. 注意: 如果写成 $\lim\limits_{t \to \infty} \|x_i(t) - s(t)\| = 0$, $i = 1, 2$, 那么这里的 $x_i(t)$ 是给定任意初值 $x_1(0)$, $x_2(0)$ 的特解, 而这里的 $s(t)$ 也一定是孤立节点方程的某一特解 (通解所对应的曲线族中的一条曲线). 但是, 这并不是说, x_i 一定趋于孤立节点方程的任意给定初值的特解. 譬如给定 $x_1(0) = 0$, $x_2(0) = 1$, 得到两个节点的特解为 $x_1 = \frac{1}{2} e^t - \frac{1}{2} e^{-t}$, $x_2 = \frac{1}{2} e^t + \frac{1}{2} e^{-t}$, 有 $\lim\limits_{t \to \infty} \|x_1(t) - x_2(t)\| = 0$ 成立, 且在 t 趋于无穷时, 这两个节点同步到 $\dot{s}(t) = s(t)$ 在初值取为上述两个节点初值的平均值 $s(0) = \frac{1}{2}$ 的特解 $s(t) = \frac{1}{2} e^t$, 见图 3.6 (a). 但是如果方程 $\dot{s}(t) = s(t)$ 给定初值 $s(0) = 1$, 特解为 $s(t) = e^t$, 这时候 $x_1(t) - s(t) = -\frac{1}{2} e^t - \frac{1}{2} e^{-t}$, $x_2(t) - s(t) = -\frac{1}{2} e^t + \frac{1}{2} e^{-t}$ 无论如何也不会趋于 0, 见图 3.6 (b).

这个例子告诉我们, 不能因为耦合系统的解不趋于孤立节点的某个特解, 就得出 "同步态不是孤立节点的解" 这一结论.

例 3.4. 考虑 4 个节点的线性耦合, 每个节点是一阶线性常系数微分方程,

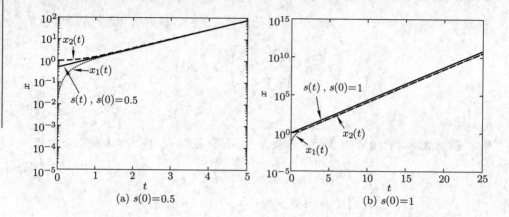

图 3.6　$x_1(t), x_2(t), s(t)$ 的时间演化图, 初值 $x_1(0) = 0, x_2(0) = 1$ (取自文献 [25])

网络拓扑为有向星型网络:

$$
\begin{cases}
\dot{x}_1(t) = f(x_1(t)) - 2[x_1(t) - x_4(t)] \\
\dot{x}_2(t) = f(x_2(t)) - 2[x_2(t) - x_4(t)] \\
\dot{x}_3(t) = f(x_3(t)) - 2[x_3(t) - x_4(t)] \\
\dot{x}_4(t) = f(x_4(t)) - 2[x_4(t) - x_1(t)]
\end{cases}
$$

其中 $f(x) = x$, 耦合强度为 2. 得到这 4 个节点的通解为 $x_1 = c_1 e^t - c_2 e^{-3t}$, $x_2 = c_1 e^t - c_2 e^{-3t} + c_3 e^{-t}$, $x_3 = c_1 e^t - c_2 e^{-3t} + c_4 e^{-t}$, $x_4 = c_1 e^t + c_2 e^{-3t}$, 4 个常数由初始条件确定. 孤立节点方程 $\dot{s}(t) = s(t)$ 的通解为 $s(t) = c_1 e^t$, 常数由初始条件确定.

　　显然, 耦合矩阵 $A = [-1,0,0,1; 0,-1,0,1; 0,0,-1,1; 1,0,0,-1]$ 的零特征值对应的左特征向量为 $[1/2, 0, 0, 1/2]^T$, 各节点的加权平均态 $\bar{x}(t) = [x_1(t) + x_4(t)]/2$ 满足孤立节点方程, 即 $\bar{x}(t) = s(t) = c_1 e^t$.

　　因此, 在给定任意初值 $x_1(0), x_2(0), x_3(0), x_4(0)$ 条件下, 在 t 趋近无穷时 4 个节点趋于同步, 即 $\lim_{t \to \infty} \|x_i(t) - x_j(t)\| = 0$, $(i, j = 1, 2, 3, 4)$, 并且都趋于孤立节点的某一个特解. 譬如: 给定 $x_1(0) = 0$, $x_2(0) = 1$, $x_3(0) = 2$, $x_4(0) = 5$, 得到 4 个节点的特解为 $x_1 = 2.5 e^t - 2.5 e^{-3t}$, $x_2 = 2.5 e^t - 2.5 e^{-3t} + e^{-t}$, $x_3 = 2.5 e^t - 2.5 e^{-3t} + 2 e^{-t}$, $x_4 = 2.5 e^t + 2.5 e^{-3t}$, 有 $\lim_{t \to \infty} \|x_i(t) - x_j(t)\| = 0$, $(i, j = 1, 2, 3, 4)$ 成立, 并且在 t 趋于无穷时 4 个节点都同步到 $\dot{s}(t) = s(t)$ 在初值取为上述 4 个

节点初值的加权平均值 $s(0) = 0.5x_1(0) + 0.5x_4(0)$ 的特解 $s(t) = 2.5e^t$, 见图 3.7 (a). 但是如果方程 $\dot{s}(t) = s(t)$ 给定初值 $s(0) = 1$, 特解为 $s(t) = e^t$, 这时候 $x_1(t) - s(t) = 1.5e^t - 2.5e^{-3t}$, $x_2(t) - s(t) = 1.5e^t - 2.5e^{-3t} + e^{-t}$, $x_3(t) - s(t) = 1.5e^t - 2.5e^{-3t} + 2e^{-t}$, $x_4(t) = 1.5e^t + 3e^{-3t}$ 无论如何也不会趋于 0, 见图 3.7 (b).

值得一提的是, 这个例子考虑的有向网络, 其对应的耦合矩阵不对称, 网络的同步态 $\bar{x}(t)$ 为节点的加权平均态, 其权重不均匀, 即 $\bar{x}(t) = 0.5x_1(t) + 0.5x_4(t)$. 所以节点 2 和节点 3 的初值不会影响网络的同步轨道, 如图 3.7 (c). 图 3.7 (c) 中节点 2 和节点 3 的初值分别为 $x_2(0) = 10, x_3(0) = 20$, 不同于图 3.7 (a) 中的初值, 但是这 4 个节点最终还是同步到以加权平均值 $s(0) = 0.5x_1(0) + 0.5x_4(0)$ 为初值的孤立系统方程 $\dot{s}(t) = s(t)$ 的特解 $s(t) = 2.5e^t$.

例 3.5. 考虑 4 个节点的线性耦合, 每个节点是一阶线性常系数微分方程组, 网络拓扑为无向星型网络:

$$\begin{cases} \dot{x}_i(t) = y_i(t) - [x_i(t) - x_4(t)], i = 1, 2, 3 \\ \dot{y}_i(t) = -x_i(t) - [y_i(t) - y_4(t)], i = 1, 2, 3 \\ \dot{x}_4(t) = y_4(t) - 3x_4(t) + x_1(t) + x_2(t) + x_3(t) \\ \dot{y}_4(t) = -x_4(t) - 3y_4(t) + y_1(t) + y_2(t) + y_3(t) \end{cases}$$

即耦合强度 $c = 1$, 耦合矩阵 $A = [-1, 0, 0, 1; 0, -1, 0, 1; 0, 0, -1, 1; 1, 1, 1, -3]$, 内连矩阵为 $[1, 0; 0, 1]$, 则耦合系统的通解为

$$x_1 = c_1 \cos t + c_8 \sin t - (c_3 + c_5)e^{-t} \cos t - \frac{c_7}{3} e^{-4t} \cos t$$
$$- (c_2 + c_4)e^{-t} \sin t - \frac{c_6}{3} e^{-4t} \sin t$$

$$y_1 = c_8 \cos t - c_1 \sin t - (c_2 + c_4)e^{-t} \cos t - \frac{c_6}{3} e^{-4t} \cos t$$
$$+ (c_3 + c_5)e^{-t} \sin t + \frac{c_7}{3} e^{-4t} \sin t$$

$$x_2 = c_1 \cos t + c_8 \sin t + c_3 e^{-t} \cos t - \frac{c_7}{3} e^{-4t} \cos t + c_2 e^{-t} \sin t - \frac{c_6}{3} e^{-4t} \sin t$$

$$y_2 = c_8 \cos t - c_1 \sin t + c_2 e^{-t} \cos t - \frac{c_6}{3} e^{-4t} \cos t - c_3 e^{-t} \sin t + \frac{c_7}{3} e^{-4t} \sin t$$

$$x_3 = c_1 \cos t + c_8 \sin t + c_5 e^{-t} \cos t - \frac{c_7}{3} e^{-4t} \cos t + c_4 e^{-t} \sin t - \frac{c_6}{3} e^{-4t} \sin t$$

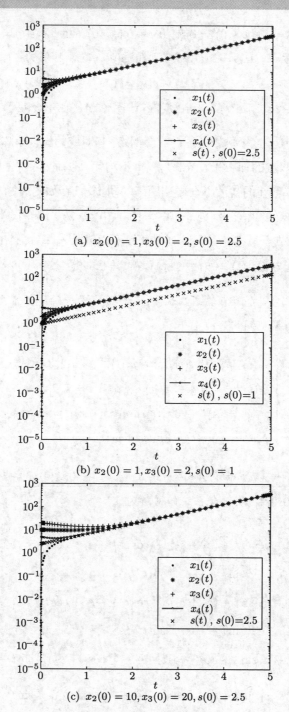

(a) $x_2(0) = 1, x_3(0) = 2, s(0) = 2.5$

(b) $x_2(0) = 1, x_3(0) = 2, s(0) = 1$

(c) $x_2(0) = 10, x_3(0) = 20, s(0) = 2.5$

图 3.7　$x_1(t)$, $x_2(t)$, $x_3(t)$, $x_4(t)$, $s(t)$ 的时间演化图, 初值 $x_1(0) = 0$, $x_4(0) = 5$ (取自文献 [25])

$$y_3 = c_8 \cos t - c_1 \sin t + c_4 e^{-t} \cos t - \frac{c_6}{3} e^{-4t} \cos t - c_5 e^{-t} \sin t + \frac{c_7}{3} e^{-4t} \sin t$$

$$x_4 = c_1 \cos t + c_8 \sin t + c_7 e^{-4t} \cos t + c_6 e^{-4t} \sin t$$

$$y_4 = c_8 \cos t - c_1 \sin t + c_6 e^{-4t} \cos t - c_7 e^{-4t} \sin t$$

孤立节点方程 $\dot{s}_1(t) = s_2(t), \dot{s}_2(t) = -s_1(t)$ 的通解 (周期解)$s(t) = (s_1(t), s_2(t))^{\mathrm{T}}$ 为

$$\begin{cases} s_1 = c_1 \cos t + c_8 \sin t \\ s_2 = -c_1 \sin t + c_8 \cos t \end{cases} \tag{3.21}$$

显然, 耦合矩阵 A 的零特征值对应的左特征向量为 $[1/4, 1/4, 1/4, 1/4]^{\mathrm{T}}$, 所以节点 1、2、3 和 4 的平均态满足孤立节点方程.

在给定任意初值 $x_i(0), y_i(0)$ $(i = 1, 2, 3, 4)$ 条件下, 在 t 趋近无穷时 4 个节点趋于同步, 即 $\lim\limits_{t \to \infty} ||(x_i, y_i)^{\mathrm{T}} - (x_j, y_j)^{\mathrm{T}}|| = 0$ $(i, j = 1, 2, 3, 4)$, 都趋于孤立节点的某一个特解. 譬如 $x_1(0) = 0, y_1(0) = 1, x_2(0) = 1, y_2(0) = 2, x_3(0) = 2, y_3(0) = 3, x_4(0) = 3, y_4(0) = 4$, 耦合系统特解为

$$x_1 = \frac{3}{2} \cos t + \frac{5}{2} \sin t - e^{-t} \cos t - \frac{1}{2} e^{-4t} \cos t - e^{-t} \sin t - \frac{1}{2} e^{-4t} \sin t$$

$$y_1 = \frac{5}{2} \cos t - \frac{3}{2} \sin t - e^{-t} \cos t - \frac{1}{2} e^{-4t} \cos t + e^{-t} \sin t + \frac{1}{2} e^{-4t} \sin t$$

$$x_2 = \frac{3}{2} \cos t + \frac{5}{2} \sin t - \frac{1}{2} e^{-4t} \cos t - \frac{1}{2} e^{-4t} \sin t$$

$$y_2 = \frac{5}{2} \cos t - \frac{3}{2} \sin t - \frac{1}{2} e^{-4t} \cos t + \frac{1}{2} e^{-4t} \sin t$$

$$x_3 = \frac{3}{2} \cos t + \frac{5}{2} \sin t + e^{-t} \cos t - \frac{1}{2} e^{-4t} \cos t + e^{-t} \sin t - \frac{1}{2} e^{-4t} \sin t$$

$$y_3 = \frac{5}{2} \cos t - \frac{3}{2} \sin t + e^{-t} \cos t - \frac{1}{2} e^{-4t} \cos t - e^{-t} \sin t + \frac{1}{2} e^{-4t} \sin t$$

$$x_4 = \frac{3}{2} \cos t + \frac{5}{2} \sin t + \frac{3}{2} e^{-4t} \cos t + \frac{3}{2} e^{-4t} \sin t$$

$$y_4 = \frac{5}{2} \cos t - \frac{3}{2} \sin t + \frac{3}{2} e^{-4t} \cos t - \frac{3}{2} e^{-4t} \sin t$$

其同步轨正好是孤立节点在初始条件取为 4 个节点的初值平均值 $s_1(0) = \frac{3}{2}$, $s_2(0) = \frac{5}{2}$ 的一个特解 $s_1 = \frac{5}{2} \sin t + \frac{3}{2} \cos t, s_2 = -\frac{3}{2} \sin t + \frac{5}{2} \cos t$, 如图 3.8 (a). 但

是改变孤立节点的初始条件 $s_1(0) = 1.5, s_2(0) = 3$, 4 个节点虽然同步, 但此时不同步到这个初始条件下的孤立节点的解, 如图 3.8 (b).

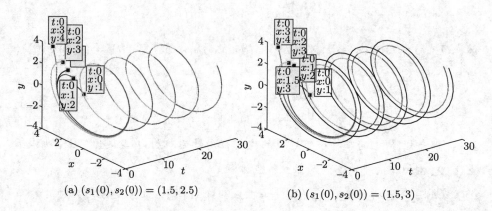

(a) $(s_1(0), s_2(0)) = (1.5, 2.5)$ (b) $(s_1(0), s_2(0)) = (1.5, 3)$

图 3.8 节点的时间演化图, 初值 $(x_1(0), y_1(0)) = (0, 1), (x_2(0), y_2(0)) = (1, 2), (x_3(0), y_3(0)) = (2, 3), (x_4(0), y_4(0)) = (3, 4)$ (取自文献 [25])

定理 3.2 证明了, 如果 f 是线性齐次, 则 $\bar{x}(t)$ 是孤立节点方程 (3.18) 的解. 定理 3.3 再来讨论 f 为非线性情形.

定理 3.3. 假设 $f(\cdot)$ 满足 Lipschitz 条件, 即存在常数 $\mathcal{L} > 0$, 使得 $\|f(x) - f(y)\| \leqslant \mathcal{L}\|x - y\|$, 对任意的 $x, y \in R^n$ 都成立. 如果网络同步, 则同步态 $\bar{x}(t) = \sum_{j=1}^{N} \xi_j x_j(t)$ 满足

$$\lim_{t \to \infty} \|\dot{\bar{x}}(t) - f(\bar{x}(t))\| = 0 \tag{3.22}$$

证明: 因为 $f(\cdot)$ 满足 Lipschitz 条件, 如果网络同步, 由定理 3.1, 当 $t \to \infty$ 时, $\|x_j - \bar{x}\| \to 0$ $(j = 1, 2, \cdots, N)$. 于是, $\|f(x_j) - f(\bar{x})\| \leqslant \mathcal{L}\|x_j - \bar{x}\| \to 0$ $(j = 1, 2, \cdots, N)$. 所以

$$0 \leqslant \|\dot{\bar{x}} - f(\bar{x})\| = \left\| \sum_{j=1}^{N} \xi_j \dot{x}_j - f(\bar{x}) \right\|$$

$$= \left\| \sum_{j=1}^{N} \xi_j \left(f(x_j) + c \sum_{k=1}^{N} a_{jk} H(x_k) \right) - f(\bar{x}) \right\|$$

$$= \left\| \sum_{j=1}^{N} \xi_j f(x_j) + c \sum_{j=1}^{N} \sum_{k=1}^{N} \xi_j a_{jk} H(x_k) - f(\bar{x}) \right\|$$

$$= \left\| \sum_{j=1}^{N} \xi_j f(x_j) + c\left(\xi_1, \xi_2, \cdots, \xi_N\right) A \begin{pmatrix} H(x_1) \\ H(x_2) \\ \vdots \\ H(x_N) \end{pmatrix} - f(\bar{x}) \right\|$$

$$= \left\| \sum_{j=1}^{N} \xi_j (f(x_j) - f(\bar{x})) \right\| \leqslant \sum_{j=1}^{N} \xi_j \|f(x_j) - f(\bar{x})\|$$

$$\leqslant \mathcal{L} \sum_{j=1}^{N} \xi_j \|x_j - \bar{x}\| \to 0 \ (t \to \infty).$$

因此, $\lim\limits_{t\to\infty} \|\dot{\bar{x}}(t) - f(\bar{x}(t))\| = 0.$ □

定理 3.3 证明了, f 是非线性情况, 只要满足 Lipschitz 条件, 那么若网络同步, 则 $\bar{x}(t)$ 是孤立节点方程 $\dot{s}(t) = f(s(t))$ 的解的逼近. 也就是满足耦合系统 (3.6) 的解经加权求和得到的 $\bar{x} = \sum\limits_{j=1}^{N} \xi_j x_j$, 在正极限集的意义下满足方程 $\dot{s}(t) = f(s(t))$.

因此定理 3.1~ 定理 3.3 告诉我们, 如果耦合系统同步, 则 $\bar{x} = \sum\limits_{j=1}^{N} \xi_j x_j$ 可以定义为同步态, 而同步态 $\bar{x}(t)$ 在正极限集的意义下, 也就是孤立节点方程 $\dot{s}(t) = f(s(t))$ 的解.

这里没有使用 $\lim\limits_{t\to\infty} \dot{\bar{x}}(t) = \lim\limits_{t\to\infty} f(\bar{x}(t))$, 而使用的是 $\lim\limits_{t\to\infty} (\dot{\bar{x}}(t) - f(\bar{x}(t))) = \mathbf{0}$, 前者意味着这两个极限都存在且为常量, 只能解决平衡点问题. 而后者 $\lim\limits_{t\to\infty} (\dot{\bar{x}}(t) - f(\bar{x}(t))) = \mathbf{0}$ 是指差的极限为 $\mathbf{0}$, 每一项可以随时间变化, 不一定是常量, 像周期轨、混沌轨都可以.

满足 Lipschitz 条件的系统很多, 包括所有的线性系统和 Lure 系统 (例如 Chua 系统).

例 3.6. 考虑如下两个一维系统耦合的网络:

$$\begin{cases} \dot{x}_1(t) = \tanh(x_1(t)) + (-x_1(t) + x_2(t)) \\ \dot{x}_2(t) = \tanh(x_2(t)) + (x_1(t) - x_2(t)) \end{cases}$$

孤立节点方程为 $\dot{s}(t) = \tanh(s(t))$, $f(s) = \tanh(s)$ 满足 Lipschitz 条件, 孤立节点方程的精确解为 $s = 0$, 以及通解 $s = a\sinh(\sinh(C)e^t)$. 可以知道 $s = 0$ 是方程的不稳定解.

给定耦合系统的初值 $x_1(0) = 0.01$, $x_2(0) = 0.02$, 当 $t \to \infty$ 时, 网络节点同步, 即 $|x_1(t) - x_2(t)| \to 0$. 但是 $x_1(t) \nrightarrow 0$, $x_2(t) \nrightarrow 0$, 即不会同步到以 $s(0) = 0$ 为初值的孤立节点方程的解, 如图 3.9 (a). 可以发现其同步轨正好是孤立节点在初始条件取为这两个节点的初值平均值 $s(0) = (x_1(0) + x_2(0))/2 = 0.015$ 的一个特解 $s(t) = a\sinh(\sinh(0.015)e^t)$, 如图 3.9 (b).

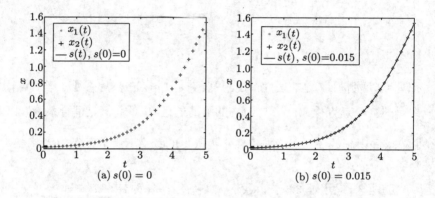

(a) $s(0) = 0$　　　　　　　(b) $s(0) = 0.015$

图 3.9　$x_1(t)$, $x_2(t)$, $s(t)$ 的时间演化图, 初值 $x_1(0) = 0.01$, $x_2(0) = 0.02$

例 3.7. 考虑 5 个 Chua 电路耦合, 网络拓扑为无向环状网络:

$$
\begin{cases}
\dot{x}_{i1} = -\alpha(x_{i1} - x_{i2} + g(x_{i1})) + 0.8 \sum_{j=1}^{N} a_{ij}x_{j1} \\[2mm]
\dot{x}_{i2} = x_{i1} - x_{i2} + x_{i3} + 0.8 \sum_{j=1}^{N} a_{ij}x_{j2} \\[2mm]
\dot{x}_{i3} = -\beta x_{i2} + 0.8 \sum_{j=1}^{N} a_{ij}x_{j3}
\end{cases}
\tag{3.23}
$$

其中 $g(x) = bx + 0.5(a-b)[|x+1| - |x-1|]$, 当参数 $(\alpha, \beta, a, b) = (9, 100/7, -8/7, -5/7)$ 时, 耦合系统是混沌的. 耦合矩阵 $A = [-2, 1, 0, 0, 1; 1, -2, 1, 0, 0; 0, 1, -2, 1, 0;$

$0, 0, 1, -2, 1; 1, 0, 0, 1, -2]$. 孤立节点的方程为

$$\begin{cases} \dot{s}_1 = -\alpha(s_1 - s_2 + g(s_1)) \\ \dot{s}_2 = s_1 - s_2 + s_3 \\ \dot{s}_3 = -\beta s_2 \end{cases}$$

这里, 我们用下面两个物理量来研究网络同步态与孤立节点之间的关系:

$$err_1 = \langle \|x_i(t) - \bar{x}(t)\| \rangle$$

$$err_2 = \langle \|x_i(t) - s(t)\| \rangle$$

其中, $\langle \cdot \rangle$ 表示对节点个数的平均. 如果当 t 趋于无穷时, 误差 err_1 趋于 0, 表示网络的所有节点同步了; 误差 err_2 趋于 0, 则表示网络的所有节点不仅同步了, 而且同步到孤立节点的解.

假设网络节点的初始值均匀分布在区间 $[10, 11]$ 之间, 当耦合强度为 0.8 时, 网络节点同步了, 即有 $\lim\limits_{t \to \infty} \|x_i(t) - x_j(t)\| = 0$, $(i, j = 1, 2, \cdots, 5)$ 成立. 并且, 给定孤立节点方程的初值为 5 个节点初值的平均值 $s(0) = \langle x_i(0) \rangle$, 这时候 5 个节点与孤立节点间的误差 err_2 在 $t \to \infty$ 时趋于 0, 见图 3.10 (a). 即在 t 趋于无穷时, 5 个节点同步且同步轨是孤立节点方程在初值 $s(0) = \langle x_i(0) \rangle$ 的特解 $s(t)$. 但是改变孤立节点的初始条件 $s(0) = (10, 10, 10.5)^T$, 不等于 5 个节点初值的平均值, 这时 5 个节点虽然同步, 但不同步到这个初始条件下孤立节点的解, 如图 3.10 (b).

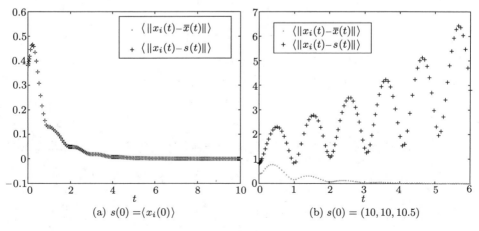

(a) $s(0) = \langle x_i(0) \rangle$ (b) $s(0) = (10, 10, 10.5)$

图 3.10 err_1, err_2 的时间演化图, 节点初值满足区间 $[10, 11]$ 上的均匀分布 (取自文献 [25])

　　定理结论和数值仿真告诉我们: 给定各节点初值的网络同步轨道显然是依赖于初值的. 当 $f(\cdot)$ 是线性齐次时, 在给定各个节点初值后的同步轨道, 一定收敛到以各个节点初值的加权平均值作为初值的孤立节点方程的解 (轨道). 也就是说, 孤立节点以各节点的加权平均初值为初值时, 必然成为网络各节点的同步轨, 而孤立节点方程的初值不等于各节点初值的加权平均值时, 就不会成为网络各节点的同步轨. 但是对于 $f(\cdot)$ 是非线性且满足 Lipschitz 条件时, 网络节点的同步轨道不一定为以节点加权平均初值为初值的孤立系统的解, 如图 3.11. 图 3.11 中的节点动力学以及网络拓扑结构与图 3.10 相同, 方程式同式 (3.23), 但节点的初值均匀分布在 $[0,1]$ 区间上, 这时, 网络的所有节点都同步了, 但是没有同步到以节点的加权平均初值为初值的孤立系统的解, 同步轨可能跳到以另一值为初值的孤立系统的解的轨道上. 因此, 对于 $f(\cdot)$ 是非线性且满足 Lipschitz 条件的情形, 寻找同步轨是比较困难的, 这是一个有待研究的问题.

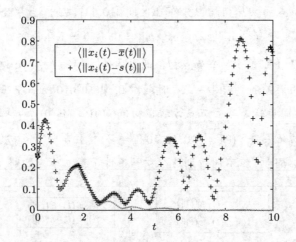

图 3.11　err_1, err_2 的时间演化图, 节点初值满足区间 $[0,1]$ 上的均匀分布, $s(0) = \langle x_i(0) \rangle$ (取自文献 [25])

　　以上例子验证了定理的结论, 如果耦合系统同步, 则 $t \to \infty$ 时同步态就是 $\bar{x} = \sum_{j=1}^{N} \xi_j x_j$, 而且同步态 $\bar{x}$ 在正极限集的意义下, 也就是孤立节点方程 $\dot{s}(t) = f(s(t))$ 的解. 而且说明耦合系统的同步态就是孤立节点方程的通解 (一族曲线), 混沌情况就是吸引子.

那么, 定理 3.3 的条件, 即要求 $f(\cdot)$ 是非线性且满足 Lipschitz 条件是不是充分且必要的呢? 下面这个例子在一定程度上回答了这个问题.

例 3.8. 考虑 3 个节点耦合, 网络拓扑为无向全连接网络:

$$\begin{cases} \dot{x}_1(t) = x_1 - x_1^2 - (2x_1 - x_2 - x_3) \\ \dot{x}_2(t) = x_2 - x_2^2 - (2x_2 - x_1 - x_3) \\ \dot{x}_3(t) = x_3 - x_3^2 - (2x_3 - x_1 - x_2) \end{cases}$$

孤立系统的方程为 $\dot{s}(t) = s - s^2$, $f(s) = s - s^2$ 不满足 Lipschitz 条件, 孤立系统的精确解为 $s = 0, s = 1$ 以及通解 $s = \dfrac{1}{1 + ce^{-t}} \to 1$. 可以知道 $s = 0$ 是方程的不稳定解, 而 $s = 1$ 是方程的稳定解.

给定耦合系统的初值 $x_1(0) = 0, x_2(0) = 1, x_3(0) = 2$, 网络的节点不仅同步, 而且同步到以 $s(0) = (x_1(0) + x_2(0) + x_3(0))/3 = 1$ 为初值的孤立系统的解, 如图 3.12 (a). 改变孤立系统的初值, 取 $s(0) = 0$, 发现虽然网络节点同步, 但是没有同步到这个初值条件下的孤立系统的解, 如图 3.12 (b).

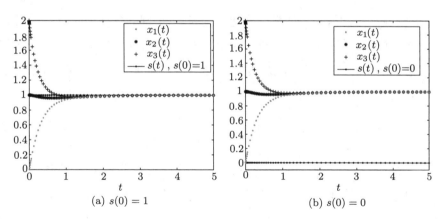

图 3.12 $x_1(t)$, $x_2(t)$, $x_3(t)$, $s(t)$ 的时间演化图, 初值 $x_1(0) = 0$, $x_2(0) = 1$, $x_3(0) = 2$ (取自文献 [25])

这个例子说明了, 尽管系统不满足 Lipschitz 条件, 网络的同步轨还是有可能为某个初值条件下的孤立系统的解, 因此这里所给的两个定理仅是充分条件, 而非必要条件, 可能还有一大类系统不满足 Lipschitz 条件, 但是它们的同步轨仍然是孤立系统的解. 这个问题也有待进一步研究.

同步是指对于任意给定的初始条件下, 网络所有节点在 t 趋于无穷时趋于一致, 所以 "趋于一致" 的 "最终轨道" 是依赖于初始条件的, 不同初始条件下 "最终轨道" 也可以不同. 而上面所述的同步态、孤立节点方程的解都是不涉及初始条件的, 是指方程通解的 "曲线族", 它与初始条件无关. 而同步轨是指给定某一初始条件的解, 不同的初始条件的同步轨可以不同. 因此, 我们必须区分 "同步态" 和 "同步轨" 两个概念, 不宜把 "同步态" 理解为一条轨道, "同步态" 应该理解为 "一族轨道". 譬如例 3.3 中, 两个节点的通解为 $x_1 = c_1 e^t + c_2 e^{-t}$, $x_2 = c_1 e^t - c_2 e^{-t}$, 同步态是通解的正极限集 $\bar{x} = s(t) = c_1 e^t$. 而同步轨是依赖于初始条件的, 如给定初始条件 $x_1(0) = 0, x_2(0) = 1$, 则同步轨为 $\frac{1}{2} e^t$. 数值仿真得到的都是具有初始条件的特解 (同步轨), 不能因为耦合系统某一同步轨不趋于孤立节点的某一轨道 (特解) 来认定网络同步态不是孤立节点的解. 对于混沌节点的网络, 同步态应该理解为吸引子, 它是一个不变流形, 不依赖于时间和初始条件.

3.3.2 同步态与暂态

前面的讨论告诉我们, 如果网络能够达到同步, 则同步态是由孤立系统动力学决定的. 因此我们把同步过程的节点动力学分解成两个部分: 同步态和暂态, 来分析它们与动力学以及耦合结构的关系. 因此, 如果耦合系统同步, 则解只是孤立节点的解加上一个无穷小:

$$x(t) = s(t) + q(t), \quad \lim_{t \to \infty} q(t) = 0.$$

下面的例子将会告诉我们, 同步态 (终态) 由动力学决定, 同步轨是孤立系统的一条轨道 (某一特解); 暂态由耦合项和动力学决定, 耦合结构只影响暂态, 不改变同步态 (终态).

例 3.9.

$$\begin{cases} \dot{x}_1(t) = f(x_1(t)) - [x_1(t) - x_2(t)] \\ \dot{x}_2(t) = f(x_2(t)) - [x_2(t) - x_1(t)] \end{cases}$$

其中 $f(x) = x$, 得到两个节点的通解为 $x_1 = c_1 e^t + c_2 e^{-t}$, $x_2 = c_1 e^t - c_2 e^{-t}$, 常数由初始条件确定. 孤立节点方程 $\dot{s}(t) = s(t)$ 的通解为 $s(t) = c_1 e^t$, 常数由初始条

件确定. 所以耦合系统只是在孤立系统基础上的叠加一个小扰动 e^{-t}, 也就是耦合系统是孤立节点的通解基础上叠加一个无穷小.

现在让动力学不变, 而改变耦合强度

$$\dot{x}_1(t) = f(x_1(t)) - 2[x_1(t) - x_2(t)]$$
$$\dot{x}_2(t) = f(x_2(t)) - 2[x_2(t) - x_1(t)]$$

得到两个节点的通解为 $x_1 = c_1 e^t + c_2 e^{-3t}$, $x_2 = c_1 e^t - c_2 e^{-3t}$. 说明动力学不变时解的主部是不变的, 而耦合的变化只改变耦合系统解的暂态部分, 从 e^{-t} 变为 e^{-3t}, 耦合强度的提高使得同步速度加快. 也就是说动力学决定同步态, 耦合部分只影响暂态, 不改变同步态.

例 3.10. 3 个节点环状耦合:

$$\begin{cases} \dot{x}_1(t) = f(x_1(t)) - [2x_1(t) - x_2(t) - x_3(t)] \\ \dot{x}_2(t) = f(x_2(t)) - [2x_2(t) - x_1(t) - x_3(t)] \\ \dot{x}_3(t) = f(x_3(t)) - [2x_3(t) - x_1(t) - x_2(t)] \end{cases}$$

其中 $f(x) = x$, 得到 3 个节点的通解为 $x_1 = c_1 e^t - c_2 e^{-2t} - c_3 e^{-2t}$, $x_2 = c_1 e^t + c_2 e^{-2t}$, $x_3 = c_1 e^t + c_3 e^{-2t}$, 常数由初始条件确定. 孤立节点方程 $\dot{s}(t) = s(t)$ 的通解为 $s(t) = c_1 e^t$. 所以耦合系统只是在孤立系统基础上的叠加一个小扰动 e^{-2t}, 也就是耦合系统是孤立节点的通解基础上叠加一个无穷小. 此时网络同步了.

从这两个例子可以看到, 如果把同步解写成 $x(t) = s(t) + q(t)$, 其中 $s(t)$ 为孤立节点的解, 由动力学决定, 耦合部分不影响 $s(t)$; $q(t)$ 为同步误差, $\lim\limits_{t\to\infty} q(t) = 0$ 由耦合部分和动力学决定.

对于同步的网络而言, 条件 $\lim\limits_{t\to\infty} q(t) = 0$ 是不可缺少的.

例 3.11. 3 个节点链状耦合:

$$\begin{cases} \dot{x}_1(t) = f(x_1(t)) - [x_1(t) - x_2(t)] \\ \dot{x}_2(t) = f(x_2(t)) - [2x_2(t) - x_1(t) - x_3(t)] \\ \dot{x}_3(t) = f(x_3(t)) - [x_3(t) - x_2(t)] \end{cases}$$

其中 $f(x) = x$, 得到 3 个节点的通解为 $x_1 = c_1 e^t - c_2 + c_3 e^{-2t}$, $x_2 = c_1 e^t - 2c_3 e^{-2t}$, $x_3 = c_1 e^t + c_2 + c_3 e^{-2t}$, 常数由初始条件确定. 而孤立节点方程 $\dot{s}(t) = s(t)$ 的通

解为 $s(t) = c_1 e^t$. 这里看到 $\lim\limits_{t \to \infty} q(t) \neq 0$. 网络也没有同步, 即

$$\lim_{t \to \infty} \|x_i(t) - \frac{x_1(t) + x_2(t) + x_3(t)}{3}\| \neq 0, \quad i = 1, 2, 3.$$

如果耦合强度增大到 2, 即

$$\begin{cases} \dot{x}_1(t) = f(x_1(t)) - 2[x_1(t) - x_2(t)] \\ \dot{x}_2(t) = f(x_2(t)) - 2[2x_2(t) - x_1(t) - x_3(t)] \\ \dot{x}_3(t) = f(x_3(t)) - 2[x_3(t) - x_2(t)] \end{cases}$$

得到 3 个节点的通解为 $x_1 = c_1 e^t + c_2 e^{-5t} - c_3 e^{-t}$, $x_2 = c_1 e^t - 2c_2 e^{-5t}$, $x_3 = c_1 e^t + c_2 e^{-5t} + c_3 e^{-t}$, 常数由初始条件确定. 这 3 个节点都是在孤立节点的通解 $s(t) = c_1 e^t$ 基础上叠加一个无穷小 (当 $t \to \infty$ 时), 即 $\lim\limits_{t \to \infty} q(t) = 0$. 此时, 网络同步, 有

$$\lim_{t \to \infty} \|x_i(t) - \frac{x_1(t) + x_2(t) + x_3(t)}{3}\| = 0, \quad i = 1, 2, 3.$$

所以, 当耦合系统的解能够写成 $x(t) = s(t) + q(t)$, $s(t)$ 由动力学决定, 从而变成 $q(t) = x(t) - s(t)$, 相当于 $x(t)$ 与 $s(t)$ 的误差. 如果误差趋于零, 即 $q(t)$ 趋于零, 表示网络同步了. 由下面的方程

$$\dot{q}(t) = f(x(t)) - f(s(t)) + c \sum_{j=1}^{N} a_{ij} H(x_j(t))$$

会发现误差 $q(t)$ 依赖于 f 以及耦合部分. 也就是暂态不仅受耦合部分的影响, 也受动力学的影响.

例 3.12. 在例 3.9 的基础上, 改变节点自身的动力学,

$$\begin{cases} \dot{x}_1(t) = \frac{1}{2} x_1(t) - [x_1(t) - x_2(t)] \\ \dot{x}_2(t) = \frac{1}{2} x_2(t) - [x_2(t) - x_1(t)] \end{cases}$$

得到两个节点的通解为 $x_1 = c_1 e^{t/2} + c_2 e^{-3t/2}$, $x_2 = c_1 e^{t/2} - c_2 e^{-3t/2}$, 常数由初始条件确定. 所以动力学的变化不仅影响同步态, 也影响暂态.

例 3.11 告诉我们, 如果仅有 $\lim\limits_{t \to \infty} \frac{q(t)}{s(t)} = 0$ $(s \neq 0)$, 而 $\lim\limits_{t \to \infty} q(t) \neq 0$, 网络是不能达到同步的. 那反过来说, 如果网络达到同步了, 是否一定有 $\lim\limits_{t \to \infty} \frac{q(t)}{s(t)} = 0$ $(s \neq 0)$?

例 3.13. 两个线性振子的线性耦合:

$$\begin{cases} \dot{x}_1 = -ax_1 - k(x_1 - x_2) \\ \dot{x}_2 = -ax_2 - k(x_2 - x_1) \end{cases} \quad (a > 0)$$

得到这两个振子的通解为 $x_1 = c_1 e^{-at} + c_2 e^{-(a+2k)t}$, $x_2 = c_1 e^{-at} - c_2 e^{-(a+2k)t}$, 常数由初始条件确定. 而孤立节点方程 $\dot{s}(t) = s(t)$ 的通解为 $s(t) = c_1 e^{-at}$, 取 $q = e^{-(a+2k)t}$. 由 $x_1 - x_2 = 2c_2 e^{-(a+2k)t}$ 知, 当 $a + 2k > 0$, 即 $k > -\dfrac{a}{2}$ 时, 两个节点同步:

$$\lim_{t \to \infty} (x_1 - x_2) = \lim_{t \to \infty} 2c_2 e^{-(a+2k)t} = 0,$$

即

$$\lim_{t \to \infty} q = \lim_{t \to \infty} e^{-(a+2k)t} = 0.$$

可以分为下面两种情况讨论:

(1) 当 $k > 0$ 时, $\lim\limits_{t \to \infty} (q/s) = 0$, 即 q 是 s 的高阶无穷小.

(2) 当 $-\dfrac{a}{2} < k < 0$ 时, 虽然网络同步了, 但是有 $\lim\limits_{t \to \infty} (s/q) = 0$, q 趋于零的速度比 s 趋于零来得慢.

上面的例子告诉我们, 两个线性振子的线性耦合情况, 只要耦合强度适当, $\lim\limits_{t \to \infty} q(t) = 0$, 就能够同步, 并不一定要求 $\lim\limits_{t \to \infty} (q/s) = 0$, 就是不一定要求 q 趋于零比 s 趋于零来得快. 而在耦合强度大于零时, 只要网络同步了, 就有 $\lim\limits_{t \to \infty} (q/s) = 0$.

3.3.3 基于根块和叶块的有向网络同步

本小节讨论一类特殊的有向网络, 根据边的方向, 把网络中的节点分为根块节点和叶块节点. 不考虑子块内部边的方向, 子块的节点作为整体与其他块之间没有入度, 只有出度, 称该子块为根部节点块. 若与其他块之间没有出度, 只有入度, 称为叶子节点块. 下面这个定理告诉我们根块和叶块对网络同步态的贡献.

定理 3.4. 设网络的耦合矩阵 A 经过行列变换可以写成如下形式:

$$A = \begin{bmatrix} A_1 & 0 \\ B & D \end{bmatrix}$$

其中, A_1 行和为零, D 可逆. 又设矩阵 A 零特征值对应的左特征向量为 $\xi = [\xi_1,\ \xi_2]^{\mathrm{T}}$, 则有 ξ_2 为零向量. 进一步地, 如果 A_1 对称, 则有

$$\xi = [\xi_1,\ \xi_2]^{\mathrm{T}} = [1, 1, \cdots, 1, 0, \cdots, 0]^{\mathrm{T}}$$

证明:　由于 ξ 为 A 的零特征值对应的左特征向量, 则必有 $A^{\mathrm{T}}\xi = 0$, 即

$$\begin{bmatrix} A_1^{\mathrm{T}} & B^{\mathrm{T}} \\ 0 & D^{\mathrm{T}} \end{bmatrix} \begin{bmatrix} \xi_1 \\ \xi_2 \end{bmatrix} = 0.$$

从而有

$$A_1^{\mathrm{T}}\xi_1 + B^{\mathrm{T}}\xi_2 = 0 \tag{3.24}$$

$$D^{\mathrm{T}}\xi_2 = 0 \tag{3.25}$$

由于 D 可逆, 则 ξ_2 必为零向量. 代入式 (3.24) 有

$$A_1^{\mathrm{T}}\xi_1 = 0 \tag{3.26}$$

由于 A_1 对称, 则 (3.26) 变为 $A_1\xi_1 = 0$. 又由于 A_1 行和为零, 则必存在 $\xi_1 = [1, 1, \cdots, 1]^{\mathrm{T}}$, 使得 $A_1\xi_1 = 0$. □

注 3.3.　定理 3.4 指出如果子块 A_1 没有入度, 即对应的节点为根节点块, 如果该子块对称, 则零特征值对应的左特征向量为 $\xi_1 = [1, 1, \cdots, 1]^{\mathrm{T}}$, 表示网络的同步态就是由这个子块的状态决定. 如果子块 D 可逆, 可视为一个整体, 如果与其他块的节点之间没有出度, 即 D 对应的节点为叶子节点块, 其零特征值对应的左特征向量部分为 $\xi_2 = [0, 0, \cdots, 0]^{\mathrm{T}}$, 表示叶子节点块对网络的同步态没有贡献, 它的初值不影响网络的同步轨.

注 3.4.　叶子节点块又可以分 2 种情况:

(1) 真正的有向叶子节点;

(2) 叶子节点块中的非有向叶子节点, 在块内有出度的节点.

下面的例子验证了同步轨决定于根节点块, 与叶子节点块初值无关.

例 3.14.　考虑由 8 个节点组成的有向网络, 其中节点 1 和节点 2 为根块节点, 其余节点为叶块节点, 如图 3.13 所示.

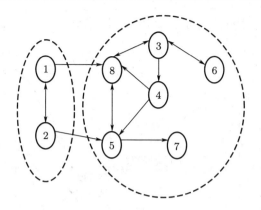

图 3.13   8 个节点的有向网络, 其中节点 1 和节点 2 为根块节点

网络对应的耦合矩阵为

$$A = \begin{bmatrix} -1 & 1 & 0 & 0 & 0 & 0 & 0 & 0 \\ 1 & -1 & 0 & 0 & 0 & 0 & 0 & 0 \\ 0 & 0 & -2 & 0 & 0 & 1 & 0 & 1 \\ 0 & 0 & 1 & -1 & 0 & 0 & 0 & 0 \\ 0 & 1 & 0 & 1 & -3 & 0 & 0 & 1 \\ 0 & 0 & 1 & 0 & 0 & -1 & 0 & 0 \\ 0 & 0 & 0 & 0 & 1 & 0 & -1 & 0 \\ 1 & 0 & 1 & 1 & 1 & 0 & 0 & -4 \end{bmatrix}$$

计算得到 A 零特征值对应的左特征向量为 $[1/2, 1/2, 0, 0, 0, 0, 0, 0]^{\mathrm{T}}$. 即网络的同步态为

$$\bar{x}(t) = 0.5x_1(t) + 0.5x_2(t).$$

选取节点动力学为 $f(x) = \tanh(x)$, 网络拓扑结构为图 3.13. 数值实验也验证了网络的同步轨由根块节点决定, 改变叶块节点的初值对同步轨没有影响, 如图 3.14.

总之, 无向网络各节点对同步态都有贡献. 但是对于有向网络, 网络中的各个节点对同步态的贡献是不一样的. 因此如何确定节点对同步态的贡献率, 即确定 $\bar{x}(t) = \sum_{j=1}^{N} \xi_j x_j(t)$ 中的系数 ξ_j $j = 1, 2, \cdots, N$, 是一个非常实际的问题. 因为当节点数非常大时, 特征向量的计算就比较困难.

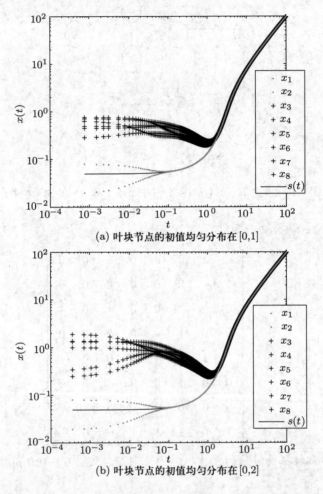

(a) 叶块节点的初值均匀分布在 [0,1]

(b) 叶块节点的初值均匀分布在 [0,2]

图 3.14　$x_i(t)$ $(i = 1, 2, \cdots, 8)$, $s(t)$ 的时间演化图. 节点 1 和节点 2 的初值均匀分布在 $[0, 0.1]$, $s(0) = 0.5(x_1(0) + x_2(0))$

在这一小节, 对于有向网络, 我们提出根节点块和叶子节点块概念, 发现同步轨只决定于根节点块, 与叶子节点块的初值无关. 这样是否可从网络局部信息确定节点对同步态的贡献率呢? 这为研究有向社团网络的同步提供了一定的理论基础.

参考文献

[1] Pecora L M, Carroll T L. Synchronization in chaotic systems [J]. Physical Review Letters, 1990, 64: 821–824.

[2] Wu C W, Chua L O. Synchronization in an array of linearly coupled dynamical systems [J]. IEEE Transactions on Circuits and Systems I, 1995, 42: 430–447.

[3] Pecora L M, Carroll T L. Master stability functions for synchronized coupled systems [J]. Physical Review Letters, 1998, 80: 2109–2112.

[4] Pecora L, Carroll T, Johnson G, et al. Synchronization stability in coupled oscillator arrays: solution for arbitrary configurations [J]. International Journal of Bifurcations and Chaos, 2000, 10: 273–290.

[5] Wang X F, Chen G R. Synchronization in scale-free dynamical networks: robustness and fragility [J]. IEEE Transactions on Circuits and Systems I, 2002, 49 (1): 54–62.

[6] Wang X F, Chen G R. Synchronization in small-world dynamical networks [J]. International Journal of Bifurcations and Chaos, 2002, 12: 187–192.

[7] Motter A E, Zhou C S, Kurths J. Network synchronization, diffusion, and the Paradox of heterogeneity [J]. Physical Review E, 2005, 71: 016116.

[8] Nishikawa T, Motter A E. Maximum performance at minimum cost in network synchronization [J]. Physica D, 2006, 224: 77–89.

[9] 汪小帆, 李翔, 陈关荣. 复杂网络理论及其应用 [M]. 北京: 清华大学出版社, 2006.

[10] 赵明, 汪秉宏, 蒋品群, 等. 复杂网络上动力系统同步的研究进展 [J]. 物理学进展, 2005, 3: 273–295.

[11] Arenas A, Díaz-Guilera A, Kurths J, et al. Synchronization in complex networks [J]. Physics Reports, 2008, 469: 93–153.

[12] Wu C W. Synchronization in Complex Networks of Nonlinear Dynamical Systems [M]. Singapore: World Scientific, 2007.

[13] Olfati-Saber R, Murray R M. Consensus problems in networks of agents with switching topology and time-delays [J]. IEEE Transactions on Automatic Control, 2004, 49 (9): 1520–1533.

[14] Wu C W. Synchronization in networks of nonlinear dynamical systems coupled via a directed graph [J]. Nonlinearity, 2005, 18: 1057–1064.

[15] Lu W L, Chen T P. New approach to synchronization analysis of linearly coupled

ordinary differential systems [J]. Physica D, 2006, 213: 214–230.

[16] Zhou J, Lu J A, Lü J H. Adaptive synchronization of an uncertain complex dynamical network [J]. IEEE Transactions on Automatic Control, 2006, 51 (4): 652–656.

[17] Winfree A T. Biological rhythms and the behavior of populations of coupled oscillators [J]. J. Theoret. Biol. , 1967, 16: 15–42.

[18] Kuramoto Y. Chemical Oscillations, Waves and Turbulence [M]. Berlin: Springer-Verlag, 1984.

[19] 郑志刚. 耦合非线性系统的时空动力学与合作行为 [M]. 北京: 高等教育出版社, 2004.

[20] Acebrón J A, Bonilla L L, Vicente C J P, et al. The kuramoto model: a simple paradigm for synchronization phenomena [J]. Reviews of Modern Physics, 2005, 77: 137–185.

[21] Zheng Z G, Hu G, Hu B. Phase slips and phase synchronization of coupled oscillators [J]. Phys. Rev. Lett., 1998, 81: 5318–5321.

[22] Hong H, Choi M Y, Kim B J. Synchronization on small-world networks [J]. Phys. Rev. E, 2002, 65: 026139.

[23] Moreno Y, Pacheco A F. Synchronization of kuramoto oscillators in scale-free networks [J]. Europhysics Letters, 2004, 68: 603–609.

[24] Ichinomiya T. Frequency synchronization in random oscillator networks [J]. Phys. Rev. E, 2004, 70: 026116.

[25] 陈娟, 陆君安, 周进. 复杂网络同步态与孤立节点解的关系 [J]. 自动化学报, 2013, 39: 2111–2120.

第4章 网络同步的 Lyapunov 方法

上一章我们介绍了一般连续时间动态网络模型和网络的 Kuramoto 耦合相振子模型, 并从理论上分析了网络同步及同步态与同步轨的概念. 从第 4 章到第 6 章, 我们分别系统地介绍研究网络同步的 3 种基本方法: Lyapunov 方法、主稳定函数方法和连接图方法.

本章介绍网络同步的 Lyapunov 方法, 首先介绍最基本的线性耦合下的网络同步结果, 接着介绍基于不同控制策略下的网络同步判据, 包括自适应控制的同步方法、牵制控制的同步方法、含时滞的同步以及脉冲同步等.

4.1 一般线性耦合下的网络同步

线性耦合的网络是最基本的网络模型, 为了叙述网络同步的 Lyapunov 方法, 这里我们采用文献 [1] 的方式. 考虑 N 个全同的节点动力学, 以如下形式线性耦合:

$$
\dot{x} = \begin{pmatrix} f(x_1, t) \\ f(x_2, t) \\ \vdots \\ f(x_N, t) \end{pmatrix} - (L(t) \otimes H(t))x + u(t), \tag{4.1}
$$

这里 $x = (x_1^{\mathrm{T}}, \ldots, x_N^{\mathrm{T}})^{\mathrm{T}}$, $u = (u_1^{\mathrm{T}}, \ldots, u_N^{\mathrm{T}})^{\mathrm{T}}$, $L(t) \in R^{N \times N}$ 为 t 时刻网络图的 Laplacian 矩阵, $H(t) \in R^{n \times n}$ 表示 t 时刻的线性内连耦合矩阵. 当 $u(t) = \mathbf{0}$ 时, 模型 (4.1) 表示研究仅在耦合作用下网络的同步行为; 当 $u(t) \neq \mathbf{0}$ 时, 模型 (4.1) 表示研究在外加控制器作用下网络的同步行为.

假设 4.1. $Y(t)$ 为 $n \times n$ 阶时变实矩阵, $W \in R^{n \times n}$ 为对称正定矩阵, 假设

$$
(y - z)^{\mathrm{T}} W[f(y, t) + Y(t)y - f(z, t) - Y(t)z] \leqslant -c\|y - z\|^2, \tag{4.2}
$$

对某个正常数 c 成立. 这时称 $f(x, t) + Y(t)x$ 是 W- 一致递减的.

用 W_s 表示行和为零、非对角元小于等于 0 的不可约实对称方阵. 有如下网络同步的定理:

定理 4.1. (文献 [1] 的 Theorem 4.4) 在假设 4.1 成立下, 如果以下两个条件同时满足

(1) 对任意的 i, j, $\lim_{t \to \infty} \|u_i - u_j\| = 0$;

(2) 存在 $N \times N$ 阶矩阵 $U \in W_s$, 使得

$$(U \otimes W)(L(t) \otimes (-H(t)) - I_n \otimes Y(t)) \leqslant 0$$

成立, 那么, 线性耦合的网络 (4.1) 是全局完全同步的.

证明略. 证明详细参见文献 [1] 的 Theorem 4.4.

通常取 $Y(t) = -\varepsilon H(t)$, 这里 ε 取某个足够大的正常数, 那么假设 4.1 也可以写为

假设 4.2. 存在某个足够大的正常数 ε 和对称正定矩阵 $W \in R^{n \times n}$, 使得

$$(y - z)^{\mathrm{T}} W[f(y, t) - f(z, t) - \varepsilon H(t)(y - z)] \leqslant -c\|y - z\|^2, \tag{4.3}$$

对某个正常数 c 成立.

定理 4.1 也可以表述为如下网络同步结果:

定理 4.2. 在假设 4.2 成立下, 如果以下两个条件同时满足

(1) 对任意的 i, j, $\lim_{t \to \infty} \|u_i - u_j\| = 0$;

(2) 存在 $N \times N$ 阶矩阵 $U \in W_s$, 使得

$$(U \otimes W)[(L(t) - \varepsilon I_n) \otimes H(t)] \geqslant 0$$

成立, 那么网络 (4.1) 是全局完全同步的.

对于在线性内连耦合函数下网络同步问题的研究, 还有许多其他类似的、或进一步的结论. 比如, 文献 [2–5] 针对小世界网络和无标度网络, 研究了它们具体的同步特征, 等等. 在这里我们就不详细一一介绍了.

下面给出对假设 4.2 的一点注释.

注 4.1. 假设两个节点 i 和 j, 它们的自身动力学为 $\dot{x}_i = f(x_i, t)$ 和 $\dot{x}_j = f(x_j, t)$. 如果这两个节点是对称双向耦合的, 耦合强度为 ε_2, 那么它们的动力学可以表述为

$$\dot{x}_i = f(x_i, t) - \varepsilon_2 H(t)(x_i - x_j)$$

$$\dot{x}_j = f(x_j, t) - \varepsilon_2 H(t)(x_j - x_i).$$

用 e 记为两个节点状态的误差, 即 $e = x_i - x_j$, 那么误差系统为

$$\dot{e} = f(x_i, t) - f(x_j, t) - 2\varepsilon_2 H(t)(x_i - x_j).$$

构造 Lyapunov 函数 $V(t) = (1/2)e^{\mathrm{T}}We$ 来分析误差 e 的特征, 求导得到:

$$\dot{V} = (x_i - x_j)^{\mathrm{T}}W[f(x_i, t) - f(x_j, t) - 2\varepsilon_2 H(t)(x_i - x_j)]. \tag{4.4}$$

假设对称双向耦合的两个节点能全局完全同步时, 耦合强度的下界为 ε_2^*, 也就是, 当 $\varepsilon_2 > \varepsilon_2^*$ 时, 这两个振子都能实现全局完全同步. 那么, 通过 (4.3) 和 (4.4) 得到: 在假设 4.2 中 ε 的取值要满足 $\varepsilon > 2\varepsilon_2^*$. 所以在应用线性耦合下网络全局同步的相关结果时, 往往需要先确定阈值 ε_2^*. 下面以 Lorenz 系统为例, 来说明 ε_2^* 依赖于 Lorenz 系统的动力学及参数和内连耦合矩阵 $H(t)$. 对该例子在不同形式的内连耦合矩阵 H 下系统地分析可以参考文献 [6]. 定理 4.3 给出了其中的两种情形.

定理 4.3. Lorenz 系统的微分方程模型见第 2 章介绍, a, b, c 为系统参数.

(1) 当内连耦合矩阵为 $H = \mathrm{diag}(1, 0, 0)$ 时, 如果耦合强度满足 $\varepsilon_2 > (1/2)$ $(Mr^2/4b - a)$, 其中 $M = \max\{1, b\}$;

$$r^2 = \begin{cases} \dfrac{(a+c)^2 b^2}{4(b-1)}, & a \geqslant 1, b \geqslant 2, \\[2mm] (a+c)^2, & a > b/2, b < 2, \\[2mm] \dfrac{(a+c)^2 b^2}{4a(b-a)}, & a < 1, b \geqslant 2a. \end{cases}$$

(2) 当内连耦合矩阵为 $H = \mathrm{diag}(0, 1, 0)$ 时, 如果耦合强度满足 $\varepsilon_2 > (r^2/8a) - 1/2$, 那么, 对任意的初始值, 当 $t \to +\infty$ 时, 对称双向耦合的两个 Lorenz 系统能达到全局同步.

再补充对假设 4.1、假设 4.2 的一条注释:

注 4.2. 现有文献有关复杂动力网络全局同步的研究, 一般都对单个节点动力学给出相同或类似的假设条件, 比如文献 [7] 的第 55 页和第 126 页, 要求函数 f 满足 QUAD 条件; 再比如, 要求 f 满足 Lipchitz 条件.

4.2 自适应控制的网络同步方法

上一小节中我们介绍了节点之间线性耦合的情况. 该方法需要先确定耦合强度的界 ε_2^*, 然而这个界往往需要针对具体的系统方程通过较为复杂的计算得到, 它与单个系统的参数或系统界有关. 本节介绍一种基于自适应控制的同步方法[8], 不依赖于系统的参数值, 比较有效地使耦合函数不确定的网络中各节点的动力学行为趋于一致, 达到同步状态.

4.2.1 基本假设

考虑由 N 个节点构成的复杂动态网络

$$\dot{x}_i = f(x_i, t) + h_i(x_1, x_2, \cdots, x_N) + u_i, \tag{4.5}$$

其中 $1 \leqslant i \leqslant N$, 耦合项 $h_i : R^n \times \cdots \times R^n \to R^n$ 是光滑函数, $u_i \in R^n$ 是控制项.

假设孤立节点方程 $\dot{s}(t) = f(s(t), t)$ 的解存在, 记为 $s(t)$. 定义误差向量

$$e_i(t) = x_i(t) - s(t), \quad 1 \leqslant i \leqslant N. \tag{4.6}$$

那么我们的控制目标就是要设计合适的控制器 u_i 使得网络 (4.5) 达到同步. 也就是说, 要使得

$$\lim_{t \to \infty} \|e_i(t)\| = 0, \quad 1 \leqslant i \leqslant N. \tag{4.7}$$

由 $\dot{s} = f(s, t)$ 和网络 (4.5) 可得误差系统

$$\dot{e}_i = \bar{f}(x_i, s, t) + \bar{h}_i(x_1, x_2, \cdots, x_N, s) + u_i, \tag{4.8}$$

其中 $1 \leqslant i \leqslant N$, $\bar{f}(x_i, s, t) = f(x_i, t) - f(s, t)$, $\bar{h}_i(x_1, x_2, \cdots, x_N, s) = h_i(x_1, x_2, \cdots, x_N) - h_i(s, s, \cdots, s)$.

接下来引入两个假设.

假设 4.3. *假设存在非负常数 α 使得*

$$\|Df(s,t)\|_2 \leqslant \alpha,$$

其中 $Df(s,t)$ 是 f 在 $s(t)$ 上的 Jacobian 矩阵.

假设 4.4. *假设存在非负常数 $\gamma_{ij}\ (1 \leqslant i,j \leqslant N)$ 使得*

$$\|\bar{h}_i(x_1,x_2,\cdots,x_N,s)\| \leqslant \sum_{j=1}^{N} \gamma_{ij}\|e_j\|$$

对所有 $1 \leqslant i \leqslant N$ 成立.

接下来讨论网络 (4.5) 同步的局部稳定性和全局稳定性问题.

4.2.2 同步的局部稳定性分析

将误差系统 (4.8) 右边第一项在 $e_i = \mathbf{0}$ 附近线性化, 得到

$$\dot{e}_i = Df(s,t)e_i + \bar{h}_i(x_1,x_2,\cdots,x_N,s) + u_i, \tag{4.9}$$

其中 $1 \leqslant i \leqslant N$.

基于假设 4.3 和假设 4.4, 可得到如下的网络局部同步准则:

定理 4.4. *如果假设 4.3 和假设 4.4 成立, 那么在控制器*

$$u_i = -d_i e_i, \quad 1 \leqslant i \leqslant N \tag{4.10}$$

和自适应律

$$\dot{d}_i = k_i e_i^{\mathrm{T}} e_i = k_i\|e_i\|^2 \quad 1 \leqslant i \leqslant N \tag{4.11}$$

下, 网络 (4.5) 是局部同步的, 即当 $t \to +\infty$ 时 $e_i \to \mathbf{0}$, 其中 $k_i\ (1 \leqslant i \leqslant N)$ 是正数.

证明: 定义系统 (4.9) $\sim$ (4.11) 的 Lyapunov 函数如下:

$$V(t) = \frac{1}{2}\sum_{i=1}^{N} e_i^{\mathrm{T}} e_i + \frac{1}{2}\sum_{i=1}^{N} \frac{(d_i - \hat{d}_i)^2}{k_i}, \tag{4.12}$$

其中 $\hat{d}_i$ $(1 \leqslant i \leqslant N)$ 是待定的正数. 记 $(Df(s,t))^s = ((Df(s,t)) + (Df(s,t))^{\mathrm{T}})/2$. 于是有

$$
\begin{aligned}
\dot{V} &= \frac{1}{2}\sum_{i=1}^{N}(\dot{e}_i^{\mathrm{T}}e_i + e_i^{\mathrm{T}}\dot{e}_i) + \sum_{i=1}^{N}\frac{(d_i - \hat{d}_i)\dot{d}_i}{k_i} \\
&= \sum_{i=1}^{N} e_i^{\mathrm{T}}\left((Df(s,t))^s - d_i I_n\right) e_i + \sum_{i=1}^{N} e_i^{\mathrm{T}}\bar{h}_i(x_1, x_2, \cdots, x_N, s) \\
&\quad + \sum_{i=1}^{N}(d_i - \hat{d}_i)e_i^{\mathrm{T}}e_i \\
&\leqslant \sum_{i=1}^{N} e_i^{\mathrm{T}}\left((Df(s,t))^s - \hat{d}_i I_n\right) e_i + \sum_{i=1}^{N}\sum_{j=1}^{N}\gamma_{ij}\|e_i\|\cdot\|e_j\| \\
&\leqslant \sum_{i=1}^{N}(\alpha - \hat{d}_i)\|e_i\|^2 + \sum_{i=1}^{N}\sum_{j=1}^{N}\gamma_{ij}\|e_i\|\cdot\|e_j\| \\
&= e^{\mathrm{T}}[\varGamma + \mathrm{diag}(\alpha - \hat{d}_1, \alpha - \hat{d}_2, \cdots, \alpha - \hat{d}_N)]e,
\end{aligned}
$$

其中 $e = (\|e_1\|, \|e_2\|, \cdots, \|e_N\|)^{\mathrm{T}}$, $\varGamma = (\gamma_{ij})_{N\times N}$.

因为 α 和 $\gamma_{ij}(1 \leqslant i, j \leqslant N)$ 都是非负的常数, 所以可选择合适的正数 $\hat{d}_i(1 \leqslant i \leqslant N)$ 使得矩阵 $\varGamma + \mathrm{diag}\{\alpha - \hat{d}_1, \alpha - \hat{d}_2, \cdots, \alpha - \hat{d}_N\} < \mathbf{0}$. 根据 LaSalle 不变原则, 系统的每个解都收敛到集合 $\{\dot{V} = 0\}$ 的最大不变集 Ψ, 在 Ψ 中 $(e_1^{\mathrm{T}}, e_2^{\mathrm{T}}, \cdots, e_N^{\mathrm{T}})^{\mathrm{T}} = \mathbf{0}$. 于是, 当 $t \to \infty$ 时, $e_i^{\mathrm{T}} \to \mathbf{0}$, 这里 $i = 1, \cdots, N$. 该定理得证. $\qquad\square$

假设网络 (4.5) 的耦合项是线性的, 即为

$$
h_i(x_1, x_2, \cdots, x_N) = \sum_{j=1}^{N} a_{ij}x_j,
$$

其中 $1 \leqslant i \leqslant N$, $a_{ij}(1 \leqslant i, j \leqslant N)$ 是满足 $\displaystyle\sum_{j=1}^{N} a_{ij} = 0$ 的常数. 那么, 网络 (4.5) 可写为

$$
\dot{x}_i = f(x_i, t) + \sum_{j=1}^{N} a_{ij}x_j + u_i, \quad 1 \leqslant i \leqslant N. \tag{4.13}
$$

对于这种线性耦合, 假设 4.4 自然成立. 这样, 可得到如下推论:

推论 4.1. 如果假设 4.3 成立, 那么网络 (4.13) 在控制器 (4.10) 和自适应律 (4.11) 下是局部同步的, 同步态为 $s(t)$.

另外, 如果网络的耦合函数是

$$h_i(x_1, x_2, \cdots, x_N) = \sum_{j=1}^{N} a_{ij} p(x_j),$$

其中 $1 \leqslant i \leqslant N$, $a_{ij}(1 \leqslant i, j \leqslant N)$ 同样满足 $\displaystyle\sum_{j=1}^{N} a_{ij} = 0$, p 是可微函数. 那么网络方程 (4.5) 可写成

$$\dot{x}_i = f(x_i, t) + \sum_{j=1}^{N} a_{ij} p(x_j) + u_i, \quad 1 \leqslant i \leqslant N. \tag{4.14}$$

如果对于任意 ξ 有 $\|Dp(\xi)\|_2 \leqslant \delta$, 那么有

$$\|\bar{h}_i(x_1, x_2, \cdots, x_N, s)\| \leqslant \sum_{j=1}^{N} |a_{ij}| \, \|p(x_j) - p(s)\|$$

$$\leqslant \sum_{j=1}^{N} \delta |a_{ij}| \|e_j\|,$$

其中 $1 \leqslant i \leqslant N$. 故假设 4.4 成立.

推论 4.2. 如果假设 4.3 成立, 且对于任意 ξ 有 $\|Dp(\xi)\|_2 \leqslant \delta$, 那么在控制器 (4.10) 和自适应律 (4.11) 下, 网络 (4.14) 是局部同步的, 即当 $t \to +\infty$ 时 $e_i \to \mathbf{0}$, 这里 $i = 1, \cdots, N$.

以上定理及其两个推论给出了网络 (4.5) 及其特殊形式 (4.13)、(4.14) 要实现局部自适应同步的充分条件. 以下讨论这些网络的全局自适应同步准则.

4.2.3 同步的全局稳定性分析

现将单个节点的动力学方程

$$\dot{x}_i = f(x_i, t)$$

的线性部分和非线性部分分开, 改写为

$$\dot{x}_i = Bx_i + g(x_i, t),$$

其中 $B \in R^{n \times n}$ 是常数矩阵, $g: R^n \times R^+ \to R^n$ 是光滑的非线性映射. 那么网络 (4.5) 可由下式描述:

$$\dot{x}_i = Bx_i + g(x_i, t) + h_i(x_1, x_2, \cdots, x_N) + u_i, \tag{4.15}$$

其中 $1 \leqslant i \leqslant N$. 类似地, 可以得到以下形式的误差方程:

$$\dot{e}_i = Be_i + \bar{g}(x_i, s, t) + \bar{h}_i(x_1, x_2, \cdots, x_N, s) + u_i, \tag{4.16}$$

其中 $1 \leqslant i \leqslant N$, $\bar{g}(x_i, s, t) = g(x_i, t) - g(s, t)$.

假设 4.5. 假设存在非负常数 μ 使得

$$\|\bar{g}(x_i, s, t)\| \leqslant \mu \|e_i\|.$$

这样可得到网络 (4.5) 的全局稳定性定理.

定理 4.5. 如果假设 4.4 和假设 4.5 成立, 那么在控制器

$$u_i = -d_i e_i, \quad 1 \leqslant i \leqslant N \tag{4.17}$$

和自适应律

$$\dot{d}_i = k_i e_i^{\mathrm{T}} e_i = k_i \|e_i\|^2, \quad 1 \leqslant i \leqslant N \tag{4.18}$$

下, 网络 (4.5) 是全局同步的, 即当 $t \to +\infty$ 时 $e_i \to \mathbf{0}$, 这里 $i = 1, \cdots, N$, 其中 $k_i (1 \leqslant i \leqslant N)$ 是正数.

证明: 由于 B 是常数矩阵, 则存在一个非负常数 β 使得 $\|B\|_2 \leqslant \beta$, 其中矩阵范数 $\|B\|_2 = \sqrt{\lambda_{\max}(B^{\mathrm{T}} B)}$. 记 $B^s = (B + B^{\mathrm{T}})/2$, 易知 $\|B^s\|_2 \leqslant \beta$.

与定理 4.4 中的证明类似, 选取 (4.12) 作为这里的 Lyapunov 函数, 于是有

$$\dot{V} = \sum_{i=1}^{N} e_i^{\mathrm{T}} \left(B^s - \hat{d}_i I_n \right) e_i + \sum_{i=1}^{N} e_i^{\mathrm{T}} \bar{g}_i(x_i, s, t)$$
$$+ \sum_{i=1}^{N} e_i^{\mathrm{T}} \bar{h}_i(x_1, x_2, \cdots, x_N, s)$$

$$\leqslant \sum_{i=1}^{N}(\beta + \mu - \hat{d}_i)\|e_i\|^2 + \sum_{i=1}^{N}\sum_{j=1}^{N}\gamma_{ij}\|e_i\| \cdot \|e_j\|$$
$$= e^{\mathrm{T}}(\Gamma + \mathrm{diag}\{\beta + \mu - \hat{d}_1, \cdots, \beta + \mu - \hat{d}_N\})e.$$

因为 β, μ 和 $\gamma_{ij}(1 \leqslant i, j \leqslant N)$ 都是非负常数, 所以可选择合适的 $\hat{d}_i(1 \leqslant i \leqslant N)$ 使得 $\Gamma + \mathrm{diag}\{\beta + \mu - \hat{d}_1, \beta + \mu - \hat{d}_2, \cdots, \beta + \mu - \hat{d}_N\} < \mathbf{0}$. 类似地, 当 $t \to \infty$ 时, $e_i^{\mathrm{T}} \to \mathbf{0}$, 这里 $i = 1, \cdots, N$. 也就是说, 网络 (4.5) 在控制器 (4.17) 和自适应律 (4.18) 下全局同步. 定理得证. □

类似于前一小节的讨论, 可以得到相应的推论.

下面通过数值例子验证我们提出的全局同步准则.

4.2.4　数值仿真

考虑由 50 个相同的 Lorenz 系统构成的环状网络. 这里单个节点动力学可由下式描述:

$$\begin{pmatrix} \dot{x}_{i1} \\ \dot{x}_{i2} \\ \dot{x}_{i3} \end{pmatrix} = B \begin{pmatrix} x_{i1} \\ x_{i2} \\ x_{i3} \end{pmatrix} + \begin{pmatrix} 0 \\ -x_{i1}x_{i3} \\ x_{i1}x_{i2} \end{pmatrix},$$

这里 $1 \leqslant i \leqslant 50$, 其中 $B = \begin{pmatrix} -r_1 & r_1 & 0 \\ r_3 & -1 & 0 \\ 0 & 0 & -r_2 \end{pmatrix}$, Lorenz 系统的参数 $r_1 = 10, r_2 = \frac{8}{3}, r_3 = 28$. 耦合之后整个网络可描述为

$$\begin{aligned} \begin{pmatrix} \dot{x}_{i1} \\ \dot{x}_{i2} \\ \dot{x}_{i3} \end{pmatrix} = &B \begin{pmatrix} x_{i1} \\ x_{i2} \\ x_{i3} \end{pmatrix} + \begin{pmatrix} 0 \\ -x_{i1}x_{i3} \\ x_{i1}x_{i2} \end{pmatrix} \\ &+ \begin{pmatrix} f_1(x_i) - 2f_1(x_{i+1}) + f_1(x_{i+2}) \\ 0 \\ f_2(x_i) - 2f_2(x_{i+1}) + f_2(x_{i+2}) \end{pmatrix} + d_i e_i \end{aligned} \qquad (4.19)$$

及

$$\dot{d}_i = k_i \|e_i\|^2. \tag{4.20}$$

其中 $f_1(x_i) = r_1(x_{i2} - x_{i1}), f_2(x_i) = x_{i1}x_{i2} - r_2x_{i3}, 1 \leqslant i \leqslant 50$.

容易验证假设 4.4 和假设 4.5 的条件. 根据定理 4.5, 网络 (4.19)、(4.20) 能达到全局同步.

在仿真中, 对于 $1 \leqslant i \leqslant 50$, 取 $k_i = 1, d_i(0) = 1, x_i(0) = (4 + 0.5i, 5 + 0.5i, 6 + 0.5i)$ 及 $s(0) = (4, 5, 6)$. 同步误差 $e_i(1 \leqslant i \leqslant 50)$ 的仿真结果如图 4.1 所示. 显然, 网络 (4.19)、(4.20) 的同步误差 $e_i(t), i = 1, \cdots, N$ 趋于零. 数值仿真的同步轨是依赖于 s 的初始值 $s(0)$ 的.

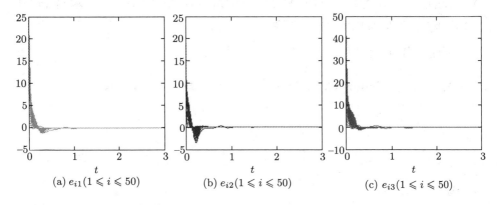

(a) $e_{i1}(1 \leqslant i \leqslant 50)$ (b) $e_{i2}(1 \leqslant i \leqslant 50)$ (c) $e_{i3}(1 \leqslant i \leqslant 50)$

图 4.1　网络 (4.19)、(4.20) 的同步误差

4.3　自适应牵制控制的网络同步方法

第 4.2 节讨论了非线性耦合函数下, 如何添加自适应控制器以使网络达到同步. 尽管方法简单有效, 但是需要对网络中的所有节点都施加控制. 文献 [9, 10] 提出了复杂网络中的牵制控制, 使得只需要在网络中的一部分节点加上控制器, 就能使整个网络实现同步. 文献 [11] 提出了牵制控制网络中的一个节点来实现网络同步. 文献 [12] 讨论了强 (弱) 连通网络、有向生成树网络的牵制控制同步问

题. 文献 [13] 讨论了优化牵制控制问题. 那么究竟要对哪一部分节点添加控制器, 与网络的节点动力学以及耦合系数的关系又是怎样的呢? 本节将就自适应牵制控制的网络同步方法回答这些问题[14].

考虑由 N 个相同节点构成且具有线性耗散耦合的复杂动态网络, 其受控网络方程可描述为

$$\dot{x}_i = f(x_i, t) + \sum_{j=1}^{N} a_{ij} H x_j + u_i(x_1, \cdots, x_N), \tag{4.21}$$

其中 $1 \leqslant i \leqslant N$, 控制项满足 $u_i(x, \cdots, x) = \mathbf{0}$. 这里, $H \in R^{n \times n}$ 是内连耦合矩阵, $A = (a_{ij})_{N \times N} \in R^{N \times N}$ 是满足耗散条件的加权耦合矩阵. 本节中要求耦合矩阵 A 不可约, A 可以对称也可以不对称.

下面给出两个引理.

引理 4.1.　(Schur Complement[15]) 线性矩阵不等式 (linear matrix inequality)

$$\begin{pmatrix} \mathcal{A}(x) & \mathcal{B}(x) \\ \mathcal{B}(x)^{\mathrm{T}} & \mathcal{C}(x) \end{pmatrix} < \mathbf{0},$$

等价于以下任意一个

(1) $\mathcal{A}(x) < \mathbf{0}$ 且 $\mathcal{C}(x) - \mathcal{B}(x)^{\mathrm{T}} \mathcal{A}(x)^{-1} \mathcal{B}(x) < \mathbf{0}$,

(2) $\mathcal{C}(x) < \mathbf{0}$ 且 $\mathcal{A}(x) - \mathcal{B}(x) \mathcal{C}(x)^{-1} \mathcal{B}(x)^{\mathrm{T}} < \mathbf{0}$,

其中 $\mathcal{A}(x)^{\mathrm{T}} = \mathcal{A}(x)$, $\mathcal{C}(x)^{\mathrm{T}} = \mathcal{C}(x)$.

引理 4.2. 假设 $G = \begin{pmatrix} G_1 & G_3 \\ G_3^{\mathrm{T}} & G_2 \end{pmatrix}$, $D = \begin{pmatrix} D_1 & \mathbf{0} \\ \mathbf{0} & \mathbf{0} \end{pmatrix}$, 这里 $G, D \in R^{N \times N}$; $G_1, D_1 \in R^{l \times l} (1 \leqslant l < N)$; 并且 $D_1 = \mathrm{diag}\{d, \ldots, d\}$ 其中 $d > 0$; $G_1^{\mathrm{T}} = G_1$, $G_2^{\mathrm{T}} = G_2$. 那么, 当 $G_2 < 0$ 时, 取足够大的正常数 d, 能使得 $G - D < 0$.

证明: 如果 $G_2 < 0$, 矩阵 G_1, G_2, G_3 给定, 那么选择足够大的常数 d 可以使得 $G_1 - D_1 - G_3 G_2^{-1} G_3^{\mathrm{T}} < 0$ 成立. 根据引理 4.1 得到 $G - D < 0$. 证毕. □

定义误差向量为

$$e_i(t) = x_i(t) - s(t), \tag{4.22}$$

其中 $1 \leqslant i \leqslant N$. 由受控网络方程 (4.21), 误差系统可写为

$$\dot{e}_i = f(x_i, t) - f(s, t) + \sum_{j=1}^{N} a_{ij} H e_j + u_i(x_1, \cdots, x_N),\quad (4.23)$$

其中 $1 \leqslant i \leqslant N$.

为了使网络 (4.21) 同步, 需要设计合适的控制器 u_i 使得当 $t \to +\infty$ 时误差 (4.22) 趋近于零, 也就是说,

$$\lim_{t \to \infty} \|e_i(t)\| = 0,\quad (4.24)$$

其中 $1 \leqslant i \leqslant N$.

本节中, 假设 $\|H\|_2 = \gamma > 0$. α 的含义见假设 4.3. 记 $\lambda_i(2 \leqslant i \leqslant N)$ 为矩阵 A_i 的最大特征值, 其中 A_i 是 $\check{A}^s = (\check{A} + \check{A}^{\mathrm{T}})/2$ 去掉所有前 $i-1$ 行和列之后剩下的子矩阵, $\check{A}$ 是将 A 的所有对角元 a_{ii} 换成 $\dfrac{\lambda_{\min}((H + H^{\mathrm{T}})/2)}{\gamma} a_{ii}$ 之后得到的矩阵. 所以 A_i 与 $\check{A}^s$ 元素的排列有关. 容易证明 A_i 是负定的, 其特征值均小于 0.

接下来, 我们分析如何控制网络中的一部分节点来达到网络的局部同步和全局同步, 并给出网络同步的条件.

4.3.1 同步的局部稳定性分析

假设对网络中的 l 个节点 $i_1, i_2, \cdots, i_l$ 添加自适应控制器, 那么控制器有如下形式:

$$\begin{cases} u_{i_k} = -d_{i_k} e_{i_k}, \ \dot{d}_{i_k} = h_{i_k} \|e_{i_k}\|^2, \ 1 \leqslant k \leqslant l \\ u_{i_k} = \mathbf{0}, \qquad\qquad\qquad 其他, \end{cases}\quad (4.25)$$

其中 $h_{i_k}(1 \leqslant k \leqslant l)$ 为任意正数. 这样受控网络 (4.21) 可改写成

$$\begin{cases} \dot{x}_{i_k} = f(x_{i_k}, t) + \sum_{j=1}^{N} a_{i_k, j} H x_j - d_{i_k} e_{i_k}, \ 1 \leqslant k \leqslant l \\ \dot{d}_{i_k} = h_{i_k} \|e_{i_k}\|^2, \qquad\qquad\qquad 1 \leqslant k \leqslant l \\ \dot{x}_{i_k} = f(x_{i_k}, t) + \sum_{j=1}^{N} a_{i_k, j} H x_j, \qquad 其他. \end{cases}\quad (4.26)$$

不失一般性, 令前 l 个节点作为要牵制控制的节点. 由式 (4.23) 和 (4.25), 将系统 (4.23) 在零附近线性化可得

$$
\begin{cases}
\dot{e}_i = Df(s,t)e_i + \sum_{j=1}^{N} a_{ij}He_j - d_ie_i, & 1 \leqslant i \leqslant l \\
\dot{d}_i = h_i\|e_i\|^2, & 1 \leqslant i \leqslant l \\
\dot{e}_i = Df(s,t)e_i + \sum_{j=1}^{N} a_{ij}He_j, & (l+1) \leqslant i \leqslant N.
\end{cases}
\tag{4.27}
$$

于是有如下关于牵制控制局部同步定理:

定理 4.6. 设假设 4.3 成立. 如果存在自然数 $1 \leqslant l \leqslant N-1$ 满足 $\lambda_{l+1} < -\frac{\alpha}{\gamma}$, 那么受控网络 (4.21) 在自适应牵制控制器

$$
\begin{cases}
u_i = -d_ie_i, \ \dot{d}_i = h_i\|e_i\|^2, & 1 \leqslant i \leqslant l \\
u_i = \mathbf{0}, & (l+1) \leqslant i \leqslant N,
\end{cases}
\tag{4.28}
$$

下是局部同步的, 同步态为 $s(t)$, 其中 h_i $(1 \leqslant i \leqslant l)$ 是正数.

证明: 对系统 (4.21) 和 (4.28), 选取 Lyapunov 函数如下:

$$
V = \frac{1}{2}\sum_{i=1}^{N} e_i^{\mathrm{T}}e_i + \frac{1}{2}\sum_{i=1}^{l} \frac{(d_i - d)^2}{h_i},
\tag{4.29}
$$

其中 d 为充分大的正常数, 其阈值稍后确定. 于是函数 V 对时间 t 的导数为

$$
\begin{aligned}
\dot{V} &= \frac{1}{2}\sum_{i=1}^{N}(\dot{e}_i^{\mathrm{T}}e_i + e_i^{\mathrm{T}}\dot{e}_i) + \sum_{i=1}^{l}\frac{(d_i-d)\dot{d}_i}{h_i} \\
&= \sum_{i=1}^{N} e_i^{\mathrm{T}}(Df(s,t))^s e_i + \sum_{i=1}^{N}\sum_{j=1}^{N} a_{ij}e_i^{\mathrm{T}}He_j - \sum_{i=1}^{l} de_i^{\mathrm{T}}e_i \\
&= \sum_{i=1}^{N} e_i^{\mathrm{T}}(Df(s,t))^s e_i + \sum_{i=1}^{N}\sum_{\substack{j=1\\j\neq i}}^{N} a_{ij}e_i^{\mathrm{T}}He_j + \sum_{i=1}^{N} a_{ii}e_i^{\mathrm{T}}H^s e_i - \sum_{i=1}^{l} de_i^{\mathrm{T}}e_i \\
&\leqslant \sum_{i=1}^{N} \alpha e_i^{\mathrm{T}}e_i + \sum_{i=1}^{N}\sum_{\substack{j=1\\j\neq i}}^{N} \gamma a_{ij}\|e_i\| \cdot \|e_j\| + \sum_{i=1}^{N} a_{ii}\lambda_{\min}(H^s)e_i^{\mathrm{T}}e_i - \sum_{i=1}^{l} de_i^{\mathrm{T}}e_i \\
&= e^{\mathrm{T}}(\alpha I_N + \gamma \check{A} - D)e \\
&= e^{\mathrm{T}}(\alpha I_N + \gamma \check{A}^s - D)e
\end{aligned}
$$

其中 $D = \mathrm{diag}(\underbrace{d, \cdots, d}_{l}, \underbrace{0, \cdots, 0}_{N-l})$, $e = (\|e_1\|, \|e_2\|, \cdots, \|e_N\|)^{\mathrm{T}}$.

根据引理 4.2, 如果 $\alpha I_{N-l} + \gamma A_{l+1} < \mathbf{0}$, 选择合适的正数 d, 能使得 $\alpha I_N + \gamma \check{A}^s - D < \mathbf{0}$. 由定理假设, 存在自然数 $1 \leqslant l < N$ 满足 $\alpha + \gamma \lambda_{l+1} < 0$, 因此 $\alpha I_{N-l} + \gamma A_{l+1} < \mathbf{0}$. 从而, $\alpha I_N + \gamma \check{A}^s - D < \mathbf{0}$. 根据 LaSalle 不变原理, 系统的每个解都收敛到集合 $\{\dot{V} = 0\}$ 的最大不变集 Ψ, 在 Ψ 中 $(e_1^{\mathrm{T}}, e_2^{\mathrm{T}}, \cdots, e_N^{\mathrm{T}})^{\mathrm{T}} = \mathbf{0}$. 于是, 当 $t \to \infty$ 时, 误差向量 $e_i(t) \to \mathbf{0}$, 这里 $i = 1, \cdots, N$. 也就是说, 网络 (4.21) 在自适应牵制控制器 (4.28) 下能实现局部同步. □

定理 4.6 说明, 复杂网络的同步依赖于 3 个基本元素: 单个节点动力学、网络拓扑结构和耦合强度以及内连耦合项. 具体来说, 就是基于以上 3 个元素的不等式 $\lambda_{l+1} < -\dfrac{\alpha}{\gamma}$ 给出了网络局部同步的充分条件.

若 H 为单位对角矩阵, 并且连接矩阵 A 是对称的, 这时我们有 $\check{A} = A$, $\check{A}^s = A$, $\|H\|_2 = \gamma = 1$. 那么 $\alpha I_N + \gamma \check{A}^s - D < \mathbf{0}$ 即为 $\alpha I_N + A - D < \mathbf{0}$. 该不等式与 $\alpha I_{N-l} + A_{l+1} < \mathbf{0}$ 等价, 其中 A_{l+1} 是 $\check{A}^s$ (即为 A) 去掉前 l 行和列之后剩下的子矩阵, 注意到 A_{l+1} 的特征值都小于 0. 仍然用 λ_{l+1} 记作 A_{l+1} 的最大特征值. 如果 $\lambda_{l+1} < -\alpha$ 成立, 那么能保证 $\alpha I_N + A - D < \mathbf{0}$, 也就是网络 (4.21) 在自适应牵制控制器 (4.28) 下能实现局部同步.

下面, 我们通过一个简单的例子 —— 牵制控制星型网络中的一个节点, 来更好地理解定理 4.6. 为了简单起见, 设 H 为单位对角矩阵. 考虑 20 个节点无向星型图, 其中中心节点的度为 19, 其余节点的度都为 1. 设边的权重都为 $c > 0$. 先考虑牵制控制中心节点的情形: 在 A 中划去中心节点所在的行和列, 得到 19 阶方阵 A_2, 计算得到它的特征值都为 $-c$, 其中最大特征值为 $-c$. 再考虑牵制控制一个叶子节点的情形: 在 A 中划去某个叶子节点所在的行和列, 得到 19 阶方阵 A_2', 计算它的特征值为: $-19.9499c, -c, -c, \cdots, -c, -0.0501c$, 其最大特征值为 $-0.0501c$. 比较这两种情形, 我们发现: 要使得不等式 $\lambda_{l+1} < -\alpha$ 成立, 显然牵制控制星型图中心节点更容易满足定理 4.6 中的不等式, 从而控制代价要更小.

是否牵制节点的度越大则 λ_{l+1} 也越小 (注意到特征值都为负) 呢? 答案是不一定的. 比如, 考虑 2 个星型相连接的图, 每个星型 7 个节点, 如图 4.2. 假设边的权重都为 c. 如果牵制控制节点 1 (其度为 2), 计算得到 $\lambda_2 = -0.1459c$; 如果牵制控制节点 2 (其度为 6), 计算得到 $\lambda_2' = -0.0750c$. 在这个例子中, 牵制控制度小的节点 1 比牵制控制度大的节点 2 更有效.

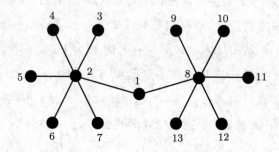

图 4.2　两个星型相连接的图

4.3.2　同步的全局稳定性分析

将节点动力学方程的线性项和非线性项分开后, 受控网络 (4.21) 可以写为

$$\dot{x}_i = Bx_i + g(x_i, t) + \sum_{j=1}^{N} a_{ij} H x_j + u_i(x_1, \cdots, x_N), \tag{4.30}$$

其中 $1 \leqslant i \leqslant N$.

不失一般性, 选择前 l 个节点施加牵制控制器, 那么由控制器 (4.25) 和网络方程 (4.30), 误差系统为

$$
\begin{cases}
\dot{e}_i = Be_i + g(x_i, t) - g(s, t) + \displaystyle\sum_{j=1}^{N} a_{ij} H e_j - d_i e_i, & 1 \leqslant i \leqslant l \\[2mm]
\dot{d}_i = h_i \|e_i\|^2, & 1 \leqslant i \leqslant l \\[2mm]
\dot{e}_i = Be_i + g(x_i, t) - g(s, t) + \displaystyle\sum_{j=1}^{N} a_{ij} H x_j, & (l+1) \leqslant i \leqslant N.
\end{cases}
\tag{4.31}
$$

这样可以得到如下关于网络 (4.21) 在自适应牵制控制下的全局同步准则:

定理 4.7. 假设 4.5 成立, 并且存在非负常数 β 使得 $\|B\|_2 \leqslant \beta$. 如果存在自然数 $1 \leqslant l \leqslant N - 1$ 使得 $\lambda_{l+1} < -\dfrac{\beta + \mu}{\gamma}$, 网络 (4.21) 在自适应牵制控制器 (4.28) 下是全局同步的, 同步态为 $s(t)$, 其中 $h_i \, (1 \leqslant i \leqslant l)$ 是正数.

证明： 选取 (4.29) 作为这里的 Lyapunov 函数, 其中 d 为充分大的正常数. 那么,

$$
\begin{aligned}
\dot{V} &= \frac{1}{2} \sum_{i=1}^{N} (\dot{e}_i^{\mathrm{T}} e_i + e_i^{\mathrm{T}} \dot{e}_i) + \sum_{i=1}^{l} \frac{(d_i - d)\dot{d}_i}{h_i} \\
&= \sum_{i=1}^{N} e_i^{\mathrm{T}} \left(B^s e_i + g(x_i, t) - g(s, t) \right) + \sum_{i=1}^{N} \sum_{j=1}^{N} a_{ij} e_i^{\mathrm{T}} H e_j - \sum_{i=1}^{l} d e_i^{\mathrm{T}} e_i \\
&\leqslant \sum_{i=1}^{N} (\beta + \mu) e_i^{\mathrm{T}} e_i + \sum_{i=1}^{N} \sum_{\substack{j=1 \\ j \neq i}}^{N} \gamma a_{ij} \|e_i\|_2 \|e_j\|_2 + \sum_{i=1}^{N} a_{ii} \lambda_{\min}(H^s) e_i^{\mathrm{T}} e_i \\
&\quad - \sum_{i=1}^{l} d e_i^{\mathrm{T}} e_i \\
&= e^{\mathrm{T}} [(\beta + \mu) I_N + \gamma \check{A} - D] e \\
&= e^{\mathrm{T}} [(\beta + \mu) I_N + \gamma \check{A}^s - D] e.
\end{aligned}
$$

类似于定理 4.6 的证明, 当 $t \to \infty$ 时, 误差 $e_i(t) \to \mathbf{0}$. 也就是说, 网络 (4.21) 在自适应牵制控制器 (4.28) 实现了全局同步. $\qquad\square$

本节得到的定理给出了受控复杂动态网络 (4.21) 如何在自适应牵制控制器下达到局部同步和全局同步. 接着我们用数值仿真来验证控制方法的有效性.

4.3.3 数值仿真

假设受控网络 (4.21) 由 500 个节点构成, 网络方程为

$$
\dot{x}_i = B x_i + g(x_i) + \sum_{j=1}^{500} a_{ij} H x_j + u_i, \tag{4.32}
$$

其中 $1 \leqslant i \leqslant 500$, $H = \mathrm{diag}\{1, 1.2, 1\}$, $A = (a_{ij})_{500 \times 500}$ 是对称的耦合矩阵, 边的耦合强度 230. 每个节点的动力学由 Lü系统描述如下:

$$
\begin{aligned}
\dot{x}_i &= \begin{pmatrix} -r_1 & r_1 & 0 \\ 0 & r_3 & 0 \\ 0 & 0 & -r_2 \end{pmatrix} \begin{pmatrix} x_{i1} \\ x_{i2} \\ x_{i3} \end{pmatrix} + \begin{pmatrix} 0 \\ -x_{i1} x_{i3} \\ x_{i1} x_{i2} \end{pmatrix} \\
&= B x_i + g(x_i),
\end{aligned}
$$

其中 $1 \leqslant i \leqslant 500$, Lü系统的参数取为 $r_1 = 36, r_2 = 3, r_3 = 20$.

显然, $\gamma = \|H\|_2 = 1.2$, $\beta = \|B\|_2 \approx 52.9843$, 并且

$$g(x_i) - g(s) = \begin{pmatrix} 0 \\ -x_{i1}x_{i3} + s_1 s_3 \\ x_{i1}x_{i2} - s_1 s_2 \end{pmatrix} = \begin{pmatrix} 0 \\ -x_{i3}e_{i1} - s_1 e_{i3} \\ x_{i2}e_{i1} + s_1 e_{i2} \end{pmatrix},$$

其中 $1 \leqslant i \leqslant 500$.

取参数 r_1, r_2 和 r_3 为上述值时, Lü 系统有一个混沌吸引子, 系统各个变量是有界的. 这里, 假设所有节点都在有界区域内运动. 数值仿真显示存在界 $M_1 = 25$, $M_2 = 30$ 和 $M_3 = 45$, 使得对于变量 $1 \leqslant i \leqslant 500$ 和 $1 \leqslant j \leqslant 3$, 有 $\|x_{ij}\| \leqslant M_j, \|s_j\| \leqslant M_j$. 因此,

$$\begin{aligned} \|g(x_i) - g(s)\| &\leqslant \sqrt{(-x_{i3}e_{i1} - s_1 e_{i3})^2 + (x_{i2}e_{i1} + s_1 e_{i2})^2} \\ &\leqslant \sqrt{2M_1^2 + M_2^2 + M_3^2} \|e_i\| \\ &\approx 64.6142 \|e_i\|. \end{aligned}$$

取 $\mu = 64.6142$. 进一步, 有

$$-\frac{\beta + \mu}{c\gamma} = -\frac{52.9843 + 64.6142}{230 \times 1.2} = -0.4261.$$

由传统的 BA 网络模型生成算法产生 (4.32) 中的网络, 其中参数 $m_0 = m = 5, N = 500$. 假设从度最大的节点开始考虑添加自适应牵制控制器, 由于 $\lambda_{26} = -0.3881, \lambda_{27} = -0.4326$, 所以存在自然数 $l = 26$ 满足 $\lambda_{26+1} = -0.4326 < -0.4261$. 也就是说, 只需要牵制控制 26 个度大节点. 根据定理 4.7, 受控网络 (4.32) 在控制器 (4.28) 下达到全局同步.

仿真中, 各参数设置为: $h_k = 0.1, d_k(0) = 1, x_i(0) = (4+0.5i, 5+0.5i, 6+0.5i)^{\mathrm{T}}$, $s(0) = (4, 5, 6)^{\mathrm{T}}$, 其中 $1 \leqslant k \leqslant 26, 1 \leqslant i \leqslant 500$. 同步误差 $e_i(1 \leqslant i \leqslant 500)$ 如图 4.3 所示. 数值仿真说明了控制方法的合理性和有效性.

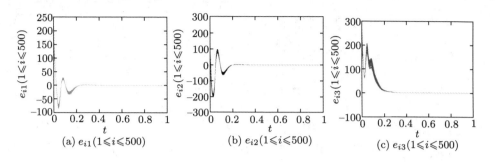

(a) $e_{i1}(1 \leqslant i \leqslant 500)$　　(b) $e_{i2}(1 \leqslant i \leqslant 500)$　　(c) $e_{i3}(1 \leqslant i \leqslant 500)$

图 4.3　网络 (4.32) 在自适应牵制控制器 (4.28) 下的同步误差, 其中受控节点为 26 个度大的节点

4.4　节点含时滞的网络同步

复杂网络含时滞包括耦合时滞和节点时滞, 最近几年来国内外的学者在这方面取得许多研究成果, 譬如文献 [16–19], 这些文献介绍了时滞相关和时滞无关的两类同步结果.

本节将介绍了一种节点含时滞的复杂网络模型[20], 讨论它的自适应反馈控制同步, 并提出能达到全局指数渐近同步的准则.

4.4.1　模型和基本假设

考虑 N 个具有时滞的节点构成的复杂网络:

$$\dot{x}_i(t) = f(x_i(t), x_i(t - \tau)) + \sum_{j=1}^{N} a_{ij} H x_j(t) + u_i, \qquad (4.33)$$

其中 $i = 1, 2, \cdots, N$, $x_i(t) = (x_{i1}(t), x_{i2}(t), \cdots, x_{in}(t))^{\mathrm{T}} \in R^n$ 是第 i 个节点的状态变量, $\tau > 0$ 是常数时滞. a_{ij} 是从节点 j 到节点 i 的耦合强度, 矩阵 $A = (a_{ij}) \in R^{N \times N}$ 是表示网络连接的耦合矩阵. 矩阵 $H \in R^{n \times n}$ 是内连耦合常数矩阵. $u_i \in R^n$ 是待定的网络节点控制器.

复杂动态网络的同步

下面给出关于函数 f 的假设条件.

假设 4.6. 假设时滞微分方程

$$\dot{x}(t) = f(x(t), x(t-\tau)), \tag{4.34}$$

其中 $x(t) \in R^n$, $f : R^n \times R^n \to R^n$ 是连续函数, 对于任意初始条件 $\psi(t) \in C([-\tau, 0], R^n)$, 方程 (4.34) 都存在唯一的连续解, 记为 $x(t, \tau; \psi(t))$.

假设 4.7. 对于函数 $f(x(t), x(t-\tau))$, 假设一致 Lipschitz 条件成立, 也就是说, 对于任意 $x_i(t) = (x_{i1}(t), x_{i2}(t), \cdots, x_{in}(t))^{\mathrm{T}}$ 和 $s(t) = (s_1(t), s_2(t), \cdots, s_n(t))^{\mathrm{T}}$, 总存在正常数 $L_f > 0$, 使得

$$\|f(x_i(t), x_i(t-\tau)) - f(s(t), s(t-\tau))\|$$
$$\leqslant L_f[\|x_i(t) - s(t)\| + \|x_i(t-\tau) - s(t-\tau)\|], \tag{4.35}$$

其中 $i = 1, 2, \cdots, N$. L_f 称为含时滞的动力系统 f 的 Lipschitz 常数.

定义 4.1. 设 $x_i(t, \tau; \psi(t))$ $(1 \leqslant i \leqslant N)$ 是网络 (4.33) 的一组解, 其中 $\psi(t) \in C([-\tau, 0], R^n)$; 设 $s(t, \tau; \varphi(t))$ 是孤立节点方程

$$\dot{s}(t) = f(s(t), s(t-\tau))$$

在初始条件 $\varphi(t) \in C([-\tau, 0], R^n)$ 下的解, 如果对任意的 $\psi(t), \varphi(t) \in C([-\tau, 0], R^n)$

$$\lim_{t \to \infty} \|x_i(t, \tau; \psi(t)) - s(t, \tau; \varphi(t))\| = 0, \quad 1 \leqslant i \leqslant N, \tag{4.36}$$

成立, 则称受控的网络 (4.33) 是渐近同步的.

将 $x_i(t, \tau; \psi(t))$ 简记为 $x_i(t)$, 将 $s(t, \tau; \varphi(t))$ 简记为 $s(t)$. 定义误差向量 $e_i(t) = x_i(t) - s(t)$, $1 \leqslant i \leqslant N$. 根据受控网络 (4.33), 并结合 $\sum_{j=1}^{N} a_{ij} = 0$, 误差系统可描述为

$$\dot{e}_i(t) = \dot{x}_i(t) - \dot{s}(t)$$
$$= f(x_i(t), x_i(t-\tau)) - f(s(t), s(t-\tau)) + \sum_{j=1}^{N} a_{ij} H e_j(t) + u_i \tag{4.37}$$

这里 $1 \leqslant i \leqslant N$.

定义 4.2. 网络 (4.33) 称为是全局指数同步的, 如果存在常数 $M > 0$ 和 $\alpha > 0$, 使得对于任意初始条件, 有

$$\|e_i(t)\| \leqslant M \exp(-\alpha t), \quad i = 1, \cdots, N. \tag{4.38}$$

接下来就是要设计自适应控制器 u_i 使得网络 (4.33) 全局指数渐近同步.

4.4.2 全局指数同步定理

定理 4.8. 如果假设 4.6 和假设 4.7 成立, 取控制器 $u_i = -d_i e_i, i = 1, \cdots, N$ 和自适应律

$$\dot{d}_i = \delta_i \|e_i(t)\|^2 \exp(\mu t), \tag{4.39}$$

其中 μ 和 δ_i 都是正常数, 则受控的网络 (4.33) 是全局指数渐近同步的. 并且

$$\|e_i(t)\| \leqslant M \exp\left(-\frac{\mu}{2} t\right), \tag{4.40}$$

其中 $M > 0$ 为与初始状态相关的常数.

证明: 构造 Lyapunov 函数如下:

$$V(t) = \frac{1}{2} \left[\sum_{i=1}^{N} (e_i^{\mathrm{T}}(t) e_i(t) \exp(\mu t) + L_f \int_{t-\tau}^{t} e_i^{\mathrm{T}}(\theta) e_i(\theta) \exp(\mu(\theta + \tau)) \mathrm{d}\theta) \right] + \frac{1}{2} \sum_{i=1}^{N} \frac{(d_i - d_i^\star)^2}{\delta_i}. \tag{4.41}$$

利用不等式 $x^{\mathrm{T}} y \leqslant |x^{\mathrm{T}} y| \leqslant \|x\| \|y\|$, 结合 (4.37) 和 (4.39), 有

$$\dot{V}(t) = \sum_{i=1}^{N} [e_i^{\mathrm{T}}(t) \dot{e}_i(t) \exp(\mu t) + \frac{\mu}{2} e_i^{\mathrm{T}}(t) e_i(t) \exp(\mu t) + \frac{L_f}{2} (e_i^{\mathrm{T}}(t) e_i(t) \exp(\mu \tau)$$

$$- e_i^{\mathrm{T}}(t - \tau) e_i(t - \tau)) * \exp(\mu t)] + \sum_{i=1}^{N} \frac{1}{\delta_i} (d_i - d_i^\star) \dot{d}_i$$

$$= \sum_{i=1}^{N} \{ [e_i^{\mathrm{T}}(t) \dot{e}_i(t) + \frac{\mu}{2} \|e_i(t)\|^2 + \frac{L_f}{2} (\|e_i(t)\|^2 \exp(\mu \tau) - \|e_i(t - \tau)\|^2)]$$

$$+(d_i - d_i^\star)\|e_i(t)\|^2\} \exp(\mu t)$$

$$= \sum_{i=1}^{N} \{e_i^{\mathrm{T}}(t)[f(x_i(t), x_i(t-\tau)) - f(s(t), s(t-\tau)) + \sum_{j=1}^{N} a_{ij} H e_j(t) - d_i e_i]$$

$$+ \frac{\mu}{2}\|e_i(t)\|^2 + \frac{L_f}{2}(\|e_i(t)\|^2 \exp(\mu\tau) - \|e_i(t-\tau)\|^2)]$$

$$+ (d_i - d_i^\star)\|e_i(t)\|^2\} \exp(\mu t)$$

$$\leqslant \sum_{i=1}^{N} \{\|e_i(t)\|[L_f(\|e_i(t)\| + \|e_i(t-\tau)\|) + \sum_{j=1}^{N} |a_{ij}|\|H\|_2\|e_j(t)\|]$$

$$+ \frac{\mu}{2}\|e_i(t)\|^2 + \frac{L_f}{2}(\|e_i(t)\|^2 \exp(\mu\tau) - \|e_i(t-\tau)\|^2)$$

$$- d_i^\star\|e_i(t)\|^2\} \exp(\mu t). \tag{4.42}$$

记 $a_i = \max_{1\leqslant k\leqslant N} |a_{ik}|$ $(i = 1, 2, \cdots, N)$, 并注意到 $2ab \leqslant a^2 + b^2$, 进一步, 我们有

$$\dot{V}(t) \leqslant \sum_{i=1}^{N} [L_f\|e_i(t)\|^2 + \frac{L_f}{2}(\|e_i(t)\|^2 + \|e_i(t-\tau)\|^2) + \|H\|_2 a_i \sum_{j=1}^{N} \|e_i(t)\|\|e_j(t)\|$$

$$- \frac{L_f}{2}\|e_i(t-\tau)\|^2 + \left(\frac{\mu}{2} + \frac{L_f}{2}\exp(\mu\tau) - d_i^\star\right)\|e_i(t)\|^2] \exp(\mu t)$$

$$\leqslant \sum_{i=1}^{N} [\|H\|_2 a_i \sum_{j=1}^{N} \left(\frac{\|e_i(t)\|^2 + \|e_j(t)\|^2}{2}\right)$$

$$+ \left(\frac{3}{2}L_f + \frac{\mu}{2} + \frac{L_f}{2}\exp(\mu\tau) - d_i^\star\right)\|e_i(t)\|^2] \exp(\mu t)$$

$$= \sum_{i=1}^{N} \left\{\left[\frac{3}{2}L_f + \frac{\mu}{2} - d_i^\star + \frac{L_f}{2}\exp(\mu\tau) + \frac{N\|H\|_2 a_i}{2}\right.\right.$$

$$+ \left.\left.\frac{\|H\|_2}{2}\sum_{j=1}^{N} a_j\right] \cdot \|e_i(t)\|^2 \exp(\mu t)\right\}$$

选择充分大的常数 $d_i^\star (i = 1, 2, \cdots, N)$ 满足

$$\frac{3}{2}L_f + \frac{\mu}{2} - d_i^\star + \frac{L_f}{2}\exp(\mu\tau) + \frac{N\|H\|_2 a_i}{2} + \frac{\|H\|_2}{2}\sum_{j=1}^{N} a_j < 0, \tag{4.43}$$

则有 $\dot{V}(t) \leqslant 0$, 从而对任意 $t \geqslant 0$, $V(t) \leqslant V(0)$. 由 Lyapunov 函数 (4.41), 我们有

$$\frac{1}{2}\|e_i(t)\|^2 \exp(\mu t) = \frac{1}{2}e_i^T(t)e_i(t)\exp(\mu t) \leqslant V(t) \leqslant V(0), \tag{4.44}$$

所以,

$$\|e_i(t)\| \leqslant M \exp(-\frac{\mu}{2}t), \quad \text{其中 } M = \sqrt{2V(0)} > 0. \tag{4.45}$$

因此, $\lim\limits_{t \to \infty} \|e_i(t)\| = 0$. 也就是说, 受控的网络 (4.33) 是全局指数渐近同步的. □

4.4.3 数值仿真

接下来, 我们用节点含延迟的数值例子来验证上述定理. 考虑由 50 个节点构成的全连接网络. 时滞 $\tau = 1$. 单个节点为含时滞的 Lorenz 系统

$$\begin{cases} \dot{x}_{i1}(t) = a(x_{i2}(t) - x_{i1}(t)) \\ \dot{x}_{i2}(t) = cx_{i1}(t) - x_{i1}(t)x_{i3}(t-1) - x_{i2}(t) \\ \dot{x}_{i3}(t) = x_{i1}(t)x_{i2}(t-1) - bx_{i3}(t-1) \end{cases} \tag{4.46}$$

这里 $i = 1, 2, \cdots, 50$, 节点动力学的参数 $a = 10, b = 1.3$ 和 $c = -28$.

记系统 (4.46) 的解为 $s(t) = (s_1(t), s_2(t), s_3(t))^{\mathrm{T}}$, 对于初始向量函数 $\psi(t) = (-10, 2, -3)^{\mathrm{T}}$, $t \in [-1, 0]$.

假设网络是加权的全连接图, 并取 $a_{ij} = 0.1$ $(i \neq j)$, 则耦合矩阵 A 可写为

$$A = \begin{pmatrix} -4.9 & 0.1 & \cdots & 0.1 \\ 0.1 & -4.9 & \cdots & 0.1 \\ \vdots & \vdots & & \vdots \\ 0.1 & 0.1 & \cdots & -4.9 \end{pmatrix}.$$

令内连耦合矩阵 $H = I_3$, 若取 Lipchitz 常数 $L_f = 46.14$, 显然假设 4.6 和假设 4.7 均成立. 若 $d_i^*(i = 1, 2, \cdots, 50)$ 取得充分大, 根据定理 4.8, 不等式 (4.43) 成立. 取 $\delta_i = 0.1 * i$ $(i = 1, 2, \cdots, 50)$. 图 4.4 给出了同步误差 $e_{i1}(t), e_{i2}(t), e_{i3}(t)$ 在自适应律 (4.39) 下的演化曲线. 显然, 所有误差均很快收敛到 0.

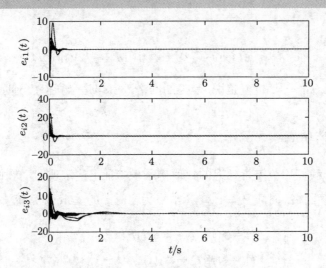

图 4.4　自适应律 (4.39) 下的同步误差

4.5　一类脉冲耦合网络

脉冲现象做为一种瞬时突变行为, 在自然界中是普遍存在的, 这种瞬态的变化过程往往能更深刻精确地反映动态系统的演化规律. 复杂动态网络中的节点特性和网络的拓扑结构中自然也存在脉冲现象. 目前, 关于复杂网络的脉冲控制与同步主要集中在连续耦合网络上加脉冲控制[21~23]. 在这一节里, 我们提出在复杂动态网络上仅通过离散时刻的脉冲连接来耦合的网络模型, 得到这样一类新的脉冲耦合网络同步的充分性条件[24]. 事实上, 这样的模型在描述现实世界更真实一些, 因为在生物中的种群食物模型、蚁群的信息传递与交换、细胞网络中的信息交换、神经网络、整合激发电路等, 这些大的耦合系统仅仅通过离散时刻的脉冲连接来耦合. 因此对于这样一类网络的同步能力的研究是非常重要的.

4.5.1　模型描述

考虑 N 个孤立系统, 每个系统为 n 维的动力系统. 状态方程为

$$\begin{cases} \dot{x}_1 = f(x_1) = \Gamma x_1 + \varphi(x_1) \\ \dot{x}_2 = f(x_2) = \Gamma x_2 + \varphi(x_2) \\ \cdots\cdots\cdots \\ \dot{x}_N = f(x_N) = \Gamma x_N + \varphi(x_N) \end{cases} \tag{4.47}$$

其中 $x_i \in R^n, i = 1, 2, \cdots, N.$ $\Gamma \in R^{n \times n}$ 为常数矩阵, 函数 $\varphi(\cdot): R^n \to R^n.$ Γx_i 和 $\varphi(x_i)$ 分别为 $f(x_i)$ 的线性部分和非线性部分. 令 $X = (x_1^{\mathrm{T}}, x_2^{\mathrm{T}}, \cdots, x_N^{\mathrm{T}})^{\mathrm{T}},$ 于是上式可以写成

$$\dot{X} = (I_N \otimes \Gamma)X + (\varphi^{\mathrm{T}}(x_1), \varphi^{\mathrm{T}}(x_2), \cdots, \varphi^{\mathrm{T}}(x_N))^{\mathrm{T}} = (I_N \otimes \Gamma)X + \Phi(X, t).$$

定义 4.3. **(系统之间的脉冲耦合)** 如果系统 x_i 与 x_j 之间在某一个时刻 $t_k(k = 1, 2, \cdots)$ 有相互作用或能量交换, 其中 $t_1 < t_2 < \cdots < t_k < \cdots,$ $\lim\limits_{k \to \infty} t_k = \infty,$ 我们就定义这两个系统之间有连接, 或者是说有耦合, 并用矩阵 $A = (a_{ij})_{N \times N}$ 表示 N 个系统之间 $t_k(k = 1, 2, \cdots)$ 时刻的耦合. 如果 x_i 与 x_j 在 t_k 时刻有连接, 令 $a_{ij} = a_{ji} = 1(i \neq j)$, 否则 $a_{ij} = a_{ji} = 0(i \neq j)$, 并且满足 $a_{ii} = -\sum\limits_{j=1, j \neq i}^{N} a_{ij}.$ 这一节里耦合矩阵 A 为固定的对称常数矩阵. 于是, 这 N 个节点通过这种脉冲耦合构成了一个脉冲耦合网络.

脉冲耦合网络模型如下

$$\begin{cases} \dot{x}_i = \Gamma x_i + \varphi(x_i), & t \neq t_k \\ \Delta x_i = B_k \left(\sum\limits_{j=1}^{N} a_{ij} x_j \right), & t = t_k, k = 1, 2, \cdots \\ x_i(t_0^+) = x_{i0}, & i = 1, 2, \cdots, N \end{cases} \tag{4.48}$$

B_k 为 $n \times n$ 的脉冲矩阵, 刻画节点间脉冲作用的大小, Δx_i 表示 x_i 在脉冲时刻的变化量, 即 $\Delta x_i(t_k) = x_i(t_k^+) - x_i(t_k).$ 我们可以把 (4.48) 写成如下形式

$$\begin{cases} \dot{X} = (I_N \otimes \Gamma)X + \Phi(X, t), & t \neq t_k \\ \triangle X = (A \otimes B_k)X, & t = t_k \\ X(t_0^+) = X(t_0) = (x_1^{\mathrm{T}}(t_0), x_2^{\mathrm{T}}(t_0), \cdots, x_N^{\mathrm{T}}(t_0))^{\mathrm{T}} = X_0. \end{cases}$$

令 $s(t) = \dfrac{1}{N}\sum_{i=1}^{N} x_i(t)$, 则 $\dot{s} = \Gamma s + \dfrac{\varphi(x_1) + \varphi(x_2) + \cdots + \varphi(x_N)}{N} = \Gamma s + \bar{\varphi}$. 设 误差 $e_1 = x_1 - s, e_2 = x_2 - s, \cdots, e_N = x_N - s$, 并且令 $e = (e_1^{\mathrm{T}}, e_2^{\mathrm{T}}, \cdots, e_N^{\mathrm{T}})^{\mathrm{T}}$, 则 系统 (4.47) 的误差系统为

$$\begin{cases} \dot{e}_1 = \Gamma e_1 + \varphi(x_1) - \bar{\varphi} = \Gamma e_1 + \psi(x_1, s) \\ \dot{e}_2 = \Gamma e_2 + \varphi(x_2) - \bar{\varphi} = \Gamma e_2 + \psi(x_2, s) \\ \cdots\cdots\cdots\cdots \\ \dot{e}_N = \Gamma e_N + \varphi(x_N) - \bar{\varphi} = \Gamma e_N + \psi(x_N, s) \end{cases} \tag{4.49}$$

所以脉冲耦合系统的误差系统可以写为

$$\begin{cases} \dot{e} = (I_N \otimes \Gamma)e + \Psi(e, t), & t \neq t_k \\ \Delta e = (A \otimes B_k)e, & t = t_k, \\ e(t_0^+) = e_0, & k = 1, 2, \cdots \end{cases} \tag{4.50}$$

其中 $\Psi(e, t) = (\psi^{\mathrm{T}}(x_1, s), \psi^{\mathrm{T}}(x_2, s), \cdots, \psi^{\mathrm{T}}(x_N, s))^{\mathrm{T}}$, 误差系统的初始条件 $e_0 = (e_1^{\mathrm{T}}(t_0), \cdots, e_N^{\mathrm{T}}(t_0))^{\mathrm{T}}$, 这里 $e_i(t_0) = x_i(t_0) - s(t_0)$, $i = 1, \cdots, N$.

定义 4.4. 如果系统 (4.50) 的零解是渐近稳定的, 即 $\lim\limits_{t \to \infty} \|e_i(t)\| = \lim\limits_{t \to \infty} \|x_i(t) - s(t)\| = 0, i = 1, 2, \cdots, N$, 则称耦合系统 (4.48) 达到渐近同步. 也即

$$\lim_{t \to \infty} \|x_i(t) - x_j(t)\| = 0, \tag{4.51}$$

对于所有的 $i, j = 1, 2, \cdots, N$ 都成立, 其中 $s(t)$ 为上述定义.

本节主要讨论脉冲耦合网络 (4.48) 的同步条件, 找到同步与脉冲耦合结构矩阵 A、脉冲矩阵 B_k 以及脉冲间隔 $\tau_k = t_k - t_{k-1}$ $(k = 1, 2, \cdots)$ 之间的关系.

4.5.2　脉冲耦合网络同步定理

按照本节的约定, A 是满足行和为零的对称矩阵, 于是可以用 $0 = \lambda_1 > \lambda_2 \geqslant \lambda_3 \geqslant \cdots \geqslant \lambda_N$ 表示耦合矩阵 A 的所有特征值. 那么存在 $U = (u_1, u_2, \cdots, u_N)$,

$$u_i = \begin{pmatrix} u_{1i} \\ u_{2i} \\ \vdots \\ u_{Ni} \end{pmatrix}, \text{使得 } A = U\Lambda U^{\mathrm{T}}, \text{ 其中 } U^{\mathrm{T}}U = I_N, \Lambda = \mathrm{diag}(\lambda_1, \lambda_2, \cdots, \lambda_N).$$

并且设对应于特征值 $\lambda_1 = 0$ 的特征向量为 $u_1 = \left(\dfrac{1}{\sqrt{N}}, \dfrac{1}{\sqrt{N}}, \cdots, \dfrac{1}{\sqrt{N}}\right)^{\mathrm{T}}$. 令 $U \otimes I_n = C$, 则 $A \otimes B_k = (U \otimes I_n)(\Lambda \otimes B_k)(U^{\mathrm{T}} \otimes I_n) = C(\Lambda \otimes B_k)C^{\mathrm{T}}$, 且 $C^{\mathrm{T}}(I_N \otimes \Gamma)C = I_N \otimes \Gamma$.

假设 4.8. 假设存在非负实数 L_φ, 使得 $\|\varphi(x_i) - \varphi(x_j)\| \leqslant L_\varphi \|x_i - x_j\|$ 对于任意 $x_i, x_j \in R^n$ 成立.

我们有如下脉冲耦合网络同步的判据:

定理 4.9. 记 $\beta_k = \max_{1 \leqslant i \leqslant N} \lambda_{\max}[(I + \lambda_i B_k^{\mathrm{T}})(I + \lambda_i B_k)]$;

$$\eta = \lambda_{\max}(\Gamma^{\mathrm{T}} + \Gamma)$$
$$+ \frac{L_\varphi}{N} \max_{2 \leqslant i \leqslant N} \left(\sum_{l=2}^{N} \sum_{p=1}^{N} \left(2(N-1)|u_{pi}u_{pl}| + \sum_{j=1, j\neq p}^{N} (|u_{pi}u_{jl}| + |u_{pl}u_{ji}|) \right) \right).$$

(i) 若 $\eta < 0$ (η 为常数), 并且存在一个常数 $\alpha(0 \leqslant \alpha < -\eta)$, 使得

$$\ln \beta_k - \alpha(t_k - t_{k-1}) \leqslant 0, \quad k = 1, 2, \cdots$$

成立, 则系统 (4.50) 的平凡解是全局指数稳定的, 即脉冲耦合网络 (4.48) 在 (4.51) 式意义下是同步的.

(ii) 若 $\eta \geqslant 0$ (η 为常数), 并且存在常数 $\alpha \geqslant 1$, 使得

$$\ln(\alpha\beta_k) + \eta(t_{k+1} - t_k) \leqslant 0, \quad k = 1, 2, \cdots$$

成立, 则如果 $\alpha = 1$ 表明系统 (4.50) 的平凡解是稳定的; 如果 $\alpha > 1$ 表明系统的平凡解是全局渐近稳定的, 即脉冲耦合网络 (4.48) 在 (4.51) 式意义下是同步的.

证明: 作线性变换 $Y = \begin{pmatrix} y_1 \\ y_2 \\ \vdots \\ y_N \end{pmatrix} = C^T e$, 则系统 (4.50) 变为

$$
\begin{cases}
\dot{Y} = \begin{pmatrix} \dot{y}_1 \\ \dot{y}_2 \\ \vdots \\ \dot{y}_N \end{pmatrix} = C^T \dot{e} = C^T(I_N \otimes \Gamma)CY + C^T\Psi(e,t), \quad t \neq t_k \\[4mm]
\Delta Y = (\Lambda \otimes B_k)Y = \begin{pmatrix} \lambda_1 B_k & & \\ & \ddots & \\ & & \lambda_N B_k \end{pmatrix} Y, \quad t = t_k \\[4mm]
Y(t_0^+) = Y_0
\end{cases}
\tag{4.52}
$$

其中 $y_i \in R^n$, $y_i = (u_i^T \otimes I_n)e = (u_{1i}e_1 + u_{2i}e_2 + \cdots + u_{Ni}e_N), i = 1, 2, \cdots, N$. 即

$$
\begin{cases}
\dot{y}_i = \Gamma y_i + (u_i^T \otimes I_n)\Psi(e,t) \\
\quad\; = \Gamma y_i + (u_{1i}\psi(x_1,s) + u_{2i}\psi(x_2,s) + \cdots + u_{Ni}\psi(x_N,s)), \quad t \neq t_k \\
\Delta y_i = \lambda_i B_k y_i, \qquad\qquad\qquad\qquad\qquad\qquad\quad t = t_k, k = 1, 2, \cdots \\
y_i(t_0^+) = y_{i0},
\end{cases}
\tag{4.53}
$$

这里 $i = 1, 2, \cdots, N$, 并且 $y_1 = (u_1^T \otimes I)e = \dfrac{e_1 + e_2 + \cdots + e_N}{\sqrt{N}} = \dfrac{1}{\sqrt{N}}\left(\displaystyle\sum_{i=1}^{N} x_i - Ns\right) = 0$ 在同步流形上.

由 $Y = C^T e$ 有, $e_p = \displaystyle\sum_{l=2}^{N} u_{pl}y_l \in R^n$, 这里 $p = 1, 2, \cdots, N$. 那么, $\|e_p\| = \left\|\displaystyle\sum_{l=2}^{N} u_{pl}y_l\right\| \leqslant \displaystyle\sum_{l=2}^{N} \|u_{pl}y_l\| \leqslant \displaystyle\sum_{l=2}^{N} |u_{pl}|\|y_l\|$. 并且有

$$
\|\varphi(x_p) - \bar{\varphi}\| = \|\psi(x_p, s)\| \leqslant \frac{L_\varphi}{N}\left((N-1)\|e_p\| + \sum_{j=1, j\neq p}^{N} \|e_j\|\right)
$$

$$
\leqslant \frac{L_\varphi}{N}\left[(N-1)\sum_{l=2}^{N} |u_{pl}|\|y_l\| + \sum_{j=1, j\neq p}^{N}\left(\sum_{l=2}^{N} |u_{jl}|\|y_l\|\right)\right],
$$

这里 $p = 1, 2, \cdots, N$. 另外有

$$\|u_{1i}\psi(x_1, s) + u_{2i}\psi(x_2, s) + \cdots + u_{Ni}\psi(x_N, s)\| \leqslant \sum_{p=1}^{N} \|u_{pi}\psi(x_p, s)\|$$

$$\leqslant \frac{L_\varphi}{N} \sum_{p=1}^{N} |u_{pi}| \left[(N-1) \sum_{l=2}^{N} |u_{pl}| \|y_l\| + \sum_{j=1, j\neq p}^{N} \left(\sum_{l=2}^{N} |u_{jl}| \|y_l\| \right) \right]$$

$$= \frac{L_\varphi}{N} \sum_{l=2}^{N} \sum_{p=1}^{N} \left[(N-1)|u_{pi}u_{pl}| \|y_l\| + \sum_{j=1, j\neq p}^{N} |u_{pi}u_{jl}| \|y_l\| \right].$$

于是系统 (4.50) 的零解稳定性问题转化为系统 (4.53) 对于 $i \geqslant 2$ 的零解稳定性问题.

对于系统 (4.53) 构造 Lyapunov 函数 $V(y_2, \cdots, y_N) = \sum_{i=2}^{N} y_i^{\mathrm{T}} y_i$.

当 $t \in (t_{k-1}, t_k], k = 1, 2, \cdots$, 它沿着系统 (4.53) 的全导数为

$$\dot{V}(y_2(t), \cdots, y_N(t)) = \sum_{i=2}^{N} (\dot{y}_i^{\mathrm{T}} y_i + y_i^{\mathrm{T}} \dot{y}_i)$$

$$= \sum_{i=2}^{N} y_i^{\mathrm{T}} (\Gamma^{\mathrm{T}} + \Gamma) y_i + 2 \sum_{i=2}^{N} y_i^{\mathrm{T}} (u_{1i}\psi(x_1, s) + u_{2i}\psi(x_2, s) + \cdots + u_{Ni}\psi(x_N, s))$$

$$\leqslant \lambda_{\max}(\Gamma^{\mathrm{T}} + \Gamma) V + \frac{L_\varphi}{N} \max_{2 \leqslant i \leqslant N} \left[\left(\sum_{l=2}^{N} \sum_{p=1}^{N} (2(N-1)|u_{pi}u_{pl}| \right. \right.$$

$$\left. \left. + \sum_{j=1, j\neq p}^{N} (|u_{pi}u_{jl}| + |u_{pl}u_{ji}|) \right) \right] V$$

$$= \eta V(y_2(t), \cdots, y_N(t)), t \in (t_{k-1}, t_k], k = 1, 2, \cdots$$

上式的推导过程详细见文献 [24]. 因而可以得到

$$V(y_2(t), \cdots, y_N(t)) \leqslant V(y_2(t_{k-1}^+), \cdots, y_N(t_{k-1}^+)) \cdot \exp(\eta(t - t_{k-1})), \tag{4.54}$$

其中 $t \in (t_{k-1}, t_k], k = 1, 2, \cdots$. 再由 (4.53) 有

$$V(y_2(t_k^+), \cdots, y_N(t_k^+)) = \sum_{i=2}^{N} y_i^{\mathrm{T}}(t_k^+) y_i(t_k^+)$$

$$= \sum_{i=2}^{N} y_i^{\mathrm{T}}(t_k)(I + \lambda_i B_k)^{\mathrm{T}}(I + \lambda_i B_k) y_i(t_k) \tag{4.55}$$

$$\leqslant \beta_k V(y_2(t_k), \cdots, y_N(t_k))$$

由式 (4.54) 和 (4.55) 可以得出, 当 $t \in (t_0, t_1]$ 时, 有

$$V(y_2(t), \cdots, y_N(t)) \leqslant V(y_2(t_0^+), \cdots, y_N(t_0^+)) \exp(\eta(t - t_0)),$$

则 $V(y_2(t_1), \cdots, y_N(t_1)) \leqslant V(y_2(t_0^+), \cdots, y_N(t_0^+)) \exp(\eta(t_1 - t_0))$. 于是

$$
\begin{aligned}
V(y_2(t_1^+), \cdots, y_N(t_1^+)) &\leqslant \beta_1 V(y_2(t_1), \cdots, y_N(t_1)) \\
&\leqslant \beta_1 V(y_2(t_0^+), \cdots, y_N(t_0^+)) \exp(\eta(t_1 - t_0))
\end{aligned}
$$

一般地, $t \in (t_k, t_{k+1}], (k = 0, 1, 2, \cdots)$

$$V(y_2(t), \cdots, y_N(t)) \leqslant V(y_2(t_0^+), \cdots, y_N(t_0^+)) \beta_1 \beta_2 \cdots \beta_k \exp(\eta(t - t_0)),$$

从而有

(i) 当 $\eta < 0$ 且存在 $\alpha (0 \leqslant \alpha < -\eta)$ 使得 $\ln \beta_k - \alpha(t_k - t_{k-1}) \leqslant 0, k = 1, 2, \cdots$ 成立. 则 $t \in (t_k, t_{k+1}]$,

$$
\begin{aligned}
&V(y_2(t), \cdots, y_N(t)) \\
&\leqslant V(y_2(t_0^+), \cdots, y_N(t_0^+)) \beta_1 \beta_2 \cdots \beta_k \exp(\eta(t - t_0)) \\
&= V(y_2(t_0^+), \cdots, y_N(t_0^+)) \beta_1 \beta_2 \cdots \beta_k \exp(-\alpha(t - t_0)) \exp((\eta + \alpha)(t - t_0)) \\
&\leqslant V(y_2(t_0^+), \cdots, y_N(t_0^+)) \beta_1 \beta_2 \cdots \beta_k \exp(-\alpha(t_k - t_0)) \exp((\eta + \alpha)(t - t_0)) \\
&= V(y_2(t_0^+), \cdots, y_N(t_0^+)) \beta_1 \exp(-\alpha(t_1 - t_0)) \beta_2 \exp(-\alpha(t_2 - t_1)) \\
&\quad \cdots \beta_k \exp(-\alpha(t_k - t_{k-1})) \exp((\eta + \alpha)(t - t_0))
\end{aligned}
$$

即, $V(y_2(t), \cdots, y_N(t)) \leqslant V(y_2(t_0^+), \cdots, y_N(t_0^+)) \exp((\eta + \alpha)(t - t_0)), t \geqslant t_0$, 由文献 [25, 26] 的理论可知系统 (4.53) 的平凡解是全局指数稳定的, 即当 $t \to \infty$ 时, $y_i \to 0, i = 1, 2, \cdots, N$. 再由线性变换可知 $\lim\limits_{t \to \infty} \|e_i(t)\| = 0, i = 1, 2, \cdots, N$, 即原误差系统的零解是全局指数稳定的. 故 $\lim\limits_{t \to \infty} \|x_i(t) - x_j(t)\| = 0 (i, j = 1, 2, \cdots, N)$ 成立, 从而原脉冲网络是同步的.

(ii) 当 $\eta \geqslant 0$, 并且存在常数 $\alpha \geqslant 1$ 使得 $\ln(\alpha \beta_k) + \eta(t_{k+1} - t_k) \leqslant 0, k = 1, 2, \cdots$

成立. 当 $t \in (t_k, t_{k+1}]$,

$$
\begin{aligned}
V(y_2(t), \cdots, y_N(t)) &\leqslant V(y_2(t_0^+), \cdots, y_N(t_0^+))\beta_1\beta_2\cdots\beta_k \exp(\eta(t-t_0)) \\
&\leqslant V(y_2(t_0^+), \cdots, y_N(t_0^+))\beta_1\beta_2\cdots\beta_k \exp(\eta(t_{k+1}-t_0)) \\
&\leqslant V(y_2(t_0^+), \cdots, y_N(t_0^+))\beta_1 \exp(\eta(t_2-t_1))\beta_2 \exp(\eta(t_3-t_2)) \\
&\quad \cdots \beta_k \exp(\eta(t_{k+1}-t_k)) \exp((\eta(t_1-t_0)) \\
&\leqslant V(y_2(t_0^+), \cdots, y_N(t_0^+))\frac{1}{\alpha^k} \exp((\eta(t_1-t_0))
\end{aligned}
$$

从而定理 4.9 的结论 (ii) 成立, 即脉冲耦合网络 (4.48) 实现了 (4.51) 式意义下的同步.   □

注 4.3. 定理 4.9 给出了脉冲耦合网络同步的充分性条件. 这个结果中蕴涵着丰富的物理意义. 它表明脉冲区间和脉冲能量一方面与脉冲耦合结构矩阵 A 的特征值与特征向量有关, 另一方面与线性部分的矩阵 Γ 的特征值、非线性部分 $\varphi(x)$ 的 Lipschitz 常数 L_φ 有关. 对于给定的耦合结构及一些条件, 从定理 4.9 可以估计脉冲区间的大小. 如果减小脉冲能量仍然保持同步, 则需要提高脉冲的频率.

特别地, 为了简单起见, 取所有的矩阵 B_k 对于不同的 k 都相同, 并且所有的脉冲间隔 $\tau_k = t_k - t_{k-1}(k = 1, 2, \cdots)$ 也都取相同的数, 则有

推论 4.3. 假设 $\tau_k = \tau > 0$ 以及 $B_k = B(k = 1, 2, \cdots)$, 则

(i) 若 $\eta < 0$(η 为一个常数) 并且存在常数 $\alpha(0 \leqslant \alpha < -\eta)$, 使得 $\ln\beta - \alpha\tau \leqslant 0$ 成立, 则系统 (4.50) 的平凡解是全局指数稳定的.

(ii) 若 $\eta \geqslant 0$ (η 为一个常数) 并且存在常数 $\alpha \geqslant 1$, 使得 $\ln(\alpha\beta) + \eta\tau \leqslant 0$ 成立, 则 $\alpha = 1$ 表明系统 (4.50) 的平凡解是稳定的, $\alpha > 1$ 表明系统的平凡解是全局渐近稳定的, 即脉冲耦合网络 (4.48) 实现了式 (4.51) 意义下的同步.

例子: 3 个节点的环状脉冲耦合系统的结果如下.

对于 $N = 3$, 耦合结构矩阵为 $A = \begin{pmatrix} -2 & 1 & 1 \\ 1 & -2 & 1 \\ 1 & 1 & -2 \end{pmatrix}$ 的脉冲耦合网络, 这时可

以得到同步的另一个充分性条件, 它的脉冲区间可以估计得更大一些. 脉冲耦合网络可以表示为

$$
\begin{cases}
\dot{x}_1 = f(x_1) = \Gamma x_1 + \varphi(x_1) \\
\Delta x_1 = B_k(x_2 + x_3 - 2x_1) \\
\dot{x}_2 = f(x_2) = \Gamma x_2 + \varphi(x_2) \\
\Delta x_2 = B_k(x_1 + x_3 - 2x_2) \\
\dot{x}_3 = f(x_3) = \Gamma x_3 + \varphi(x_3) \\
\Delta x_3 = B_k(x_1 + x_2 - 2x_3)
\end{cases}
\tag{4.56}
$$

此时可设误差 $e_1 = x_1 - x_2, e_2 = x_2 - x_3, e_3 = x_3 - x_1$.

于是其误差脉冲方程为

$$
\begin{cases}
\dot{e}_1 = \Gamma e_1 + \varphi(x_1) - \varphi(x_2) \\
\Delta e_1 = B_k(e_2 + e_3 - 2e_1) = -3B_k e_1 \\
\dot{e}_2 = \Gamma e_2 + \varphi(x_2) - \varphi(x_3) \\
\Delta e_2 = B_k(e_1 + e_3 - 2e_2) = -3B_k e_2 \\
\dot{e}_3 = \Gamma e_3 + \varphi(x_3) - \varphi(x_1) \\
\Delta e_3 = B_k(e_1 + e_2 - 2e_3) = -3B_k e_3
\end{cases}
\tag{4.57}
$$

此时我们有

定理 4.10. 记 $\beta_k = \lambda_{\max}[(I - 3B_k^{\mathrm{T}})(I - 3B_k)]$.

(i) 若 $\lambda_{\max}(\Gamma^{\mathrm{T}} + \Gamma) + 2L_\varphi = \eta < 0$ (η 为常数), 并且存在一个常数 $\alpha(0 \leqslant \alpha < -\eta)$, 使得 $\ln \beta_k - \alpha(t_k - t_{k-1}) \leqslant 0, k = 1, 2, \cdots$ 成立, 则系统 (4.57) 的平凡解是全局指数稳定的, 即脉冲耦合系统 (4.56) 在式 (4.51) 意义下是同步的.

(ii) 若 $\lambda_{\max}(\Gamma^{\mathrm{T}} + \Gamma) + 2L_\varphi = \eta \geqslant 0$ (η 为常数), 并且存在常数 $\alpha \geqslant 1$, 使得 $\ln(\alpha \beta_k) + \eta(t_{k+1} - t_k) \leqslant 0, k = 1, 2, \cdots$ 成立, 则如果 $\alpha = 1$ 表明系统 (4.57) 的平凡解是稳定的, 如果 $\alpha > 1$ 表明系统的平凡解是全局渐近稳定的, 即脉冲耦合系统 (4.56) 在式 (4.51) 意义下是同步的.

证明: 构造 Lyapunov 函数 $V(e_1, e_2, e_3) = e_1^{\mathrm{T}} e_1 + e_2^{\mathrm{T}} e_2 + e_3^{\mathrm{T}} e_3$.

当 $t \in (t_{k-1}, t_k], k = 1, 2, \cdots$ 时, 它沿着系统 (4.57) 的全导数为

$$\dot{V}(e_1(t), e_2(t), e_3(t))$$
$$= \dot{e}_1^{\mathrm{T}} e_1 + \dot{e}_2^{\mathrm{T}} e_2 + \dot{e}_3^{\mathrm{T}} e_3 + e_1^{\mathrm{T}} \dot{e}_1 + e_2^{\mathrm{T}} \dot{e}_2 + e_3^{\mathrm{T}} \dot{e}_3$$
$$= e_1^{\mathrm{T}} (\Gamma + \Gamma^{\mathrm{T}}) e_1 + e_2^{\mathrm{T}} (\Gamma + \Gamma^{\mathrm{T}}) e_2 + e_3^{\mathrm{T}} (\Gamma + \Gamma^{\mathrm{T}}) e_3$$
$$+ 2(\varphi(x_1) - \varphi(x_2))^{\mathrm{T}} e_1 + 2(\varphi(x_2) - \varphi(x_3))^{\mathrm{T}} e_2 + 2(\varphi(x_3) - \varphi(x_1))^{\mathrm{T}} e_3$$
$$\leqslant (\lambda_{\max}(\Gamma + \Gamma^{\mathrm{T}}) + 2L_{\varphi}) V(e_1(t), e_2(t), e_3(t)),$$

即

$$V(e_1(t), e_2(t), e_3(t)) \leqslant V(e_1(t_{k-1}^+), e_2(t_{k-1}^+), e_3(t_{k-1}^+))$$
$$\exp(\eta(t - t_{k-1})), t \in (t_{k-1}, t_k], k = 1, 2, \cdots.$$

又由 Δe_i 的表达式, 有

$$V(e(t_k^+)) = \sum_{i=1}^{3} e_i^{\mathrm{T}}(t_k^+) e_i(t_k^+)$$
$$= \sum_{i=1}^{3} ((I - 3B_k) e_i(t_k))^{\mathrm{T}} (I - 3B_k) e_i(t_k)$$
$$\leqslant \beta_k V(e(t_k))$$

接下来的证明类似于定理 4.9, 从而得到定理 4.10 的结论成立. □

同理有以下推论:

推论 4.4. 假设 $\tau_k = \tau > 0$ 以及 $B_k = B(k = 1, 2, \cdots)$, 则

(i) 若 $\eta < 0$(η 为一个常数) 并且存在常数 $\alpha(0 \leqslant \alpha < -\eta)$, 使得 $\ln\beta - \alpha\tau \leqslant 0$ 成立, 则系统 (4.57) 的平凡解是全局指数稳定的.

(ii) 若 $\eta \geqslant 0$ (η 为一个常数) 并且存在常数 $\alpha \geqslant 1$, 使得 $\ln(\alpha\beta) + \eta\tau \leqslant 0$ 成立, 则 $\alpha = 1$ 表明系统 (4.57) 的平凡解是稳定的, $\alpha > 1$ 表明系统的平凡解是全局渐近稳定的, 即脉冲耦合网络 (4.56) 在式 (4.51) 意义下是同步的.

4.5.3　数值仿真

我们以经典的混沌系统 Chua 电路系统作为脉冲耦合网络的单个节点做仿

复杂动态网络的同步

真. 在 Chua 电路系统 (见第 2 章) 中, 系统参数取 $\alpha = 10, \beta = 14.97, m_1 = -0.68, m_0 = -1.27$. 此时系统是一个双卷混沌吸引子. 将系统 (2.21) 重写为

$$\dot{\bar{x}} = \Gamma \bar{x} + \varphi(\bar{x})$$

其中 $\bar{x} = (x, y, z)^{\mathrm{T}}$, $\Gamma = \begin{pmatrix} -\alpha & \alpha & 0 \\ 1 & -1 & 1 \\ 0 & -\beta & 0 \end{pmatrix}$, 则 $\Gamma + \Gamma^{\mathrm{T}} = \begin{pmatrix} -2\alpha & \alpha+1 & 0 \\ 1+\alpha & -2 & 1-\beta \\ 0 & 1-\beta & 0 \end{pmatrix}$,

$\lambda_{\max}(\Gamma + \Gamma^{\mathrm{T}}) = 14.7316$, 并且 $\|\varphi(\bar{x}) - \varphi(\bar{y})\| \leqslant L_\varphi \|\bar{x} - \bar{y}\|$, 这里 $L_\varphi = \alpha|m_0| = 12.7$.

考虑由 20 个节点通过脉冲连接的网络, 耦合结构如图 4.5 所示. 这里取 $B_k = \mathrm{diag}(0.2, 0.2, 0.2), \alpha = 1.001, \beta_k = 0.8520$. 由定理 4.9 得到脉冲区间 τ 应该小于 0.00028315. 我们在数值仿真中取 $\tau = 0.0002$. 用 r 来表示脉冲耦合系统 X 的同步误差的 Euclidean 范数. 图 4.6 表示没有脉冲耦合的 20 个 Chua 系统的同步误差 r, 图 4.7 表示了在脉冲耦合作用下 20 个 Chua 系统的同步误差 r. 图 4.8 表示该耦合网络中每个 Chua 系统的第一个分量的同步图.

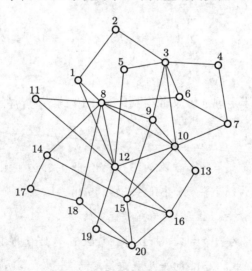

图 4.5 20 个节点的耦合结构图

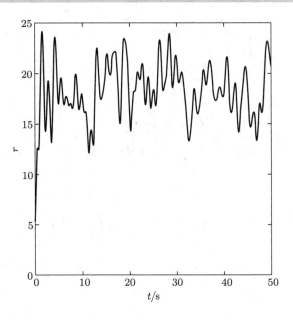

图 4.6　没有脉冲耦合的 20 个 Chua 系统的同步误差

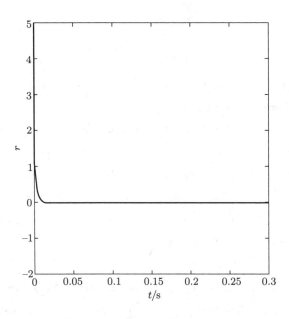

图 4.7　脉冲耦合作用下 20 个 Chua 系统同步误差

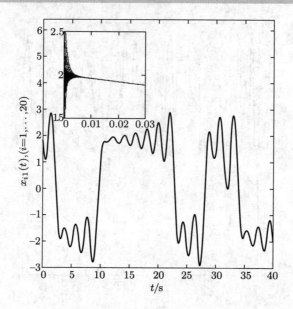

图 4.8　脉冲耦合作用下 20 个 Chua 系统的第一个分量图

参考文献

[1] Wu C W. Synchronization in complex networks of nonlinear dynamical systems [M]. Singapore: World Scientific, 2007.

[2] Wang X F, Chen G R. Synchronization in small-world dynamical networks [J]. International Journal of Bifurcation and Chaos, 2002, 12 (1): 187–192.

[3] Wang X F, Chen G R. Synchronization in scale-free dynamical networks: robustness and fragility [J]. IEEE Transactions on Circuits and Systems-I, 2002, 49: 54–62.

[4] Lü J H, Yu X H, Chen G R, et al. Characterizing the synchronizability of small-world dynamical networks [J]. IEEE Transactions on Circuits and Systems-I, 2004, 51(4): 787–796.

[5] Lü J H, Chen G R. A time-varying complex dynamical network model and its controlled synchronization criteria [J]. IEEE Transactions on Automatic Control, 2005, 50(6): 841–846.

[6] Chen J, Lu J A, Wu X Q. Bidirectionally coupled synchronization of the generalized Lorenz systems [J]. Journal of Systems Science and Complexity, 2011, 24(3): 433–448.

[7] 陈天平, 卢文联. 复杂网络协调性理论 [M]. 北京: 高等教育出版社, 2013.

[8] Zhou J, Lu J A, Lü J H. Adaptive synchronization of an uncertain complex dynamical network [J]. IEEE Transactions on Automatic Control, 2006, 51(4): 652–656.

[9] Wang X F, Chen G R. Pinning control of scale-free dynamical networks [J]. Physica A, 2002, 310(3–4): 521–531.

[10] Li X, Wang X F, Chen G R. Pinning a complex dynamical network to its equilibrium [J]. IEEE Transactions on Circuits and Systems-I, 2004, 51(10): 2074–2087.

[11] Chen T P, Liu X, Lu W L. Pinning complex networks by a single controller [J]. IEEE Transactions on Circuits and Systems-I, 2007, 54(6): 1317–1326.

[12] Yu W W, Chen G R, Lü J H, et al. Synchronization via pinning control on general complex networks [J]. SIAM Journal on Optimization, 2013, 51(2): 1395–1416.

[13] Zhao J C, Lu J A, Wu X Q. Pinning control of general complex dynamical networks with optimization [J]. Science in China Series F: Information Sciences, 2010, 53(4): 813–822.

[14] Zhou J, Lu J A, Lü J H. Pinning adaptive synchronization of a general complex dynamical network [J]. Automatica, 2008, 44: 996–1003.

[15] Boyd S, Ghaoui L E, Feron E, et al. Linear Matrix Inequalities in System and Control Theory [M]. Philadelphia, PA: SIAM, 1994.

[16] Lu W L, Chen T P, Chen G R. Synchronization analysis of linearly coupled systems described by differential equations with a coupling delay [J]. Physica D, 2006, 221: 118–134.

[17] Li Z, Feng G, Hill D. Controlling complex dynamical networks with coupling delays to a desired orbit [J]. Physical Letter A, 2006, 359(1): 42–46.

[18] Zhou J, Chen T P. Synchronization in general complex delayed dynamical networks [J]. IEEE Transactions on Circuits and Systems-I, 2006, 53(3): 733–744.

[19] Yu W W, Cao J D, Lü J H. Global synchronization of linearly hybrid coupled networks with time-varying delay [J]. SIAM Journal on Applied Dynamical Systems, 2008, 7(1): 108–133.

[20] Zhang Q J, Lu J A, Lü J H, et al. Adaptive feedback synchronization of a general complex dynamical network with delayed nodes [J]. IEEE Transactions on Circuits and Systems-II, 2008, 55(2): 183–187.

复杂动态网络的同步

[21] Guan Z H, Hill D J, Yao J. A hybrid impulsive and switching control strategy synchronization of nonlinear systems and application to Chua's chaotic circuit [J]. International Journal of Bifurcation and Chaos, 2006, 16: 229–238.

[22] Liu B, Liu X Z, Chen G R, et al. Robust Impulsive Synchronization of Uncertain Dynamical Networks [J]. IEEE Transactions on Circuits and Systems-I, 2005, 52: 1431–1440.

[23] Zhou J, Xiang L, Liu Z R. Synchronization in complex delayed dynamical networks with impulsive effects [J]. Physica A, 2007, 384(2): 684–692.

[24] Han X P, Lu J A, Wu X Q. Synchronization of impulsively coupled systems [J]. International Journal of Bifurcation and Chaos, 2008, 18 (5): 1539–1549.

[25] Bainov D D, Simeonov P S. Impulsive Differential Equations: Asymptotic Properties of the Solutions [M]. Singapore: World Scientific, 1995.

[26] Yang T. Impulsive Control Theory [M]. Berlin: Spring-Verlag, 2001.

第 5 章 网络同步的主稳定函数方法

最早提出混沌同步的是美国学者 Pecora L M 和 Carroll T L, 他们在 1990 年提出混沌同步的驱动 – 响应方法 (PC 方法)[1], 1998 年, 又提出了著名的**主稳定函数方法** (master stability function, MSF)[2], 它已经成为研究网络同步的最重要的基本方法之一. 本章首先详细介绍这一方法, 然后给出最近提出的网络同步域的分岔概念以及某些应用.

复杂动态网络的同步

5.1 主稳定函数方法

考虑 N 个相同节点构成的连续时间的复杂动态网络:

$$\dot{x}_i = f(x_i) - c\sum_{j=1}^{N} l_{ij}H(x_j), \quad i = 1, 2, \cdots, N \tag{5.1}$$

其中, 节点动力学方程为 $\dot{x} = f(x)$, $x_i \in R^n$ 为第 i 节点的状态变量, 常数 $c > 0$ 为网络的耦合强度, 耦合矩阵 $L = (l_{ij})_{N \times N}$ 为 Laplacian 矩阵 (满足耗散耦合条件 $\sum_j l_{ij} = 0$), 可以不对称 (有向网络), $H : R^n \to R^n$ 为各节点状态变量之间的内部耦合函数 (简称内连函数), 这里假设各节点内部耦合关系完全相同. 设 $s(t)$ 为孤立节点动力学方程 $\dot{s} = f(s)$ 的解, 下面来导出主稳定函数方法.

在 Pecora 和 Carroll 于 1998 年提出主稳定函数方法的文章中[2], 首先假设动力网络模型满足如下条件: ① 所有节点的动力学都完全相同; ② 各个节点之间的耦合函数也完全相同; ③ 同步流形是不变流形; ④ 在同步流形附近可以做线性化. 在这些假设下, 将网络方程 (5.1) 在 s 上做变分, 令 $\xi_i(t) = x_i(t) - s(t)$, 于是得到 (5.1) 在 s 上的变分方程

$$\dot{\xi}_i = Df(s)\xi_i - c\sum_{j=1}^{N} l_{ij}DH(s)\xi_j, \quad i = 1, 2, \cdots, N \tag{5.2}$$

其中, $Df(s)$, $DH(s)$ 分别是 $f(x)$ 和 $H(x)$ 在 s 处的 Jacobian 矩阵, 令 $\xi = [\xi_1, \xi_2, \cdots, \xi_N]$, 则方程 (5.2) 可重写为

$$\dot{\xi} = Df(s)\xi - cDH(s)\xi L^{T} \tag{5.3}$$

这里我们假设矩阵 L 可对角化, 记 $L^T = P\Lambda P^{-1}$, $\Lambda = \mathrm{diag}(\lambda_1, \lambda_2, \cdots, \lambda_N)$, 其中 λ_k $(k = 1, 2, \cdots, N)$ 是耦合 Laplacian 矩阵 L 的特征值, 再令 $\eta = [\eta_1, \eta_2, \cdots, \eta_N] =$

复杂动态网络的同步

ξP, 则有

$$\dot{\eta}_k = [Df(s) - c\lambda_k DH(s)]\eta_k, \quad k = 2, 3, \cdots, N \tag{5.4}$$

判断同步流形稳定的一个常用判据是要求方程 (5.4) 的横截 Lyapunov 指数全为负值.

当耦合矩阵 L 为非对称阵时, 其特征值可能为复数, 故**主稳定方程** (**master stability equation**) 可写为

$$\dot{y} = [Df(s) - (\alpha + \mathrm{i}\beta)DH(s)]y \tag{5.5}$$

其中, $\mathrm{i} = \sqrt{-1}$. 对于离散的复杂动态网络可给出类似 (5.5) 式的主稳定方程. 因此, 在给定节点动力学函数 f 和内连矩阵 H 后, 主稳定方程 (5.5) 的最大 Lyapunov 指数 $L_{\max}$ 是变量 α 和 β 的函数, 称为动态网络 (5.1) 的主稳定函数, 写成 $L_{\max} = L_{\max}(\alpha + \mathrm{i}\beta)$[2]. 我们称主稳定函数 $L_{\max}(\alpha + \mathrm{i}\beta)$ 为负值的区域为主稳定区域 (或者称为同步化区域), 记为 $SR = \{\alpha + \mathrm{i}\beta \,|\, L_{\max}(\alpha + \mathrm{i}\beta) < 0\}$. 所以, 如果 (5.1) 中耦合强度 c 与耦合矩阵 L 的所有特征值的乘积全部都落入主稳定区域 SR, 便成为网络 (5.1) 达到局部完全同步的必要条件.

例 5.1. (来自文献 [2])

设网络节点动力学取 Rössler 系统

$$\begin{cases} \dot{x} = -(y + z) \\ \dot{y} = x + ay \\ \dot{z} = b + z(x - c) \end{cases}$$

当 $a = b = 0.2, c = 7.0$ 时, Rössler 系统呈现混沌动力学特性. 假设节点间只

通过 x 分量耦合, 这时内连矩阵 $H = \begin{bmatrix} 1 & 0 & 0 \\ 0 & 0 & 0 \\ 0 & 0 & 0 \end{bmatrix}$. 那么系统的主稳定函数在复平

面上如图 5.1 所示, 其中细虚线表示负的最大 Lyapunov 指数曲线, 细实线表示正的最大 Lyapunov 指数曲线, 粗实线表示最大 Lyapunov 指数为零的曲线, 黑点为具有 10 个 Rössler 振子的无向环形网络的耦合矩阵特征值, 星型点为无向星型网络特征值, LWB、IWB 和 SWB 分别表示长波分岔、中波分岔和短波分岔. 这

些曲线关于实轴 α 基本上是对称的. 从图 5.1 可以看出, 在 $\alpha = \beta = 0$ 处, 即耦合强度 $c = 0$ 处, 对应孤立的 Rössler 混沌系统, $L_{max} > 0$. 另外从图中也可以看到, 在实轴上, 随着 α 的减小 (即耦合强度 c 增加, 注意文献 [2] 中定义的耦合矩阵与本章定义的耦合矩阵相差一个负号), 当小于某一阈值后, L_{max} 减小为负值, 随着 α 继续减小, 当小于另外一个阈值时 L_{max} 开始为正值. 这个例子的稳定域是有界的, 所以耦合强度太大或者太小都可以使得耦合网络的同步流形不稳定.

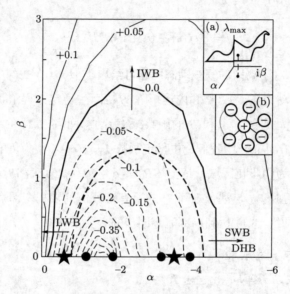

图 5.1　x 方向耦合的系统的主稳定函数 (取自文献 [2])

如果只讨论无向无权的连通网络的同步化区域, 那么耦合矩阵 L 为一对称的 Laplacian 矩阵, 它有且仅有一个重数为 1 的零特征值, 其余的特征值均为正实数, 即 $0 = \lambda_1 < \lambda_2 \leqslant \cdots \leqslant \lambda_N$, 此时主稳定方程 (5.5) 可写为

$$\dot{y} = [Df(s) - \alpha DH(s)]y \tag{5.6}$$

对应的主稳定函数 L_{max} 是实数 α 的函数, 此时我们把主稳定函数为负的实数 α 的取值范围 $SR = \{\alpha \mid L_{max}(\alpha) < 0\}$ 称为动态网络 (5.1) 的同步化区域, 它是由孤立节点动力学函数 f 和内连函数 H 确定的. 如果耦合强度 c 与耦合矩阵 L 的所有特征值的乘积全部都落入同步化区域 SR, 即

$$c\lambda_k \in SR, k = 2, 3, \cdots, N \tag{5.7}$$

便是网络 (5.1) 达到局部完全同步的必要条件.

根据网络同步化区域的不同情形, 可以分为如下 4 种类型, 如图 5.2 所示.

(1) 类型 I: 同步化区域为有界区域 $SR = (\alpha_1, \alpha_2)$. 即当 $\alpha_1 < c\lambda_2 \leqslant c\lambda_3 \leqslant \cdots \leqslant c\lambda_N < \alpha_2$ 时, 有 $L_{\max} < 0$. 也就是说, 对于同步化区域为有界的情形, 当耦合矩阵最大与最小非零特征值之比 R 满足 $R = \lambda_N/\lambda_2 < \alpha_2/\alpha_1$ 时, 只要选取合适的耦合强度 c 满足 $\alpha_1/\lambda_2 < c < \alpha_2/\lambda_N$, 就能够达到网络 (5.1) 局部完全同步的必要条件. 因此把 R 作为衡量网络同步化能力的指标. 由于 α_1 和 α_2 是由孤立节点动力学函数 f 和内连函数 H 确定的, 因此, 这种情形下网络的 R 值越小 (即越接近于 1), 则 $R = \lambda_N/\lambda_2 < \alpha_2/\alpha_1$ 越容易满足, 故网络的同步化能力也就越强.

(2) 类型 II: 同步化区域为无界区域 $SR = (\alpha_1, +\infty)$, 即当 $\alpha_1 < c\lambda_2 \leqslant c\lambda_3 \leqslant \cdots \leqslant c\lambda_N$ 时, 有 $L_{\max} < 0$. 即 $c\lambda_2 > \alpha_1$, 也就是说, 对于同步化区域为无界的情形, 当耦合强度 c 大于某个值时, 同步流形是稳定的. 因此这种情形下耦合矩阵最小非零特征值 λ_2 可以作为衡量网络同步化能力的指标, 如果 λ_2 越大则网络越容易同步, 也就是网络的同步化能力越强.

(3) 类型 III: 同步化区域为不连通的多区域 $SR = (\alpha_1, \alpha_2) \cup (\alpha_3, \alpha_4) \cup \cdots \cup (\alpha_{2k-1}, \alpha_{2k})$, 或者 $SR = (\alpha_1, \alpha_2) \cup (\alpha_3, \alpha_4) \cup \cdots \cup (\alpha_{2k-1}, +\infty)$. 这时候网络要达到完全同步, 必须满足 $c\lambda_k \in SR, k = 2, 3, \cdots, N$. 因为对于这种类型, 要同时调整耦合强度和所有特征值使得 $c\lambda_k (k = 2, 3, \cdots, N)$ 全部落入不连通的多个同步化区域 SR, 这是很不容易的, 因此这种情形下网络很难达到同步. 有关不连通多区域的研究可见文献 [3–6].

(4) 类型 IV: 同步化区域为空集 $SR = \varnothing$. 即不存在使得 $L_{\max} < 0$ 的区域, 也就是说对于某些节点动力学函数 f 和内连函数 H, 它的同步化区域为空集, 在这种情形下网络无论是什么结构 (即使是全连接网络)、耦合强度无论取多大, 网络都不能达到完全同步.

从以上分析我们得到了刻画网络**同步化能力 (synchronizability)** 的两个重要指标: ① 如果同步化区域为有界情形, Laplacian 矩阵的最大特征值与最小非零特征值之比 $R = \lambda_N/\lambda_2$ 越小, 则网络的同步化能力越强; ② 如果同步域为无界情形, Laplacian 矩阵最小非零特征值 λ_2 越大, 则网络的同步化能力越强. 最

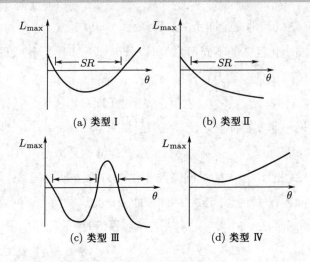

图 5.2　四类同步化区域示意图

早指出 $R = \lambda_N/\lambda_2$ 和 λ_2 作为判别网络同步化能力指标的文献如文献 [7–9].

将 $R = \lambda_N/\lambda_2$ 和 λ_2 作为衡量网络同步化能力的指标具有重要意义. 我们知道, 对于不同结构的复杂动态网络达到完全同步, 所需要的耦合强度是不同的. 简单地说, 如果所需要的最小耦合强度越小, 则认为网络的同步化能力越强. 所以要比较不同网络的同步能力, 就要计算网络同步时所需的最小耦合强度, 这是十分困难的事情. 另外, 对于给定的节点动力学函数 f 和内部耦合函数 H, 计算同步化区域工作量非常大, 所以企图通过判断特征模块是否全部落入同步化区域也是十分困难的事情. 因此将 $R = \lambda_N/\lambda_2$ 和 λ_2 作为衡量网络同步化能力的指标, 大大简化了网络同步问题研究的难度, 在实际中被广泛应用. 本书将多次使用这两个指标.

不过, 在这里我们还需要指出几点:

(1) 由于人们事先并不知道网络同步化区域是四种类型中的哪一种 (完全决定于节点动力学函数 f 和内部耦合函数 H), 即使属于前两种, 究竟是使用 $R = \lambda_N/\lambda_2$ 还是使用 λ_2 呢? 这也是主稳定函数方法的一个局限性. 但是在一般情况下, 大多数网络属于类型 I 或者类型 II, 因此在可能的情况下这两个量都应该计算. 而且我们认为在实际应用中 λ_2 可能更加重要, 这是因为 λ_2 非常接近于零, 很敏感, 而且几乎很少有 λ_2 下界的理论估计式.

(2) 对于给定的网络结构, 并不是耦合强度 c 越大越有利于同步. 对于同步化区域有界的情况, 如例 5.1 中耦合强度过大或者过小都不利于同步.

(3) 由于同步化区域只取决于节点动力学函数 f 和内连函数 H, 与节点数目 N 无关, 因此对于不同规模的网络, 仍然可用 $R = \lambda_N/\lambda_2$ 和 λ_2 来比较同步能力. 在第 9 章我们将通过数值试验验证, 在研究不同规模网络的同步问题时, 用最小耦合强度和用特征值衡量同步能力是一致的.

(4) 由于主稳定方程是 (5.1) 在 s 上的变分方程, 因此讨论的是网络的局部同步化问题, 关于网络的全局同步请参考第 4 章. 同时, 同步化区域是主稳定方程的最大 Lyapunov 指数为负的区域, 因此, 网络耦合矩阵特征模块全部落入同步化区域是网络完全同步的必要条件, 这当然也是主稳定函数方法的一个局限性. 不过目前似乎还没有见到特征模块全部落入同步化区域而网络不能同步的例子.

关于高阶 Laplacian 矩阵最小非零特征值 λ_2 计算, 文献 [10] 提出一种先收缩后反幂算法. 这一算法利用 Laplacian 矩阵具有一个零特征值及其对应的特征向量为 $[1, 1, \cdots, 1]$ 的特点, 采用先收缩后反幂方法, 保证了收缩矩阵的特征值与原矩阵的非零特征值误差为零, 其对应特征向量相等, 证明了先收缩后反幂算法所需乘法次数较 QR 算法大幅度减少, 适合计算 1000 阶以上 Laplacian 矩阵最小非零特征值的复杂度高、计算时间长的问题.

5.2 几种典型网络的同步化能力

5.2.1 规则网络

1. 类型 I 网络 (同步化区域为有界区域情形)

类型 I 网络的同步化能力由耦合矩阵的最大与最小非零特征值之比 $R = \lambda_N/\lambda_2$ 来衡量.

对于无向环状网络 (假设 N 为偶数), 其耦合矩阵特征值为 0 与 $4\sin^2(k\pi/N)$, $k = 1, 2, \cdots, N - 1$, 故最大与最小非零特征值之比为 $R = \lambda_N/\lambda_2 = 1/\sin^2(\pi/N)$. 故当 $N \to \infty$ 时, $R \to \infty$, 因此当网络规模很大时, 网络很难达到同步.

对于有向环状网络, 其耦合矩阵特征值的实部为 0 和 $2\sin^2(k\pi/N)$, $k = 1, 2, \cdots, N - 1$, 故 $R = 1/\sin^2(\pi/N)$. 故当 $N \to \infty$ 时, $R \to \infty$, 因此当网络规模很大时, 网络很难达到同步.

对于无向链状网络, 其耦合矩阵特征值为 0 和 $4\sin^2(k\pi/2N)$, $k = 1, 2, \cdots, N - 1$, 故 $R = \dfrac{\sin^2((N-1)\pi/2N)}{\sin^2(\pi/2N)}$. 故当 $N \to \infty$ 时, $R \to \infty$, 因此当网络规模很大时, 网络很难达到同步.

对于有向链状网络, 其耦合矩阵特征值为 0 与 1($N - 1$ 重), 故 $R = 1$. 所以只要耦合强度 c 满足 $\alpha_1 < c < \alpha_2$, 网络就能够达到同步. 因此有向链状网络比无向链状网络在 N 很大时容易同步得多.

对于全连接网络, 其耦合矩阵特征值除一个为零外其余均为 N, 故 $R = 1$. 所以只要耦合强度 c 满足 $\alpha_1 < c < \alpha_2$, 网络就能够达到同步.

对于星型网络, 其耦合矩阵特征值为 0、1 ($N - 2$ 重) 和 N. 故当 $N \to \infty$ 时, $R \to \infty$, 因此当网络规模很大时, 网络很难达到同步.

2. 类型 II 网络 (同步化区域为无界区域情形)

类型 II 网络的同步化能力由耦合矩阵最小非零特征值 λ_2 来衡量.

对于无向环状网络 (假设 N 为偶数), $\lambda_2 = 4\sin^2(\pi/N)$. 当 $N \to \infty$ 时, $\lambda_2 \to 0$, 因此当网络规模很大时, 网络很难达到同步.

对于有向环状网络, $\lambda_2 = 2\sin^2(\pi/N)$. 当 $N \to \infty$ 时, $\lambda_2 \to 0$, 因此当网络规模很大时, 网络很难达到同步.

对于无向链状网络, $\lambda_2 = 4\sin^2(\pi/2N)$. 当 $N \to \infty$ 时, $\lambda_2 \to 0$, 因此当网络规模很大时, 网络很难达到同步.

对于有向链状网络, $\lambda_2 = 1$. 只要耦合强度 $c > \alpha_1$, 网络就能够达到同步. 因此与类型 I 网络一样, 有向链状网络比无向链状网络在 N 很大时容易同步得多.

对于全连接网络, $\lambda_2 = N$. 故网络在 N 很大时很容易达到同步.

对于星型网络, $\lambda_2 = 1$. 只要耦合强度 $c > \alpha_1$, 网络就能够达到同步.

因此在上述几种规则网络中, 当网络规模很大时, 只有星型网络的同步化能力依赖于同步化区域为有界还是无界.

5.2.2 NW 小世界网络

考虑具有 NW 小世界结构的连续时间耦合的复杂动态网络 (5.1) 的同步化能力, 这方面已经有许多研究成果, 譬如文献 [7, 8, 11].

由 Watts 和 Strongtz 于 1998 年建立的 WS 小世界网络模型[12] 是从完全规则网络向完全随机图的过渡, 它的算法中随机化过程有可能破坏网络的连通性, 因此在此基础上 Newman 和 Watts 提出另一个研究得较多的 NW 小世界模型[13], 该模型是通过用 "随机化加边" 取代 WS 小世界模型构造中的 "随机化重连" 而得到的. NW 小世界模型构造算法如下:

(1) 从规则图开始: 考虑一个含有 N 个节点的最近邻耦合网络, 其中每个节点都与它左右相邻的各 K 个节点相连.

(2) 随机化加边: 以概率 p 在随机选取的一对节点之间加上一条边, 其中任意两个不同的节点之间至多只能有一条边, 并且每一个节点都不能有边与自身相连.

易知 $p = 0$ 时, NW 小世界网络对应于初始时的最近邻网络; $p = 1$ 时对应于全局耦合网络. NW 网络在构造过程中涉及 2 个参数: 初始最近邻耦合网络的 K 值和随机化加边概率 p. 下面我们都假设同步化区域是无界情况, 其同步能力由耦合 Laplacian 矩阵的最小非零特征值 λ_2 决定.

先讨论在给定网络节点数 N 的情况下, 加边概率 p 对最小非零特征值 λ_2 的影响规律. 图 5.3 分别给出了 NW 小世界网络当 $N = 1000$ 和 $N = 4000$, $K = 10, 20, 30$ 时, 加边概率 p 由间隔 0.05 变化到 1 时对应的 λ_2 值. 结果说明在网络尺度一定的前提下, 加边概率越高, 对应的最小非零特征值越大, 并且 λ_2 与 p 基本上呈线性关系 [14], 而且此线性关系与 K 的大小无关. 由此线性关系, 可以给出 NW 小世界网络最小非零特征值的近似计算方法. 由于 NW 小世界网络是在最近邻网络的基础上不断随机加入新边生成, $p = 0$ 时即为最近邻耦合网络, 其特征值为 $\lambda_2 = 4 \sum_{j=1}^{K} \sin^2 \left(\dfrac{j\pi}{N} \right)$ [15].

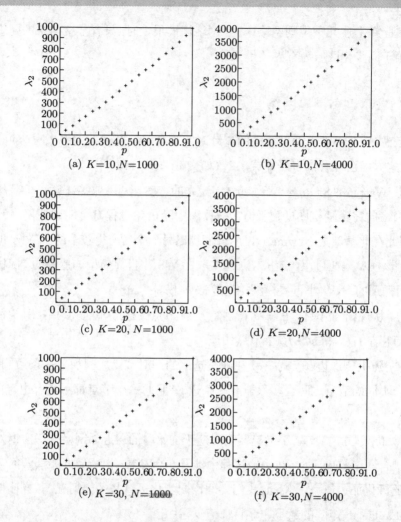

图 5.3 给定 NW 网络尺度时最小非零特征值随加边概率变化分布图

当 N 趋于无穷大时, 上述特征值 λ_2 求和的每一项趋于 0, 且为有限项求和, 故 λ_2 接近于 0. 这也解释了对于同步化区域是无界情况, 最近邻耦合网络在 N 趋于无穷大时几乎不能同步.

当 $p=1$ 时, NW 小世界网络对应全局耦合网络, 而全局耦合网络的非零特征值均等于 N, 这也解释了图 5.3 中 $p=1$ 时, λ_2 的值和网络尺度相等的原因, 也就是对于同步化区域是无界情况, 在 N 很大时全局耦合网络是很容易同步的.

通过对 $p=0$ 和 $p=1$ 的最小非零特征值进行线性插值, 可以得到 NW 小世

界网络最小非零特征值的近似公式[16]

$$\lambda_2 = \lambda_2(K, p, N) = Np + 4(1-p)\sum_{j=1}^{K}\sin^2\left(\frac{j\pi}{N}\right) \tag{5.8}$$

近似公式 (5.8) 的适用范围: 对 p 和 K 没有特殊要求, 但 N 要求足够大 (一般在 500 以上).

为了对近似公式 (5.8) 的精确性进行检验, 图 5.4 给出了两组 N 和 K 情形下不同 p 的 λ_2 值, 实际值是 20 次生成的 NW 网络的 λ_2 的平均值, 计算值是由近似公式 (5.8) 计算的. 图中可见近似公式 (5.8) 得到的计算值比实际值略偏大, 平均相对误差分别为 5.2% 和 3.0%.

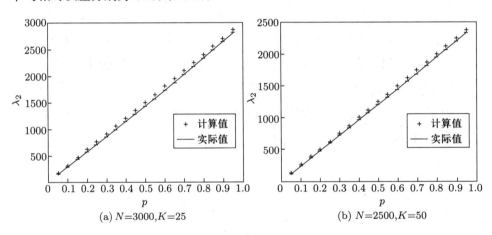

图 5.4 式 (5.8) 的计算值与实际值的比较图

用近似公式 (5.8) 推断 NW 小世界网络的同步能力随网络参数的变化规律如下:

(1) 当 K 和 N 固定, p 增加时, 由于 $4\sum_{j=1}^{K}\sin^2\left(\frac{j\pi}{N}\right) \leqslant 4K \ll N$, 故 λ_2 基本上随 p 线性增加, 即网络同步能力随 p 线性增强, 而且 N 值越大同步能力依赖 p 的线性增强越明显 (见图 5.5).

(2) 当 K 和 p 固定, N 增加时, 由于 $K \ll N$, 与上面同样道理, λ_2 基本上随 N 线性增加, 也就是说 NW 小世界网络同步能力随 N 是线性增强的, 而且 p 值越大同步能力随 N 的线性增强越明显 (见图 5.6). 事实上, 由于随机加边概

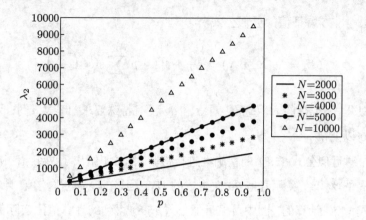

图 5.5　给定 $K = 25$ 和 N, λ_2 随 p 的变化规律图

率为 p 的 NW 小世界网络的边数为 $pN(N-1)/2$, 网络的边数与节点数之比为 $p(N-1)/2$, 所以只要 p 不是太小, 满足 $p > 2/(N-1)$, 于是在保持 p 不变的情况下增加节点数目 N, 其加边数目远超过节点增加数, 所以这时候要实现 "规模越大同步化能力越强" 所需要增加的边数是非常大的, 即增强同步化能力需要提供很大的代价.

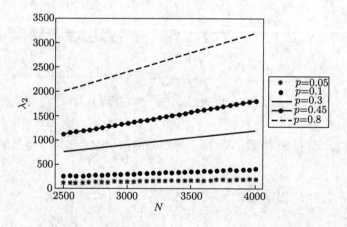

图 5.6　给定 $K = 25$ 和 p, λ_2 随 N 的变化规律图

(3) 当 N 和 p 固定, K 变大时, 式 (5.8) 中的求和项会变大, λ_2 也会提高, 同步能力变强, 但是由于 K 值一般在 NW 小世界网络建模中都取得比较小, 所以 λ_2 数值随 K 的取值不同变化并不大. 详细分析见文献 [16].

由式 (5.8) 可见, 决定 λ_2 的 3 个因素 K, p 和 N 中, p 和 N 的影响是主要的, 增加 p 和 N 有利于同步能力的提高. 式 (5.8) 特别适合于较大规模的 NW 小世界网络的最小非零特征值的估计和比较. 例如一个 2000 个节点 $p = 0.1$ 的 NW 小世界网络和一个 5000 个节点 $p = 0.05$ 的 NW 小世界网络, K 都取为 10, 利用公式 (5.8) 计算得到前者 $\lambda_2 = 200.0034$, 后者 $\lambda_2 = 500.005$, 也即节点数为 5000, $p = 0.05$ 的 NW 网络同步能力更强.

5.2.3 一种等距加边的小世界网络

前面讨论的是 NW 小世界网络的同步, 在网络生成过程中是随机加边的, 这种随机加边是有利于同步能力的提高, 下面我们研究一种保持等距加边的小世界网络, 研究加边距离对网络同步能力的影响[17].

考虑一个由 N 个节点组成的无向环状网络, 在它的基础上等距随机加 m 条边, 生成一种特殊的等距加边的 NW 小世界网络模型. 为了方便叙述, 在环上任意选取某个节点, 按顺时针或逆时针方式给这 N 个节点编号, 分别记为 $1, 2, \cdots, N$. 那么节点 i 和节点 j 的距离 d_{ij} 定义为 $d_{ij} = \min(j - i, \mathrm{mod}(i + N - j, N)), j > i$. 例如, 在 12 个节点的环中, 节点 1 与 4, 3 与 8, 10 与 2 的距离分别为 $3, 5, 4$. 当新边连接这 3 对节点, 则称新边距离分别为 $3, 5$ 和 4, 如图 5.7 所示. 当固定 d,

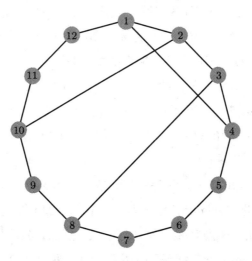

图 5.7 加几条不同距离的边

从等距节点对集 $\{i, j = 1, 2, \cdots, N \,|\, d_{ij} = d, 1 < d \leqslant [N/2]\}$ 中随机选取 m 对节点, 并添加 m 条新边形成的网络, 我们称之为等距加边的小世界网络, 如图 5.8 所示. 除了当网络节点个数 N 为偶数, 在 $d = N/2$ 时, 仅有 $N/2$ 对节点对外, 网络对于每个距离 d 加边数 m 至多为 N.

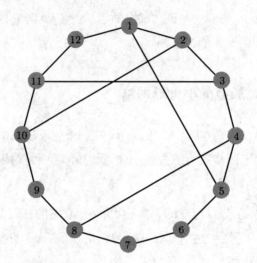

图 5.8　加 4 条 $d = 4$ 的边

下面我们采用大量的数值实验研究等距随机加边对网络同步能力的影响. 考虑网络规模 $N = 2000$ 的环状网络, 且网络的每个节点均有相同的节点动力学. 在网络同步化区域为无界或有界的假设下, 这两种网络的同步能力可分别用 λ_2 或 λ_2/λ_N 表征. 对每一个 m, 从距离都为 d 的所有可能节点对中随机选取 m 对节点对, 并连接每对节点, 因而在环状网络中总共添加 m 条新边. 然后, 对每一次随机加边后的网络, 计算其相应的 Laplacian 矩阵的特征值. 由于加边的随机性, 每次实验 Laplacian 矩阵是不相同的, 因此我们给出的实验结果是平均了 50 次随机实验结果. 取 $d = 10, 20, \cdots, N/2$, 分别求出 λ_2 和 λ_2/λ_N 随 d 和 m 的变化关系. 结果见图 5.9 和图 5.10.

由图 5.9 和图 5.10 可见, 不管是用 λ_2 还是用 λ_2/λ_N 表征网络同步能力, 等距随机加边小世界网络的同步能力总是与距离 d 密切相关, 且同步能力关于 d 的函数并非是单调的, 而是波动的. 而且, 随着加边数量 m 增加波动越来越激烈. 一个最突出的现象是, 当 m 大于某个阈值, 存在一些 d, 比如, $d = 400, 500, 670,$

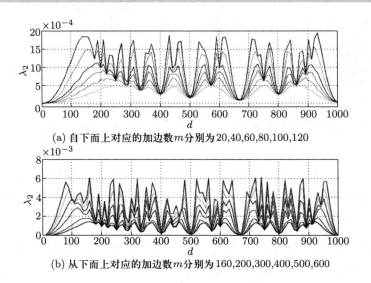

(a) 自下而上对应的加边数 m 分别为 $20,40,60,80,100,120$

(b) 从下而上对应的加边数 m 分别为 $160,200,300,400,500,600$

图 5.9 λ_2 关于 d 的结果图 $(N = 2000)$

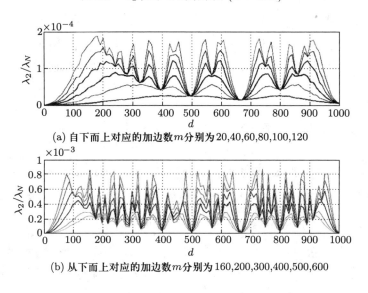

(a) 自下而上对应的加边数 m 分别为 $20,40,60,80,100,120$

(b) 从下而上对应的加边数 m 分别为 $160,200,300,400,500,600$

图 5.10 λ_2/λ_N 关于 d 的结果图 $(N = 2000)$

$800, 1000$, 使得 λ_2 的值到达饱和, 即 λ_2 值不因为在这些 d 处添加更多的边而进一步增大. 然而, λ_2/λ_N 的值甚至有微弱的减小. 换句话说, 在初始环状网络上的 "等距加边" 操作, 网络的同步能力并非总是持续单调地提高. 它与加边距离有密切关系: 对于某些 d 同步能力要么保持不变要么有微小的减弱. 这意味着,

复杂动态网络的同步

如果想通过加边提高网络的同步能力, 应该避免按某些距离 d 加边, 或者说如果同步是有害的, 应该按这些 d 加边. 此外, 从这些图还可以发现, 对应于 λ_2(或者 λ_2/λ_N) 的极小值的距离 d 的数目, 随 m 的增大而增多, 且 m 大的极小距离点集包含了 m 小的极小距离点集. 过去研究者普遍有一些倾向和看法, 认为添加一些长程链接到最近邻网络能够缩短整个网络的平均路径长度, 从而也提高了小世界网络的同步能力. 而且也相信通过增加加边数量 m, 可以缩短平均路径长度进而提高小世界网络的同步能力. 然而, 我们的研究揭示这种看法并非总是正确的. 图 5.11 给出了加边的距离 d 对等距加边小世界网络平均路径长度的影响, 曲线自上而下加边数量 m 分别为 10, 20, 40, 60, 80, 100, 120, 160, 200, 300, 400, 500, 600. 由图可见平均路径长度并非总是随 m 的增大而显著减小的. 当 m 大于某个阈值时, 存在一些 d 值使得平均路径长度是饱和的.

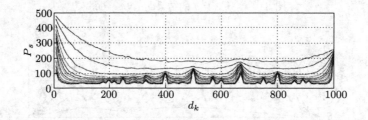

图 5.11   平均路径长度 P_s 关于 d 的结果图 ($N = 2000$)

最后, 将等距加边的小世界网络的同步能力和平均路径长度与传统的 NW 小世界网络作比较. 图 5.12 为 $N = 2000$ 个节点的传统 NW 小世界网络, 所对应的 λ_2 和 λ_2/λ_N 及平均路径长度 P_s 关于加边数 m 的关系图. 从这幅图清晰可见, 对于相同的加边数 m, 传统 NW 网络的 λ_2 和 λ_2/λ_N (或者平均路径长度 P_s) 值比等距加边的小世界网络的大 (或小) 得多. 这意味着传统的 NW 小世界网络有更好的同步能力和更短的平均路径长度. 上述现象告诉我们, 人为刻意地固定加边距离构造的小世界网络, 远不如传统的 NW 网络随机加边更具有小世界的性质, 同步能力也远不如随机加边的网络来得强. 造成这种现象的原因可能是: 当在邻近规则网络上随机加边时, 对于固定的两点, 就能够提供 "丰富多彩" 的 d 的加边可能, 从一个点到另一个点, 就有很多优选的可能, 从而很容易取得最短路径, 而固定加边距离却不能提供 "丰富多彩" 的 d 的加边可能, 所以随机加边更有利于平均距离的缩小, 更加有利于节点之间的 "信息交流", 从而更有利于同步; 而刻意的取一种 d 的加边方式并不有利于节点之间的 "信息交流" 和平均距离的缩小. 这一发现使我们对 NW 小世界网络有了新的认识: 随机加边的 NW 小世界网络具有天然的优越性, 随机加边才让世界变得更小!

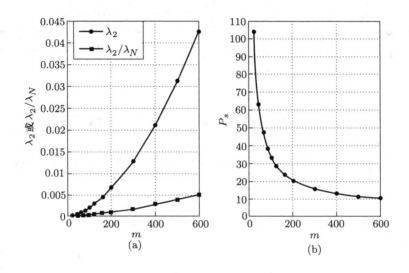

图 5.12　传统的 NW 小世界网络 ($N = 2000$)

5.2.4　BA 无标度网络

BA 无标度网络在构造过程中涉及初始网络节点数 m_0 和每次引入的新节点的边数 m 两个参数. 构造 BA 无标度网络时, 常取 $m_0 = m$, 也即每次新节点的连接边数与初始网络尺度相等. 文献 [18] 中指出, 对于 $m_0 = m$ 固定的 BA 网络, λ_2 在 N 很大时趋于某一常数, 但最终稳定的数值却并不相同, 文献 [16] 的数值仿真结果如图 5.13 所示. 由于 BA 网络生成过程具有随机性, 且由图 5.13 的结果可看出, 当 N 大于 2000 后, λ_2 变化很小, 故以 N 从 2550 到 4000 的 λ_2 平均值代替对应 m_0 的 λ_2 的极限值. 由于 m_0 的值相对较小[19,20], 故文献 [16] 取 $m_0 \leqslant 30$.

复杂动态网络的同步

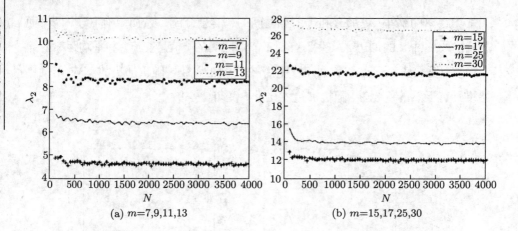

(a) $m=7,9,11,13$　　　　(b) $m=15,17,25,30$

图 5.13　给定初始网络大小, 最小非零特征值随尺度变化分布

通过给定不同的 m 值来大量计算 λ_2 值, 最后得到分段曲线拟合近似公式

$$\lambda_2 = \begin{cases} 6.96 \times 10^{-4}, & m = 1 \\ 0.7744m - 1.049, & 2 \leqslant m \leqslant 5 \\ 0.9493m - 2.161, & 6 \leqslant m \leqslant 30 \end{cases} \tag{5.9}$$

图 5.14 给出了公式 (5.9) 拟合值与 20 次实际值的平均值的比较. 由图 5.14 可以看出, 拟合近似公式与实际值的相对误差大部分小于 1%. BA 无标度网络最小非零特征值变化规律最值得注意的是, 当 N 达到一定值时, λ_2 会趋于稳定值, 且此稳定值仅与 m_0 和 m 有关. 因此对于 BA 无标度网络, 当 $m_0 = m$ 时, 在网络尺度增加到一定数量时, λ_2 可以利用式 (5.9) 方便地进行估算. 例如分别取 $m_0 = m$ 为 $5, 7, 9, 11, 13$, 节点数分别为 $4000, 3800, 3600, 3500, 3300$ 的 BA 网络. 根据近似公式 (5.9) 计算最小非零特征值, 能够判断 5 个网络同步能力的大小, 5 个网络的 λ_2 分别为 $2.823, 4.4841, 6.3827, 8.2813, 10.1799$, 说明第 5 个网络同步能力最强. 而这 5 个网络通过耦合矩阵计算得到的 λ_2 分别为 $2.8659, 4.5567, 6.2842, 8.1853, 10.1426$.

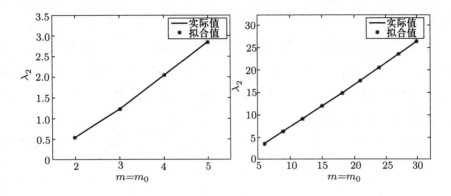

图 5.14 公式 (5.9) 拟合值与 20 次实际值的平均值的比较图

5.3 同步化区域的分岔问题

过去人们总是在给定动力学和内连矩阵情况下来研究某一确定的同步化区域, 并没有注意到同步化区域在什么条件下会发生转换. 最近我们的研究揭示了, 当节点动力学参数在某些阈值附近会导致同步化区域的结构性变化这一重要的非线性现象, 我们把这种现象称为**网络同步化区域的分岔**[21,22].

本节先讨论线性系统振子网络同步化区域的分岔问题, 得到线性系统参数在一些分岔点上出现不同的同步化区域相互切换的解析结果. 然后, 进一步研究节点动力学为混沌系统 (我们以统一混沌系统为例) 时同步稳定域的分岔问题, 展示了同步化区域发生分岔的十分丰富的现象.

5.3.1 线性系统振子网络的同步化区域的分岔问题

对于同步态为平衡点的情形, 主稳定方程 (5.5) 可写为

$$\dot{y} = [A - \theta B]y \tag{5.10}$$

137

其中, A, B 是 m 维的常数矩阵, A 表示节点动力学, B 为内连矩阵, $\theta = c\lambda_i$, c 是耦合强度, λ_i 是网络耦合矩阵的特征值. 这时, Lyapunov 指数就是矩阵 $A - \theta B$ 的特征值. 所以在内连矩阵 B 给定后, Lyapunov 指数完全由 A 和 θ 决定. 因此, 在内连矩阵 B 给定后, 对于 A 中的参数的不同取值, 由矩阵 $A - \theta B$ 的特征值全为负来确定 θ 范围究竟是有界、无界、多个有界无界还是空集, 从而完全决定同步化区域. 如果 A 中的参数在某些阈值附近造成同步化区域的不同类型的转变, 就是同步化区域的分岔问题.

定理 5.1. 假定网络 (5.1) 是常系数的二维线性系统 $\dot{y} = [A - \theta B]y$, 其中系数矩阵 $A = \begin{bmatrix} a & b \\ c & d \end{bmatrix}$ 满足 $a + d > 0$ 或 $ad - bc < 0$, 内连矩阵 $B = \mathrm{diag}(1, 0)$. 则对于同步态为平衡点 $(0, 0)$ 情况, $d = 0$ 是网络 (5.1) 同步化区域的一个分岔点. 并且当 $d^2 < -bc$ 时, $d = 0$ 是一个 "无界 – 有界" 型的分岔点, 即经过该分岔点时同步化区域从无界集切换到有界集; 当 $d^2 > -bc$ 时, $d = 0$ 是一个 "无界 – 空集" 型的分岔点.

证明: 显然, $(0, 0)$ 是线性系统的一个平衡点. 而网络 (5.1) 的主稳定方程变成了

$$\begin{cases} \dot{y}_1 = ay_1 + by_2 - \theta y_1 \\ \dot{y}_2 = cy_1 + dy_2 \end{cases}$$

对于 $d < 0$ 且 $\theta > \theta_0 = \max\left\{a + d, \dfrac{ad - bc}{d}\right\}$, 或者 $d > 0$, $d^2 < -bc$ 且 $a + d < \theta < \dfrac{ad - bc}{d}$, 容易验证主稳定方程有两个具有负实部的特征根. 因而, 上述网络在 $(0, 0)$ 处可实现完全同步. 然而对于 $d > 0$ 且 $d^2 > -bc$ 情况, 主稳定方程具有两个正实部的特征根, 这意味着无论多么大的 θ, 网络在 $(0, 0)$ 处均不能取得完全同步. 于是, 有下列的结论:

(i) 当 $d < 0$ 时, 同步化区域 $SR = (\theta_0, +\infty)$ 是一个无界的区间.

(ii) 当 $d > 0$ 且 $d^2 < -bc$ 时, 同步化区域 $SR = \left(a + d, \dfrac{ad - bc}{d}\right)$ 是一个有界区间.

(iii) 当 $d > 0$ 且 $d^2 > -bc$ 时, 同步化区域是空集.

因此, 可得

(i) 当 $d^2 < -bc$ 时, $d = 0$ 是一个 "无界 – 有界" 型的分岔点.

(ii) 当 $d^2 > -bc$ 时, $d = 0$ 是一个 "无界 – 空集" 型的分岔点. $\qquad\qquad\Box$

例 5.2. 取 $a = 1$, $b = -1$, $c = 1$, 且 d 是唯一的变动的动力学参数, 则节点动力学为

$$\begin{cases} \dot{y}_1 = y_1 - y_2 \\ \dot{y}_2 = y_1 + dy_2 \end{cases}$$

当 $d > -1$ 时, $(0,0)$ 为不稳定的平衡点, 于是有

(i) 如果 $-1 < d < 0$ 且 $\theta > \theta_0 = 1 + d$, 则网络可在 $(0,0)$ 处实现完全同步, 且同步化区域为无界区间.

(ii) 如果 $0 < d < 1$ 且 $1 + d < \theta < \dfrac{d+1}{d}$, 则网络可在 $(0,0)$ 处实现完全同步, 且同步化区域为有界区间.

(iii) 如果 $d > 1$, 则同步化区域是空集, 不论 θ 取何值, 网络均不能取得完全同步. 可见, $d = 0$ 为同步化区域从无界到有界的分岔点, 而 $d = 1$ 是有界到空集的分岔点. 因此, 对于内连矩阵 $H = \mathrm{diag}(1, 0)$, 这种分岔行为我们称之为 "无界 – 有界 – 空集" 型分岔模式, 如图 5.15 所示.

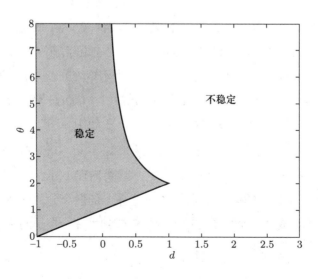

图 5.15　二维线性振子网络同步化区域的分岔图, 其中 $a = 1$, $b = -1$, $c = 1$, $H = \mathrm{diag}(1,0)$

这个例子告诉我们, 节点即使是一个非常简单的线性系统, 网络的同步化区域也可以出现有界、无界和空集三种情形, 而究竟是哪一种情形依赖于节点动力学参数. 特别地, 在参数取某些阈值 (分岔点) 附近, 同步域类型会发生根本性的变迁. 对于具体的一个网络, 能否在 $(0, 0)$ 实现完全同步, 在耦合强度给定情况下, 又决定于网络耦合矩阵的特征值 (要求 $\theta = c\lambda_i$ 落入同步化区域).

5.3.2　节点为统一系统的网络同步稳定域的分岔问题

这一小节将研究节点动力学为混沌系统的网络同步化区域的分岔问题, 为方便起见, 我们取统一混沌系统作为节点动力学, 可以看到同步化区域将出现十分丰富的分岔现象.

考虑统一混沌系统

$$\begin{cases} \dot{x} = (25a + 10)(y - x) \\ \dot{y} = (28 - 35a)x - xz + (29a - 1)y \\ \dot{z} = xy - \dfrac{8 + a}{3}z \end{cases} \tag{5.11}$$

其中 a 是实参数, 对所有 $a \in [0, 1]$, 系统处于混沌状态. 为了研究内连矩阵给定下同步化区域随参数 a 的演化, 我们考虑以下两类内连矩阵, 第一类仅有一个元素为 1, 其他元素均为 0 的内连矩阵, 记为 $H = I_{ij}$, 表示矩阵的 (i, j) 元为 1, 其余为 0 的矩阵, 比如 $H = \mathrm{diag}(1, 0, 0)$, $H = [0\ 1\ 0;\ 0\ 0\ 0;\ 0\ 0\ 0]$ 分别记为 I_{11}, I_{12}. 第二类是仅有两个元素为 1, 其余均为 0 的内连矩阵, 比如 $H = [1\ 1\ 0;\ 0\ 0\ 0;\ 0\ 0\ 0]$, $H = [0\ 1\ 0;\ 0\ 0\ 0;\ 0\ 0\ 1]$, $H = [1\ 0\ 0;\ 1\ 0\ 0;\ 0\ 0\ 0]$ 等, 可分别记为 $H = I_{11} + I_{12}$, $H = I_{12} + I_{33}$, $H = I_{11} + I_{21}$. 这类内连矩阵表示一个振子的两个分量耦合到另一个振子的单个分量, 或者一个振子的两个分量分别耦合到另一个振子的两个分量, 或者一个振子的单个分量耦合到另一个振子的两个分量.

1. 同步态为平衡点 $(0, 0, 0)$ 情形

显然, $(0, 0, 0)$ 为上述统一系统的一个平衡点. 系统 (5.11) 在 $(0, 0, 0)$ 处线性

化, 可得

$$DF = \begin{bmatrix} -(25a+10) & 25a+10 & 0 \\ 28-35a & 29a-1 & 0 \\ 0 & 0 & -\dfrac{a+8}{3} \end{bmatrix}$$

相应的特征方程为

$$\left(\lambda + \frac{a+8}{3}\right)[\lambda^2 + (11-4a)\lambda - (25a+10)(27-6a)] = 0$$

由于当 $a \in [0,1]$ 时, $(25a+10)(27-6a) > 0$, 所以特征方程有正实部的特征根, 从而 $(0,0,0)$ 为不稳定的平衡点. 下面分别讨论内连矩阵为第一类 $H = I_{ij}$ 和第二类 $H = I_{ij} + I_{kl}$ 的情形.

定理 5.2. 假设复杂动态网络 (5.1) 的节点动力学为统一混沌系统, 且 $(0,0,0)$ 为网络同步态. 则有

(i) 对于第一类内连矩阵 $H = I_{ij}$ 情形

(a) 如果 $H = I_{11}$, 则对于 $a \in [0, 1/29)$, $SR = \left(\dfrac{(25a+10)(27-6a)}{1-29a}, \infty\right)$; 而对于 $a \in [1/29, 1]$, $SR = \phi$. 于是, $a = 1/29$ 为同步化区域的 "无界 – 空集" 型的分岔点.

(b) 如果 $H = I_{12}$, 则对于 $a \in [0, 28/35)$, $SR = \left(\dfrac{(25a+10)(27-6a)}{28-35a}, \infty\right)$; 而对于 $a \in [28/35, 1]$, $SR = \phi$. 于是, $a = 28/35$ 是一个 "无界 – 空集" 型分岔点.

(c) 对于其他内连矩阵 $H = I_{ij}(i, j = 1, 2, 3)$, 随节点参数 a 变动, 网络同步化区域要么是第二类的无界区域要么是第四类的空集. 也就是说, 没有产生同步化区域的分岔现象.

(ii) 对于第二类内连矩阵 $H = I_{ij} + I_{kl}$ 情形

(a) 如果 $H = I_{11} + I_{12}$, 则对于 $a \in [0, 29/64)$, $SR = \left(\dfrac{(25a+10)(27-6a)}{29-64a}, \infty\right)$; 而对于 $a \in [29/64, 1]$, $SR = \phi$. 于是, $a = 29/64$ 是一个 "无界 – 空集" 型分岔点.

(b) 如果 $H = I_{11} + I_{ij}$, 其中 $I_{ij} \in I^* = \{I_{13}, I_{23}, I_{31}, I_{32}, I_{33}\}$, 则网络分岔点与分岔模式均与 $H = I_{11}$ 的情形相同.

(c) 如果 $H = I_{12} + I_{ij}$, 其中 $I_{ij} \in I^*$, 则网络分岔点与分岔模式均与 $H = I_{12}$ 的情形相同.

(d) 如果 $H = I_{12} + I_{21}$, 则对于 $a \in \left[0, \dfrac{23 - 3\sqrt{53}}{10}\right)$, $SR = (\theta_1, \theta_2)$; 而对于 $a \in \left[\dfrac{23 - 3\sqrt{53}}{10}, 1\right]$, $SR = \phi$. 于是, $a = \dfrac{23 - 3\sqrt{53}}{10}$ 是一个 "有界 – 空集" 型分岔点. 其中, $\theta_{1,2} = \dfrac{1}{2}[(38 - 10a) \mp \sqrt{(38 - 10a)^2 - 4(25a + 10)(27 - 6a)}]$.

(e) 对于其余的 24 个内连矩阵, 同步化区域要么总是无界的, 要么总是空集. 意味着, 没有产生同步化区域的分岔现象.

证明: 简单起见, 下面仅证 $H = I_{11}$ 的情形, 其他情形类似可证. 当 $H = I_{11}$ 时, 则主稳定方程在 $(0, 0, 0)$ 处的系数矩阵为

$$DF - \theta DH = \begin{bmatrix} -(25a + 10) - \theta & 25a + 10 & 0 \\ 28 - 35a & 29a - 1 & 0 \\ 0 & 0 & -\dfrac{a + 8}{3} \end{bmatrix} \tag{5.12}$$

其中 $\theta = c\lambda$. 其对应的特征方程为

$$f(\lambda, \theta, a) = \left(\lambda + \dfrac{a + 8}{3}\right)[\lambda^2 + (11 - 4a + \theta)\lambda - (25a + 10)(27 - 6a) - (29a - 1)\theta] = 0$$

显然有一个特征值 $\lambda_1 = -\dfrac{a + 8}{3} < 0$. 如果 $11 - 4a + \theta > 0$ 且 $-(25a + 10)(27 - 6a) - (29a - 1)\theta > 0$, 即 $0 \leqslant a < 1/29$ 且 $\theta \geqslant \dfrac{(25a + 10)(27 - 6a)}{1 - 29a}$, 则其余两个特征值均具有负实部. 因此, 网络在 $(0, 0, 0)$ 处取得完全同步. 换言之, 当 $a \in [0, 1/29)$ 时, $SR = \left(\dfrac{(25a + 10)(27 - 6a)}{1 - 29a}, \infty\right)$; 而当 $a \in [1/29, 1]$ 时, $SR = \phi$. 从而 $a = 1/29$ 为 "无界 – 空集" 型分岔点. □

上述的理论结果也通过数值模拟得到验证, 如图 5.16 所示, 其中横轴为系统参数 a, 纵轴为 $\theta = c\lambda_i$.

2. 同步态为混沌吸引子情形

本小节讨论同步态为吸引子的情形. 由于混沌系统的 Lyapunov 指数没有解析表达式, 很难从理论上计算网络的同步化区域的分岔点. 因此, 只能采用数值仿真的方法. 同样, 以统一混沌系统为节点动力学, 对于上一节所述的两类内连矩阵, 研究同步化区域的分岔模式.

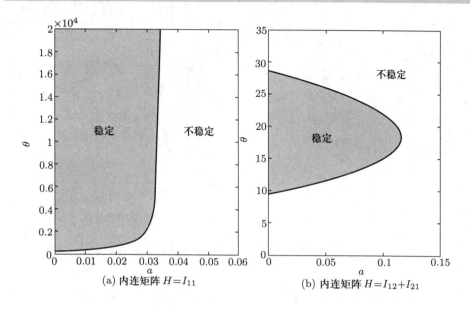

图 5.16 统一混沌振子网络同步态为 $(0,0,0)$ 的同步化区域分岔图

对于内连矩阵 $H = I_{11}$, 同步化区域的分岔图为图 5.17 (a) 所示. 当 $a = 0$, 统一混沌系统对应 Lorenz 系统, 且此时的同步化区域是第二类型的无界区间 $(7.8623, +\infty)$. 当 $a \in (0, 0.088)$, 同步化区域为第二类的无界区域. 而当 $a \in [0.088, 0.099)$, 同步化区域的变化显得有些复杂, 总是在第二类的无界区域和属于第三类的有界与无界的并之间来回切换, 但第三类中有界区间与无界区间之间的间隔是比较微小的. 当 $a \in [0.099, 1]$, 除了在 $a = 0.101$ 处出现了第三类的多个有界且长度很小的区间外, 均为第四类的空集. 由此, 对于内连矩阵 $H = I_{11}$, 同步化区域在大约 $a = 0.088$ 出现了第一次分岔, 由第二类的无界变成了第二类与第三类之间的交织; 第二次分叉出现在大约 $a = 0.099$ 处, 由第三类的有界与无界的并变成了第四类的空集, 我们称 $a = 0.099$ 为 "多区域 – 空集" 型的分岔点.

对于内连矩阵 $H = I_{12}$, 同步化区域的分岔图为图 5.18 (b) 所示. 当 $a = 0$, 同步化区域为有界区间 $(3.9762, 23.3462)$; 当 $a \in [0, 0.118)$, 同步化区域上总是为第一类的有界区域, 且随参数 a 的增大区间长度逐渐变小; 当 $a \in [0.118, 0.133)$, 同步化区域变成第三类即两个有界区间的并; 当 $a \in [0.133, 0.157)$, 同步化区域为第一类的有界区间; 当 $a \geqslant 0.157$, 同步化区域变成了第四类的空集. 因此, 对

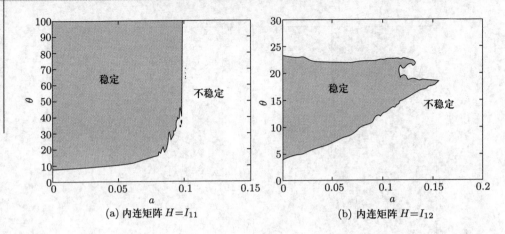

图 5.17 统一混沌振子网络同步化区域的分岔图

于 $H = I_{12}$, 同步化区域出现了 3 个分岔点, 即 "有界 – 多区域" 型的分岔点 $a = 0.118$, "多区域 – 有界" 型的分岔点 $a = 0.133$ 和 "有界 – 空集" 型的分岔点 $a = 0.157$. 也就是说, 随参数 a 从 $a = 0$ 增加到 $a = 1$, 同步化区域的演化路线是 "单个有界区域 – 双有界区域 – 单个有界 – 空集". 此外, 也研究了其他内连矩阵的情形分岔现象. 比如 $H = I_{22}$, 对于 $a \in [0, 1]$ 同步化区域总是属于第二类的无界区间, 没有出现分岔现象.

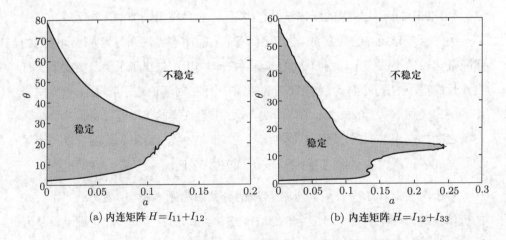

图 5.18 统一混沌振子网络同步化区域的分岔图

对于内连矩阵 $H = I_{11} + I_{12}$ 和 $H = I_{12} + I_{33}$, 同步化区域的分岔图如图

5.18 所示. 可见, 随参数增大, 同步化区域均从第一类的有界, 且有界区间的区间长度逐渐变小, 最后变成第四类的空集. 但这两种内连矩阵对应的分岔点是不同的, 对于 $H = I_{11} + I_{12}$, 分岔大约在 $a = 0.1305$ 处出现. 而对于 $H = I_{12} + I_{33}$, 分岔点大约在 $a = 0.245$ 处. 这两种内连矩阵, 同步化区域的分岔模式均为 "有界 – 空集" 型分岔模式.

综上表明, 对于某些内连矩阵, 比如 $H = I_{11}$, $H = I_{12}$, $H = I_{11} + I_{12}$, 统一混沌系统为节点的动态网络的同步化区域可产生分岔现象, 且表现形式不尽相同. 而对于某些内连矩阵, 比如 $H = I_{22}$, $H = I_{11} + I_{22}$, 同步化区域始终为同一类型, 不存在分岔现象. 这种分岔现象对网络的同步有着重要的影响, 分岔前后网络所表现的同步化能力是不一样的, 下一小节我们将讨论分岔对网络同步及其结构稳定性的影响.

5.3.3 分岔对网络同步的影响

同步化区域是由节点动力学和内连矩阵确定的. 而对于某一网络是否能够实现同步还受制于该网络的拓扑结构和耦合强度. 所谓同步化区域为空集, 就是无论网络是什么样的结构, 无论耦合强度多大, 都不能使网络达到同步. 这种情况, 即使是全连接网络, 无论多么大的耦合强度也不能实现网络同步. 所谓同步化区域为有界或无界, 就是总存在一些网络和某一大小的耦合强度, 能够使得网络达到同步. 为了理解上述结论, 下面我们就环状和全连接两种网络, 分别考虑内连矩阵 $H = I_{11}$ 和 $H = I_{12}$ 情形, 来讨论同步化区域的分岔是如何改变了网络的同步性能.

下面, 选取统一混沌系统作为网络节点动力学, 对于固定内连矩阵 $H = I_{11}$ 选如下两组数值实验, 每一组都有 10 个网络结构相同而节点动力学参数 a 不同的网络.

(i) 100 个节点的环状网络, 耦合强度 $c = 6000$, 且从 $[0, 0.08]$ 中随机选取 10 个不同的动力学参数 a, 位于同步化区域为无界的区间.

(ii) 10 个节点的全连接网络, 耦合强度 $c = 6000$, 且从 $[0.11, 1]$ 中随机选取 10 个不同的动力学参数 a, 位于同步化区域为空集的区间.

实验配置 (i) 的网络同步误差图如图 5.19 (a) 所示, 清晰可见 10 个不同的环状网络均取得完全同步. 且参数 a 越小, 同步时间越短. 说明了对于无界的同步化区域, 即使较难同步的环状网络总可找到某个耦合强度使得网络到达同步. 实验配置 (ii) 的网络同步误差图如图 5.19 (b) 所示, 10 个不同的全连接网络均不能取得完全同步. 说明了对于空集的同步化区域, 无论多么大的耦合强度, 即使具有很强同步化能力的全连接网络也不能达到同步. 由此可见, 同步化区域的分岔现象对网络同步有着重要的影响.

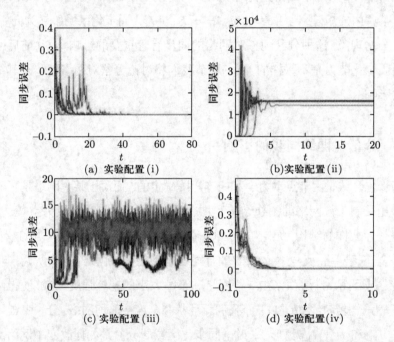

图 5.19　环状网络与全连接网络的同步误差图 (取自文献 [21])

对于内连矩阵 $H = I_{12}$, 选如下两组数值实验:

(iii) 10 个节点的环状网络, 耦合强度 $c = 1.5$, 且随机从 $[0, 0.08]$ 中选取 10 个不同的动力学参数 a(同步化区域为有界的区间).

(iv) 10 个节点的全连接网络, 耦合强度 $c = 1.5$, 且随机从 $[0, 0.08]$ 中选取 10 个不同的动力学参数 a (同步化区域为有界的区间).

实验配置 (iii) 的网络同步误差图如图 5.19 (c) 所示, 可见, 当耦合强度 $c = 1.5$ 时, 10 个不同环状网络均不能取得同步. 而实验配置 (iv) 在相同的耦合强度下,全连接网络却能获得同步, 如图 5.19 (d) 所示. 说明了对于有界的同步化区域, 有些网络可以同步, 而有些网络却不能达到同步. 表明同步化区域的类型对网络同步有着重要的影响.

参考文献

[1] Pecora L M, Carroll T L. Synchronization in chaotic systems [J]. Physical Review Letters, 1990, 64: 821–824.

[2] Pecora L M, Carroll T L. Master stability functions for synchronized coupled systems [J]. Physical Review Letters, 1998, 80: 2109–2112.

[3] Stefanski A, Perlikowski P, Kapitaniak T. Ragged synchronizability of coupled oscillators [J]. Physical Review E, 2007, 75.

[4] Przemyslaw P, Andrzej S, Tomasz K. Discontinuous synchrony in an array of Van der Pol oscillators [J]. International Journal of Non-Linear Mechanics, 2010, 45: 895–901.

[5] Duan Z S, Chen G R, Huang L. Disconnected synchronized regions of complex dynamical networks [J]. IEEE Transactions on Automatic Control, 2009, 54(4): 845–849.

[6] Duan Z S, Chen G R. On synchronized regions of discrete-time complex dynamical networks [J]. Journal of Physics A: Mathematical and Theoretical, 2011, 44(20).

[7] Barahona M, Pecora L. Synchronization in small-world systems [J]. Physical Review Letters, 2002, 89(5): 054101.

[8] Wang X F, Chen G R. Synchronization in scale-free dynamical networks: robustness and fragility [J]. IEEE Transaction on Circuits and Systems-I, 2002, 49(1): 54–62.

[9] Wang X F, Chen G R. Complex networks: small-world, scale-free, and beyond [J]. IEEE Circuits and Systems Magazine, 2003, 3(1): 6–20.

[10] 刘砚青, 陆君安. 耗散耦合矩阵第二大特征值的先收缩后反幂算法 [J]. 复杂系统与复杂性科学, 2007, 4(4): 13–20.

[11] Wang X F, Chen G R. Synchronization in small-world dynamical networks [J]. Int. J. Bifurcation and Chaos, 2002, 12(1): 187–192.

[12] Watts D J, Strogatz S H. Collective dynamics of small-world network [J]. Nature, 1998, 393(6684): 440–442.

[13] Newman M E J, Watts D J. Renormalization group analysis of the small-world network model [J]. Phys Lett A, 1999, 263(46): 341–346.

[14] Chen J, Lu J A, Zhan C J, et al. Laplacian spectra and synchronization processes on complex networks [M]//ThaiM T, Pardalos P M. Handbook of Optimization in Complex Networks: Theory and Application. Berlin: Springer, 2012: 81–113.

[15] Wu C W. Synchronizationin Complex Networks of Nonlinear Dynamical Systems [M]. Singapore: World Scientific Publishing Company, 2007.

[16] 高月圆, 陆君安. NW 和 BA 网络最小非零特征值的近似计算 [J]. 复杂系统与复杂性科学, 2012, 9(3): 38–45.

[17] Tang L K, Lu J A, Chen G R. Synchronizability of small-world networks generated from ring networks with equal-distance edge additions [J]. Chaos, 2012, 22: 023121.

[18] Wu C W. Perturbation of coupling matrices and its effect on the synchronizability in arrays of coupled chaotic systems [J]. Physics Letters A, 2003, 319 (5/6): 495–503.

[19] Barabási A L, Albert R. Emergence of scaling in random networks [J]. Science, 1999, 286(5439): 509–512.

[20] Barabási A L, Albert R. Statistical mechanics of complex networks [J]. Reviews of Modern Physics, 2002, 74: 47–97.

[21] Tang L K, Lu J A, Lü J H, et al. Bifurcation analysis of synchronized regions in complex dynamical networks [J]. International Journal of Bifurcation and Chaos, 2012, 22(11): 1250282.

[22] Tang L K, Lu J A, Lü J H, et al. Bifurcation analysis of synchronized regions in complex dynamical networks with coupling delay [J]. International Journal of Bifurcation and Chaos, 2014, 24(1): 1450011.

第6章 网络同步的连接图方法

　　10 年前, 俄罗斯学者提出了一种新的研究网络同步的方法 —— 连接图稳定性方法[1-5], 用来判定具有各种拓扑结构的网络同步的全局稳定性. 它将 Lyapunov 函数方法和图论相结合, 使用时可以避免计算 Lyapunov 指数与 Laplacian 矩阵的特征值, 这是与主稳定函数方法相比的优点之一. 而且, 此方法可以计算出网络中每一条边所对应耦合强度的阈值, 与以往研究网络同步耦合强度的阈值总是取最大相比, 可以减小某些边的耦合强度. 该方法不仅适用于常数耦合的网络, 还适用于时变耦合的网络, 比如文献 [2] 中的闪烁小世界模型等, 这些结果很快引起其他研究者的注意. 最近, 我们将该方法放在图谱理论的框架下理解, 得到了一系列有趣的结果[6-8], 提出了用图比较方法分配网络的耦合权重使其同步, 建立了连接图稳定性方法与传统 Laplacian 矩阵第二大特征值 λ_2 判据之间的桥梁.

6.1 连接图稳定性方法简介

首先介绍一下连接图稳定性方法. 考虑时变耦合网络:

$$\dot{x}_i = f(x_i) + \sum_{j=1}^{N} \varepsilon_{ij}(t) P x_j, i = 1, \cdots, N, \tag{6.1}$$

其中 $x_i = (x_{i1}, \cdots, x_{in})^{\mathrm{T}}$ 为第 i 个节点状态变量. 矩阵 $P \in R^{n \times n}$ 是节点之间的内连耦合矩阵, 一般地取 $P = \mathrm{diag}(p_1, p_2, \ldots, p_n)$, 其中 $p_h = 1$, 这里 $h = 1, 2, \cdots, s$; $p_h = 0$, 这里 $h = s + 1, \cdots, n$. ε_{ij} 描述了节点 j 到节点 i 的连接的耦合强度; 并且有 $\varepsilon_{ii} = -\sum_{j=1, j \neq i}^{N} \varepsilon_{ij}, i = 1, 2, \cdots, N$. 网络中节点的连接可以用一个加权图 $\mathcal{G} = (\mathcal{V}, \mathcal{E}, \varepsilon(t))$ 来表示, 其中节点集 $\mathcal{V} = \{1, \cdots, N\}$, 边集 $\mathcal{E}$, 边的权重 $\varepsilon : \mathcal{E} \to R$. 假设该网络具有 m 条边. 存在节点 j 到 i 的一条边, 当且仅当 $\varepsilon_{ij}(t) > 0$.

引入差分变量 $X_{ij} = x_j - x_i, i, j = 1, 2, \cdots, N$, 于是得到

$$\dot{X}_{ij} = f(x_j) - f(x_i) + \sum_{k=1}^{N} \{\varepsilon_{jk} P X_{jk} - \varepsilon_{ik} P X_{ik}\}, i, j = 1, 2, \cdots, N$$

另外 $f(x_j) - f(x_i) = \left[\int_0^1 Df(\beta x_j + (1 - \beta) x_i) d\beta\right] X_{ij}$, 其中 Df 为 f 的雅可比矩阵.

构造辅助系统

$$\dot{X}_{ij} = [\int_0^1 Df(\beta x_j + (1 - \beta) x_i) d\beta - A] X_{ij}, i, j = 1, 2, \cdots, N \tag{6.2}$$

其中 $A = \mathrm{diag}(a_1, a_2, \cdots, a_n)$ 是使两个耦合节点 i, j 同步的耦合强度矩阵, 这里, 当 $h = 1, \cdots, s$ 时, $a_h \geqslant 0$; 当 $h = s + 1, \cdots, n$ 时, $a_h = 0$. 矩阵 A 的结构完全由 P 矩阵的结构来决定.

假设 6.1. 假设存在 $W_{ij} = \frac{1}{2} X_{ij}^{\mathrm{T}} H X_{ij}, i, j = 1, \cdots, N$, 其中 $H = \mathrm{diag}(h_1,$ $h_2, \cdots, h_s, H_1)$, h_i $(i = 1, \cdots, s)$ 为正常数, 且 H_1 为正定矩阵. 使得其沿着辅助系统 (6.2) 的全导数

$$\dot{W}_{ij} = X_{ij}^{\mathrm{T}} H [\int_0^1 Df(\beta x_j + (1-\beta)x_i)d\beta - A]X_{ij} < 0, (X_{ij} \neq 0) \tag{6.3}$$

成立.

对于矩阵 A 中的参数 $a_1, a_2, \cdots, a_n$, 取某个共同的参数 a. (6.3) 可以简化为

$$(x_j - x_i)^{\mathrm{T}} H \left[\int_0^1 Df(\beta x_j + (1-\beta)x_i)d\beta - aP \right] (x_j - x_i) < 0,$$
$$\text{对 } x_i \neq x_j \tag{6.4}$$

注意到 $\frac{d}{d\beta} f(\beta x_j + (1-\beta)x_i) = [Df(\beta x_j + (1-\beta)x_i)](x_j - x_i)$. 因此有如下不等式[1]:

$$f(x_j) - f(x_i) = \int_0^1 \frac{d}{d\beta} f(\beta x_j + (1-\beta)x_i)d\beta$$
$$= \left[\int_0^1 Df(\beta x_j + (1-\beta)x_i)d\beta \right] (x_j - x_i).$$

从而有

$$(x_j - x_i)^{\mathrm{T}} H \left[\int_0^1 Df(\beta x_j + (1-\beta)x_i)d\beta - aP \right] (x_j - x_i)$$
$$= (x_j - x_i)^{\mathrm{T}} H \left[(f(x_j) - f(x_i)) - aP(x_j - x_i) \right].$$

因此, 当 $f(\cdot)$ 连续可微时, (6.4) 式与

$$(x_j - x_i)^{\mathrm{T}} H \left[(f(x_j) - f(x_i)) - aP(x_j - x_i) \right] < 0 \tag{6.5}$$

等价.

6.1.1 对称耦合网络

当图 $\mathcal{G}$ 是对称的时候, 即 $\varepsilon_{ij} = \varepsilon_{ji}$, 有如下定理 (参见文献 [1]):

定理 6.1[1]. 在耦合系统的网络 (6.1) 中, 单个系统是最终有界的, 且假设 6.1 满足, 若

$$\sum_{k=1}^{m} \varepsilon_{i_k,j_k} X_{i_k j_k}^2 > \frac{a}{N} \sum_{i=1}^{N-1} \sum_{j>i}^{N} X_{ij}^2 \tag{6.6}$$

成立, 则网络 (6.1) 的同步流形是全局渐近稳定的.

证明: 取辅助系统的 Lyapunov 函数

$$W_{ij} = \frac{1}{2} X_{ij}^{\mathrm{T}} H X_{ij}, \quad i,j = 1,2,\cdots,N,$$

其中 $H = \mathrm{diag}(h_1, h_2, \cdots, h_s, H_1), h_1 > 0, \cdots, h_s > 0$, 且 H_1 为正定矩阵. 于是有

$$\dot{W}_{ij} = X_{ij}^{\mathrm{T}} H \left[\int_0^1 DF(\beta x_j + (1-\beta)x_i)d\beta - A \right] X_{ij} < 0, X_{ij} \neq 0$$

取 Lyapunov 函数 $V = \frac{1}{4} \sum_{i=1}^{N} \sum_{j=1}^{N} X_{ij}^{\mathrm{T}} H X_{ij}$, 则有

$$\dot{V} = \frac{1}{2} \sum_{i=1}^{N} \sum_{j=1}^{N} \dot{W}_{ij} + \frac{1}{2} \sum_{i=1}^{N} \sum_{j=1}^{N} X_{ij}^{\mathrm{T}} H A X_{ij}$$

$$- \frac{1}{2} \sum_{i=1}^{N} \sum_{j=1}^{N} \sum_{k=1}^{N} \{\varepsilon_{jk} X_{ji}^{\mathrm{T}} H P X_{jk} + \varepsilon_{ik} X_{ik}^{\mathrm{T}} H P X_{ij}\}$$

令

$$S_1 = \frac{1}{2} \sum_{i=1}^{N} \sum_{j=1}^{N} \dot{W}_{ij}$$

$$S_2 = \frac{1}{2} \sum_{i=1}^{N} \sum_{j=1}^{N} X_{ij}^{\mathrm{T}} H A X_{ij}$$

$$S_3 = -\frac{1}{2} \sum_{i=1}^{N} \sum_{j=1}^{N} \sum_{k=1}^{N} \{\varepsilon_{jk} X_{ji}^{\mathrm{T}} H P X_{jk} + \varepsilon_{ik} X_{ik}^{\mathrm{T}} H P X_{ij}\},$$

由条件知, S_1 负定, 又由于 $\mathcal{G}$ 对称, 所以有 $X_{ji}^2 = X_{ij}^2, X_{ii}^2 = 0$, 有

$$S_2 = \sum_{i=1}^{N-1} \sum_{j>i}^{N} H A X_{ij}^2$$

$$S_3 = -\frac{1}{2} \sum_{i=1}^{N} \sum_{j=1}^{N} \sum_{k=1}^{N} \{\varepsilon_{jk} X_{ji}^{\mathrm{T}} HP X_{jk} + \varepsilon_{ik} X_{ik}^{\mathrm{T}} HP X_{ij}\}$$

$$= -\sum_{k=1}^{N-1} \sum_{j>k}^{N} N\varepsilon_{jk} X_{jk}^{\mathrm{T}} HP X_{jk}$$

从而 $S_2 + S_3 = \sum_{i=1}^{N-1} \sum_{j>i}^{N} X_{ij}^{\mathrm{T}} H[A - N\varepsilon_{ij}P] X_{ij}$, 要使 $\dot{V} < 0$, 只要 $S_2 + S_3 < 0$ 即可. 需要

$\sum_{i=1}^{N-1} \sum_{j>i}^{N} \varepsilon_{ij} X_{ij}^{\mathrm{T}} HP X_{ij} > \frac{1}{N} \sum_{i=1}^{N-1} \sum_{j>i}^{N} X_{ij}^{\mathrm{T}} HA X_{ij}$, 其中 $A = \mathrm{diag}(a_1, \cdots, a_s, 0, \cdots, 0)$,

$P = \mathrm{diag}(p_1, \cdots, p_s, 0, \cdots, 0)$, $X_{ij} = \{X_{ij}^{(1)}, X_{ij}^{(2)}, \cdots, X_{ij}^{(n)}\}$, 可知定理成立. $\quad\square$

文献 [9] 指出各种网络同步的耦合强度阈值与特征值 λ_2 之间存在着关系, 如果一个具有 n_1 个节点的网络在耦合强度取 $\varepsilon_{n_1}^*$ 时实现同步, 并且一个类似的具有 n_2 个节点的网络在耦合强度取 $\varepsilon_{n_2}^*$ 时也实现同步, 则下面的关系成立:

$$\varepsilon_{n_1}^* \lambda_2(n_1) = \varepsilon_{n_2}^* \lambda_2(n_2),$$

其中 $\lambda_2(n_1)$, $\lambda_2(n_2)$ 分别为两个网络的 Laplacian 矩阵的第二大特征值. 取 $n_2 = 2$, 那么可以得到如下结果: 任意一个给定了耦合结构的网络, 同步的耦合强度阈值 ε^* 都可以由两个耦合节点来估计, 即

$$\varepsilon_n^* = \frac{2\varepsilon_2^*}{\lambda_2(n)} \tag{6.7}$$

其中 ε_2^* 是两个对称双向耦合节点同步的耦合强度阈值. 这里利用了两个对称双向耦合节点的图所对应的 2 阶 Laplacian 矩阵的非零特征值为 2 的性质.

定理 6.1 给出了动态网络 (6.1) 同步流形全局渐近稳定的充分条件, 但是由于不等式 (6.6) 中存在变量 X_{ij} 和 $X_{i_k j_k}$, 仍然无法直接得到同步所需的每一条边的耦合强度 $\varepsilon_k(t)$ 下界值. 为了消除这些变量, 令 $\bar{X}_k = X_{i_k j_k}$, $k = 1, 2, \cdots, m$. 对于每一个节点对 (i, j), 选择一条从节点 i 到节点 j 的路径, 记为 $\mathcal{P}_{ij}$, 该路径中的边数记为 $z(\mathcal{P}_{ij})$. $k \in \mathcal{P}_{ij}$ 表示边 k 在路径 $\mathcal{P}_{ij}$ 中. 假设图中节点 i 和 j 之间有一条路径经过节点 $m_1, m_2, \cdots, m_v$, 则 $X_{ij} = X_{im_1} + X_{m_1 m_2} + \cdots + X_{m_v j}$. 因此

$$X_{ij}^2 = \left(\sum_{k \in \mathcal{P}_{ij}} \pm \bar{X}_k\right)^2 \leqslant z(\mathcal{P}_{ij}) \sum_{k \in \mathcal{P}_{ij}} \bar{X}_k^2$$

这里使用了不等式 $(c_1 + c_2 + \ldots + c_n^2) \leqslant n(c_1^2 + c_2^2 + \ldots + c_n^2)$. 因此 (6.6) 式的右边最终有

$$\sum_{i=1}^{N-1}\sum_{j>i}^{N} X_{ij}^2 \leqslant \sum_{k=1}^{m}\left(\sum_{i=1}^{N-1}\sum_{j>i;k\in\mathcal{P}_{ij}}^{N} z(\mathcal{P}_{ij})\right)\bar{X}_k^2.$$

将上式代入 (6.6), 于是得到不等式

$$\varepsilon_k(t) > \frac{a}{N}\sum_{j>i;k\in\mathcal{P}_{ij}}^{N} z(\mathcal{P}_{ij}),$$

对于所有的 $k = 1, \cdots, m$ 成立.

于是有连接图稳定性方法的另一种表述[1,3]:

定理 6.2[1]. 如果网络 (6.1) 中的边 $k = 1, 2, \cdots, m$ 的耦合强度 $\varepsilon_k(t)$ 对于任意 t 都有下式成立:

$$\varepsilon_k(t) > \frac{a}{N}b_k(N, m) \tag{6.8}$$

其中 $b_k(N, m) = \sum\limits_{j>i;k\in\mathcal{P}_{ij}^N} |\mathcal{P}_{ij}|$ 为网络中通过边 k 的满足 $j > i$ 的所有选择路径 $\mathcal{P}_{ij}$ 的长度 $|\mathcal{P}_{ij}|$ 的总和, 则网络 (6.1) 的同步流形是全局渐近稳定的.

注 6.1. 定理 6.2 的使用主要分以下两个步骤:

第一步: 计算 a. 先计算 ε_2^*, 并证明当两个对称双向耦合系统的耦合强度大于 ε_2^* 时可以同步. 得到 $a = 2\varepsilon_2^*$. 对于给定的混沌系统, 参数 a 可以通过单个节点的动力学参数来表示.

第二步: 算 $b_k(N, m)$, 首先选一个路径集 $\{\mathcal{P}_{ij} | i, j = 1, 2, \cdots, N, j > i\}$, 对于每一对节点 i, j, 确定它们之间路径的长度 $|\mathcal{P}_{ij}|$ (路径中边的数目). 然后, 对于每条边 k, 计算所有通过 k 的 $\mathcal{P}_{ij}$ 长度之和 $b_k(N, m)$. 对于给定的一组路径选择 $\mathcal{P}_{ij}$, 就能得到每条边 ε_k 的下界. 如果耦合网络所有边的耦合强度都满足 (6.8), 定理 6.2 能保证网络达到完全同步. 如果在网络取所有边的耦合强度均相等, 即 $\varepsilon_k = \varepsilon^*$, 在这种情况下 ε^* 取最大值 $\varepsilon^* = \max\limits_k \dfrac{a}{N}b_k(N, m)$.

注 6.2. 显然, 通过这种方法获得的下界 ε^* 取决于路径 $\mathcal{P}_{ij}$ 的选择. 可能的路径选择非常多, 通常选 $\mathcal{P}_{ij}$ 为 i 到 j 的最短路径. 然而, 选择不同的路径可以导致下界的不同.

下面的例子[3]说明如何应用定理 6.2. 并且说明选最短路径不一定是最优的.

例 6.1. 考虑 6 个节点 6 条边的例子, 如图 6.1, 来说明如何使用定理 6.2, 并且也说明选最短路径不一定是最优的. 首先我们选择最短路径来计算 b_k:

$$\mathcal{P}_{12} = a, \mathcal{P}_{13} = b, \mathcal{P}_{14} = bd, \mathcal{P}_{15} = ae, \mathcal{P}_{16} = af,$$

$$\mathcal{P}_{23} = c, \mathcal{P}_{24} = cd, \mathcal{P}_{25} = e, \mathcal{P}_{26} = f,$$

$$\mathcal{P}_{34} = d, \mathcal{P}_{35} = ce, \mathcal{P}_{36} = cf, \mathcal{P}_{45} = dce, \mathcal{P}_{46} = dcf, \mathcal{P}_{56} = ef.$$

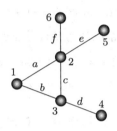

图 6.1   6 个节点的例子 (取自文献 [3])

接着计算 b_k 的值:

$$a : b_a = |\mathcal{P}_{12}| + |\mathcal{P}_{15}| + |\mathcal{P}_{16}| = 1 + 2 + 2 = 5,$$

$$b : b_b = |\mathcal{P}_{13}| + |\mathcal{P}_{14}| = 1 + 2 = 3,$$

$$c : b_c = |\mathcal{P}_{23}| + |\mathcal{P}_{24}| + |\mathcal{P}_{35}| + |\mathcal{P}_{36}| + |\mathcal{P}_{45}| + |\mathcal{P}_{46}| = 13,$$

$$d : b_d = |\mathcal{P}_{14}| + |\mathcal{P}_{24}| + |\mathcal{P}_{34}| + |\mathcal{P}_{45}| + |\mathcal{P}_{46}| = 11,$$

$$e : b_e = |\mathcal{P}_{15}| + |\mathcal{P}_{25}| + |\mathcal{P}_{35}| + |\mathcal{P}_{45}| + |\mathcal{P}_{56}| = 10,$$

$$f : b_f = |\mathcal{P}_{16}| + |\mathcal{P}_{26}| + |\mathcal{P}_{36}| + |\mathcal{P}_{46}| + |\mathcal{P}_{56}| = 10.$$

所以最大值 $b_c = 13$ 作为上界.

然后我们改变 $\mathcal{P}_{23}$ 的路径 c 为路径 ab, 再重新计算 (这一改变只影响边 a, b, c):

$$a : b_a = |\mathcal{P}_{12}| + |\mathcal{P}_{15}| + |\mathcal{P}_{16}| + |\mathcal{P}_{23}| = 7,$$

$$b : b_b = |\mathcal{P}_{13}| + |\mathcal{P}_{14}| + |\mathcal{P}_{23}| = 5,$$

$$c : b_c = |\mathcal{P}_{24}| + |\mathcal{P}_{35}| + |\mathcal{P}_{36}| + |\mathcal{P}_{45}| + |\mathcal{P}_{46}| = 12.$$

于是最大值减小到 $b_c = 12$, 网络同步的耦合阈值 ε^* 减小了. 说明减小了最拥堵路径 c 的荷载.

现在再改变 $\mathcal{P}_{36}$ 的路径 cf 为路径 baf, 计算得到: $b_a = 10, b_b = 8, b_c = 10, b_f = 11$, 使得网络同步的耦合阈值减小到 $\varepsilon^* = 11a/6$. 这也说明荷载分布的均匀化通常 (但不是一定) 有利于同步的. 按照上述方法, 得到 $\varepsilon_a = 10a/6, \varepsilon_b = 8a/6, \varepsilon_c = 10a/6, \varepsilon_d = 11a/6, \varepsilon_e = 10a/6, \varepsilon_f = 11a/6$. 假设节点是 Lorenz 系统 (2.17), 系统参数取 $a = 10, b = 8/3, c = 28$, 耦合网络 (6.1) 中 $P = \mathrm{diag}\{1,0,0\}$. 考虑到利用定理 6.2 需要对两个 Lorenz 系统同步的耦合强度作估计, 为此我们使用文献 [10] 的定理 7, 基于 Lorenz 系统界的估计导出的耦合强度的估计, 耦合强度阈值为 187.53, 所以定理 6.2 中的 $a = 2 \times 187.53 = 375.06$. 最后, 可以计算出每条边的耦合强度的阈值分别为 $625.10, 500.08, 625.10, 687.61, 625.10, 687.61$.

用上述定理来判定一个网络同步流形是否稳定时, 并不需要计算 Lyapunov 指数和耦合矩阵的特征值, 而且适合于时变的耦合网络. 这样, 即使在网络结构不规则、耦合矩阵特征值不容易求得的情况下, 也可以得到耦合系统同步的一个全局 (而不是局部) 稳定的一个充分性条件. 还有一个优点就是可以给出不同边的不同耦合强度的下界, 比第 4 章介绍的 Lyapunov 函数方法较为不保守.

6.1.2　一般的非对称耦合网络

当图 $\mathcal{G}$ 是非对称的时候, 即图 $\mathcal{G}$ 为有向图时, 有如下定理 (参见文献 [5]):

定理 6.3. 假设连接图是有向的, 并且是平衡的 (也就是每个节点的入度等于它的出度). 如果网络 (6.1) 中的边的耦合强度对于任意 t 都有下式成立:

$$\frac{\varepsilon_{ij}(t) + \varepsilon_{ji}(t)}{2} = \varepsilon_k(t) > \frac{a}{N} b_k(N, m), \quad \forall t$$

则网络的完全同步流形是全局渐近稳定的. 其中, 对于有向图中如果 $\varepsilon_{ij}, \varepsilon_{ji}$ 中至少有一个非零, 而且每个非零的数定义了有向连接图中的一条边. 耦合系数均值 $\frac{\varepsilon_{ij} + \varepsilon_{ji}}{2} = \varepsilon_k$ 定义了图 $\mathcal{G}$ 对称化得到的无向图的边 k. $b_k(N, m) = \sum\limits_{j > i; k \in \mathcal{P}_{ij}} |\mathcal{P}_{ij}|$ 是上述无向图相关的经过边 k 且属于该无向图的路径的长度的总和.

对更一般的有向连接图情形, 参见文献 [4].

6.2 连接图稳定性方法的应用

利用连接图稳定性方法, 可以分析星型网络、$2K$ 最邻近耦合网络、平均模型全耦合网络以及闪烁型网络的同步流形的全局稳定性, 也可以分析一般有向网络的同步流形的稳定性等等. 在这一节中, 我们利用连接图稳定性方法计算一些典型无向网络耦合强度的阈值[1−5,11].

6.2.1 几种规则网络

1. 星型网络

如图 6.2 (a) 所示, 设中心节点为节点 1, 节点 1 和节点 i 之间的连接边为 $l_{1i}(i > 1)$, 则节点 1 与节点 i 之间只有唯一的一条路径, 它包含的边数 $z(\mathcal{P}_{1,i}) = 1$. 节点 $j(j \neq i)$ 必须通过连接边 l_{1j} 和 l_{1i} 与节点 i 相连, 这时路径所包含的边数 $z(\mathcal{P}_{i,j}) = 2$. 因此经过边 l_{1i} 的总路径长度为 $\displaystyle\sum_{j>i,l_{1i}\in\mathcal{P}_{ij}} z(\mathcal{P}_{ij}) = z(\mathcal{P}_{1,i}) + \sum_{s=2}^{i-1} z(\mathcal{P}_{s,i}) + \sum_{s=i+1}^{N} z(\mathcal{P}_{i,s}) = 2N - 3$, 由定理 6.2 可以得到, 星型耦合网络全局同步的耦合强度必须满足 $\varepsilon_{1,j} > \varepsilon^* = a\dfrac{2N-3}{N}$. 可以看出, 此时如果网络的节点个数 N 足够大, 则星型网络全局同步稳定的临界耦合强度不再受网络规模的影响, 这与其他方法所得的结论是一致的.

2. 环状网络

如图 6.2 (b) 所示, 由 N 个节点构成的环状近邻耦合结构, 此时如果所有的耦合强度满足如下的不等式, 则可实现整个耦合网络的全局完全同步:

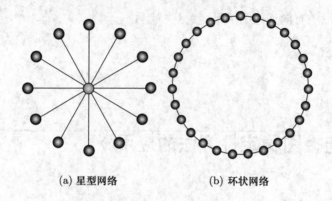

(a) 星型网络　　　　　　(b) 环状网络

图 6.2　两种规则网络 (取自文献 [1])

$$\varepsilon(t) > \varepsilon^* = \begin{cases} a\left(\dfrac{N^2}{24} - \dfrac{1}{24}\right), N\text{为奇数} \\[3mm] a\left(\dfrac{N^2}{24} + \dfrac{1}{12}\right), N\text{为偶数} \end{cases}$$

3. $2K$ 最邻近耦合网络

研究它的原因是: 首先是由于它在 K 取不同的数值时, 可以代表局部、非局部以及全局耦合网络等; 其次是由于在研究小世界网络模型时, 这个网络往往被作为一个 (规则耦合格子) 初始的模型. 早先关于这一类网络同步的研究是文献 [12], 在 $2K \ll N$ 的条件下, 得到了这类网络局部同步耦合强度的阈值. 此时耦合结构矩阵 $\mathcal{G}$ 是一个带状的轮换矩阵, 计算 $z(\mathcal{P}_{i,j})$ 较为复杂. 将与节点 i 直接相连的 K 条连边定义为 1-最近邻边, 2-最近邻边 ······ K-最近邻边. 于是分析计算可知, 当耦合强度对于所有的 t 都满足 $\varepsilon(t) > \varepsilon^* = \dfrac{a}{N}\left(\dfrac{N}{2K}\right)^3\left(1 + \dfrac{65K}{4N}\right)$ 时, $2K$ 最邻近网络实现完全同步.

4. 全连接网络

对于全连接的耦合网络, 如果其所有的耦合强度满足 $\varepsilon(t) > \varepsilon^* = \dfrac{a}{N}$, 全连接耦合网络实现同步.

5. 链状网络

N 为偶数时, 耦合强度的阈值为 $\varepsilon(t) > \varepsilon^* = a\left(\dfrac{N^2}{8}\right)$; N 为奇数时, 耦合强度的阈值为 $\varepsilon(t) > \varepsilon^* = a\left(\dfrac{N^2}{8} - \dfrac{1}{8}\right)$.

6. 两个星型网络通过中心节点相连

要实现网络的全局同步, 需要耦合强度 $\varepsilon(t) > \varepsilon^* = a\left(\dfrac{3N}{4} - 1\right)$.

7. 两个星型网络通过叶子节点相连

这样的网络要实现全局同步, 需要耦合强度 $\varepsilon(t) > \varepsilon^* = a\left(\dfrac{5N}{4} - 3\right)$.

8. 平均模型

平均模型 (averaged model) 全局耦合网络建立在最近邻网络模型的基础上[2]: 网络中的每个节点都与其他节点相连, 与最近邻的 $2K$ 个邻居节点的耦合强度为 ε, 与其余 $N - 2K - 1$ 个节点的耦合强度为 $p\varepsilon$, 这里 $0 \leqslant p \leqslant 1$. 该模型的耦合矩阵为

$$
G_{\mathrm{mean}} = \begin{pmatrix}
-g & \overbrace{\varepsilon \cdots \varepsilon}^{K} & p\varepsilon & \cdots & p\varepsilon & \overbrace{\varepsilon \cdots \varepsilon}^{K} \\
\varepsilon & -g & \underbrace{\varepsilon \cdots \varepsilon}_{K} & p\varepsilon & \cdots p\varepsilon & \underbrace{\varepsilon \cdots \varepsilon}_{K-1} \\
\varepsilon & \varepsilon & -g & \underbrace{\varepsilon \cdots \varepsilon}_{K} & \overbrace{p\varepsilon \cdots p\varepsilon}^{N-2K-1} & \underbrace{\varepsilon \cdots \varepsilon}_{K-2} \\
& & \ddots & \ddots & \ddots & \vdots \\
\overbrace{\varepsilon \cdots \varepsilon}^{K-1} & p\varepsilon \cdots & p\varepsilon & \overbrace{\varepsilon \cdots \varepsilon}^{K} & -g & \varepsilon \\
\underbrace{\varepsilon \cdots \varepsilon}_{K} & p\varepsilon & \cdots & p\varepsilon & \underbrace{\varepsilon \cdots \varepsilon}_{K} & -g
\end{pmatrix}
$$

其中 $g = \varepsilon[2K + p(N - 2K - 1)]$. 当 $2K \approx N$ 时, 网络全局同步的临界条件为 $\varepsilon > \varepsilon^* \approx \dfrac{a}{N} \dfrac{L^3(0)}{1 + p(L^3(0) - 1)}$, 这里, $L(0) = \dfrac{N}{2K}$ 表示初始邻近网络的平均路径长度.

图 6.3 (a) 给出了 30 个 Lorenz 系统经第一个变量耦合网络完全同步时临界耦合强度 ε^* 随 p 的变化. 仿真表明, 当耦合强度参数 p 从 0 开始有很小幅度的增加时, 临界耦合强度表现为大幅度的下降. 说明对于平均模型而言, 非近邻边的耦合强度只需要很小的增加就能大幅度地降低同步阈值, 从而提高网络的同步化性能.

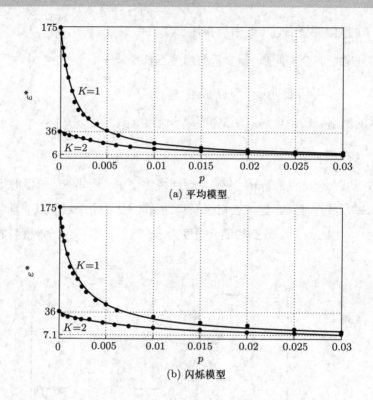

(a) 平均模型

(b) 闪烁模型

图 6.3   平均模型和闪烁模型的仿真图 (取自文献 [2])

6.2.2   闪烁小世界模型

一般的小世界网络模型都是长程边固定的模型, 即随机选取一条长程边后, 这条边就永远存在. 一种长程边随时间随机切换连接的小世界网络模型叫闪烁小世界网络模型 (blinking small-world network)[5], 其生成过程如下: 从 $2K$ 最近邻耦合网络开始, 随机选中的长程边只会在一段时间内存在, 在下一时间段该长程边会自动消失, 重新选择的另一条长程边会出现. 也就是说, 在时间间隔 τ 内每条长程边都以概率 p 连接. 这与其他长程边是否连接无关, 也与它本身在上一时间段内是否已经连接无关 (当然, 同一时间间隔内不允许重复连接). 这里假设转换时间 τ 比耦合系统的特征同步时间短.

仍然考虑动态网络 (6.1). 这里, 假设每对节点仍然是通过第一个状态变量来进行耦合的. 外耦合矩阵 $G(t) = (\varepsilon_{ij}(t))$ 在任意时刻 t 对于最近邻的短程边, 即

$|j - i|(\mod N) \geqslant 2K$, 均有 $\varepsilon_{ij} = \varepsilon_{ji} = \varepsilon$; 对于其他所有节点对 (i, j) 在时间段 $(q-1)\tau \leqslant t < q\tau$ 内, 则有 $\varepsilon_{ij} = \varepsilon_{ji} = \varepsilon S_{ij}(q)$. 这里, $S_{ij}(q)$ 为一随机变量, 以概率 p 取 1, 以 $1-p$ 的概率取 0, 相当于连接节点 i, j 的闪烁长程边以概率 p 连接, 以概率 $1-p$ 消失. 并且假定随机变量 $S_{ij}(q)$ 对于所有的 i, j 是相互独立的. 因而, 这个随机过程中的每次实现都对应着一个如同式 (6.1) 的时变网络.

定理 6.4[2]. 对于闪烁型动态网络 (6.1), 假设对于每个节点最终都有一个不变紧集 S, 使得在有限时间内, 该节点状态方程所有的解都会落在集合 S 中. 在该集合中, 假设存在正定矩阵 E, 对所有常数矩阵 X_{ij} 均满足

$$\dot{W}_{ij} = X_{ij}^{\mathrm{T}} E[\int_0^1 DF(\beta x_j + (1-\beta)x_i)d\beta - A]X_{ij} \leqslant \frac{1}{T_{\mathrm{stab}}} X_{ij}^{\mathrm{T}} E X_{ij}$$

其中参数 T_{stab} 表示单个节点稳定的特征时间, 并且假定节点间耦合强度满足平均模型同步阈值的条件. 此时, 若切换时间 τ 充分小, 并且 $\left(\frac{\alpha_{\mathrm{exp}}}{\alpha_{\mathrm{contr}}} - 1\right)\frac{N^2}{2} \cdot e^{-(p\gamma^2/2)(T_{\mathrm{syn}}/\tau)(1/N\varepsilon T_{\mathrm{stab}})} < 1$ 成立, 则网络几乎在所有切换过程都能达到全局同步, 其中 $\alpha_{\mathrm{contr}} = -ln\left(1 - \frac{T_{\mathrm{syn}}}{T_{\mathrm{stab}}}(1 - e^{-1/N\varepsilon T_{\mathrm{stab}}})\right)$, $\alpha_{\mathrm{exp}} = \frac{1}{N\varepsilon T_{\mathrm{stab}}}$, $\gamma = \frac{p}{\varepsilon}\left(\varepsilon - \frac{a}{N}b(N, K, p)\right)$, T_{syn} 为单个节点的特征同步常数, 其他记号如前所述; 并且, 若 $\varepsilon > \varepsilon^* = \frac{a}{N}\frac{L^3(0)}{1 + p(L^3(0) - 1)}$, 则网络的完全同步是全局稳定的, 这里 $L(0)$ 表示初始时网络的平均路径长度.

与前面所提到的平均模型相比较, 可以发现这两个模型的同步化条件完全相同, 只是在平均模型中 p 是一个参数, 而在闪烁模型中 p 表示长程边出现的概率. 根据定理 6.4 得到, 随着概率 p 的增加, ε^* 迅速下降. 这说明加入少量长程边会大幅度提高整个网络的同步化性能. 图 6.3 (b) 显示, 对于初始 $K = 1$ 的最近邻耦合网络, 当长程边以 $p = 0.01$ 的概率闪烁出现时, 同步阈值从 175 下降到 29. 平均模型的仿真结果类似, 见图 6.3 (a). 另外, 这也说明, 从最近邻耦合网络出发, 增加很少量的闪烁长程边得到一个闪烁小世界模型, 其平均路径长度会有显著的下降.

6.3 基于图谱方法的同步判据

前两节介绍了 Belykh 等人提出的连接图方法理论. 在这一节里, 我们用图谱理论, 特别是图比较的方法, 重新认识并扩展基于图的拓扑连接信息的网络同步理论, 并建立连接图方法与图的 Laplacian 矩阵第二大特征值判定方法[13,14] 之间的桥梁.

在文献 [15, 16] 中, 用图比较方法来估计无向图 Laplacian 矩阵的第二大特征值的界, 一般是将所要研究的图与一个全连接图进行比较. 文献 [17, 18] 对图比较方法进行了系统的研究与介绍, 对于任意两个节点数相同的图都可以进行比较, 并且得到一些图的组合性质. 受图谱理论与图比较方法的启发, 我们发现连接图方法的同步条件[1] 正好可以解释为将网络的图与其相同节点数的全连接图进行比较[6,8]. 进一步地, 通过将网络的图与其他典型的图进行比较, 得到了不同的边耦合权重的分配方法来使网络同步.

下面给出关于节点自身动力学性质的一个假设.

假设 6.2. 对任意两向量 $x_i, x_j \in R^n$, 当 ε 大于正常数 a 时, 不等式

$$(x_j - x_i)^{\mathrm{T}}[(f(x_j) - f(x_i)) - \varepsilon P(x_j - x_i)] \leqslant -c\|x_j - x_i\|^2$$

成立, 其中 c 为某个正常数.

这里常数 a 由单个节点动力学函数 f 和内连耦合矩阵 P 决定 (例如, 在例 6.1 中以 Lorenz 系统为例计算出的参数 a). 假设 6.2 与大部分研究网络全局同步时提出的关于节点动力学的假设条件类似 (比如, 文献 [14]), 该假设的物理含义是: 对两个耦合系统, 内连耦合矩阵 P 为 $(0,1)$ 对角矩阵, 当它们之间的耦合强度足够大时, 它们能够同步. 这个假设与 Belykh 等人在文献 [1, 4, 5] 中的假设类似, 详细说明见式 (6.5).

假设 6.2 意味着, 对于两个单向耦合的节点以及给定的内连耦合矩阵 P, 当这两个节点之间的耦合强度 ε 超过阈值 a 时, 它们能同步[4]. 若两个对称双向耦合的节点达到全局完全同步所需要的耦合强度为 ε_2^*, 那么 $a = 2\varepsilon_2^*$.

6.3.1 图比较的记号、基本性质

对两个同阶方阵 A 和 B, 如果 $A - B \succ 0$, 也就是 $A - B$ 是正定的, 即 $(A - B) + (A - B)^\mathrm{T}$ 的所有特征根都为正, 那么记为 $A \succ B$. 类似地, 如果 $A - B \succeq 0$, 记为 $A \succeq B$.

定义 6.1. 假设具有相同节点集 $\mathcal{V}$ 的两个无向图 $\mathcal{G}$ 和 $\mathcal{H}$, 如果它们对应的 Laplacian 矩阵满足 $L_\mathcal{G} \succ L_\mathcal{H}$, 那么记 $\mathcal{G} \succ \mathcal{H}$.

引理 6.1[18]. 如果无向图 $\mathcal{G}$ 和 $\mathcal{H}$ 有相同的节点集 $\mathcal{V}$, 并满足 $c\mathcal{G} \succ \mathcal{H}$, 则有, 对所有的 $1 \leqslant k \leqslant N$, 特征根不等式 $c\lambda_k(\mathcal{G}) \geqslant \lambda_k(\mathcal{H})$ 成立.

接下来介绍图的 Laplacian 矩阵的一种等价定义. 用 $L_{(u,v)}$ 记作节点集为 $\mathcal{V}$ 且只有一条无向边 (u,v) 的图的 Laplacian 矩阵, 即 (u,v) 和 (v,u) 的元素为 -1, (u,u) 和 (v,v) 的元素为 1, 其他元素为 0 的 N 阶 Laplacian 矩阵. 我们称 $L(u,v)$ 为 elementary Laplacian 矩阵. 对于一无向图 $\mathcal{G}(t) = (\mathcal{V}, \mathcal{E}, \varepsilon(t))$, 它的 Laplacian 矩阵可等价写为

$$L_{\mathcal{G}(t)} \triangleq \sum_{(u,v) \in \mathcal{E}} \varepsilon_{(u,v)}(t) \cdot L_{(u,v)}. \tag{6.9}$$

如果权重 $\varepsilon_{(u,v)} = 1$, 其中 $u \neq v$, 那么图 $\mathcal{G}$ 就是一个无权图.

引理 6.2[17]. 如下不等式成立

$$(N - 1) \left(\sum_{i=1}^{N-1} L_{(i,i+1)} \right) \succeq L_{(1,N)}.$$

下面给出一个基于图的同步判据. 这里, 图 $\mathcal{G}(t)$ 可以是无向的, 也可以是有向的. 设 $L_{\mathcal{G}(t)} \in R^{N \times N}$ 是图 $\mathcal{G}(t)$ 的 Laplacian 矩阵. 注意到, 对于网络 (6.1) 中的图 $\mathcal{G}(t)$ 来说, $L_{\mathcal{G}(t)}$ 可以由节点间的耦合权重得到, 也就是 $L_{\mathcal{G}(t)}$ 的第 i 行第 j 列元素正好是 $-\varepsilon_{ij}(t)$, 这里 $i, j \in \{1, 2, \cdots, N\}$.

定理 6.5. 在假设 6.2 下, 如果存在一个连通的无向图 $\mathcal{G}_0$, 其中 $\mathcal{G}_0$ 与 $\mathcal{G}(t)$ 具有相同的节点集, 使得

$$L_{\mathcal{G}_0} L_{\mathcal{G}(t)} - a L_{\mathcal{G}_0} \succ 0, \quad \forall t. \tag{6.10}$$

那么, 网络 (6.1) 在图 $\mathcal{G}$ 的连接下是全局完全同步的.

证明略, 详见文献 [7].

6.3.2　对称耦合的网络

定理 6.6. 假设图 $\mathcal{G}(t)$ 是无向且连通的. 在假设 6.2 下, 如果有

$$\mathcal{G}(t) \succ \frac{a}{N} \mathcal{K}_N, \quad \forall t, \tag{6.11}$$

成立, 那么网络 (6.1) 是全局完全同步的.

证明: 在 (6.10) 中取 $\mathcal{G}_0$ 为全连接图 $\mathcal{K}_N$, 那么有 $L_{\mathcal{K}_N} L_{\mathcal{G}(t)} \succ a L_{\mathcal{K}_N}$. 注意到 $L_{\mathcal{K}_N} = N I_N - J$ 这里 J 是 $N \times N$ 阶全 1 矩阵, 则有 $L_{\mathcal{K}_N} L_{\mathcal{G}(t)} = (N I_N - J) L_{\mathcal{G}(t)} = N L_{\mathcal{G}(t)} \succ a L_{\mathcal{K}_N}$, 即可得到式 (6.11). 再根据定理 6.5, 如果式 (6.11) 成立, 那么能保证网络 (6.1) 是全局完全同步的. □

定理 6.7. 对于无向图 $\mathcal{G}(t)$, 有

$$\mathcal{G}(t) \succ \frac{a}{N} \mathcal{K}_N \Leftrightarrow \lambda_2(\mathcal{G}(t)) > a.$$

证明略. 详见文献 [6].

注 6.3. 文献 [13] 的定理 3 给出了使网络同步的 $\lambda_2(\mathcal{G}(t))$ 的下界. 定理 6.7 的结果表明了图比较条件和 Laplacian 矩阵第二大特征值条件是等价的.

我们知道, 对于一个全连接图来说, 每条边都同等重要, 很容易确定边的耦合权重来使得网络同步. 根据图的比较方法, 只要让图 $\mathcal{G}$ 比这个能同步的全连接图 $\mathcal{K}_N$ 要 "$\succ$", 那么, 这样的图 $\mathcal{G}$ 也能保证网络同步. 这就是基于图比较方法的同步判据的核心思路. 事实上, 定理 6.2 可以通过将网络的图与其对应的全连接图进行比较得到. 下面从图比较的角度来重新证明定理 6.2.

定理 6.2 的再证明: 根据 (6.9) 式的定义有

$$\frac{a}{N}L_{\mathcal{K}_N} = \frac{a}{N}\sum_{j>i}L_{(i,j)}.$$

对每一对 (i,j) 这里 $j>i$, 在图 $\mathcal{G}$ 中选择一条连接节点 i 和 j 的路径. 将所选路径上的所有边的 Laplacian 矩阵 L_k, $k \in \mathcal{P}_{ij}$ 的和与边 (i,j) 的 Laplacian 矩阵 $L_{(i,j)}$ 相比较, 运用引理 6.2 得到

$$|\mathcal{P}_{ij}|\sum_{k\in\mathcal{P}_{ij}}L_k \succeq L_{(i,j)}. \tag{6.12}$$

对每一对节点 i, j 这里 $j>i$, 都执行以上操作并得到与 $L_{(i,j)}$ 比较的不等式. 因此有

$$\begin{aligned}
\frac{a}{N}L_{\mathcal{K}_N} &\preceq \frac{a}{N}\sum_{j>i}\left(|\mathcal{P}_{ij}|\sum_{\substack{k\in\mathcal{P}_{ij}\\k\in\mathcal{E}(\mathcal{G})}}L_k\right)\\
&= \frac{a}{N}\sum_{k=1}^{m}\left(\sum_{\substack{j>i\\k\in\mathcal{P}_{ij}}}|\mathcal{P}_{ij}|\right)L_k\\
&= \frac{a}{N}\sum_{k=1}^{m}b_kL_k\\
&\prec \sum_{k=1}^{m}\varepsilon_k(t)L_k = L_{\mathcal{G}},
\end{aligned}$$

这里 $b_k = \sum\limits_{\substack{j>i\\k\in\mathcal{P}_{ij}}}|\mathcal{P}_{ij}|$. 对所有的边 k, 当 $\varepsilon_k(t) > \frac{a}{N}b_k$ 时, 最后的一个不等号显然成立. 因此, 构造的耦合强度 ε_k $(k = 1,\cdots,m)$, 能使得 $\mathcal{G}(t) \succ \frac{a}{N}\mathcal{K}_N$ 成立. 定理 6.2 得证. $\qquad\square$

注 6.4. 以上通过图 $\mathcal{G}$ 的边组合性质, 证明了 Belykh 等人[1]的结果. 与文献 [1] 相比较, 利用图比较的性质, 证明过程要简洁, 在图的结构如何影响网络同步的问题上, 揭示地更直观.

以上内容介绍了将图 $\mathcal{G}(t)$ 与全连接图进行比较所得到的同步判据. 接下来回答: 如果将图 $\mathcal{G}(t)$ 与其他典型的图进行比较, 能否得到一系列的结果.

事实上, 可以将任意两个节点数相同的无向图进行比较[17,18]. 利用这个性质, 可以将所要研究的图 $\mathcal{G}(t)$ 与一个给定的能同步的图进行比较, 通过图比较方法中边的组合信息, 得到图的边权重分配方案, 使得图 $\mathcal{G}(t)$ 的同步能力比给定图强. 从而, 这样的图 $\mathcal{G}(t)$ 达到了完全同步.

下面以图 $\mathcal{G}(t)$ 与星型图相比较为例, 给出另一种网络同步判据. 考虑含 N 个节点的星型图 $\mathcal{S}_N$, 不妨设中心节点是节点 1, 即它有 $N-1$ 个邻居. 根据 elementary Laplacian 矩阵的定义有 $L_{\mathcal{S}_N} = \sum\limits_{i=2}^{N} L_{(1,i)}$. 对图 $\mathcal{S}_N$ 中的所有边 $(1,i)$, $2 \leqslant i \leqslant N$, 有如下两种情形:

(1) 边 $(1,i)$ 不属于图 $\mathcal{G}(t)$ 的边集 $\mathcal{E}(\mathcal{G})$. 由于 $\mathcal{G}(t)$ 是连通的, 那么在图 $\mathcal{G}(t)$ 中一定存在连接节点 1 和 i 的路径. 这时任意选择一条连接节点 1 和 i 的路径, 记为 $\mathcal{P}_{1,i}$, 并且有

$$L_{(1,i)} \preceq |\mathcal{P}_{1,i}| \sum_{k \in \mathcal{P}_{1,i}} L_k. \tag{6.13}$$

(2) 边 $(1,i)$ 在图 $\mathcal{G}(t)$ 的边集 $\mathcal{E}(\mathcal{G})$ 中. 这时有两种做法: 一种是在图 $\mathcal{G}$ 中直接采用边 $(1,i)$, 另一种是在图 $\mathcal{G}$ 中选择连接节点 1 和 i 的另一条路径 (如果这样的路径存在). 设选择第一种做法的概率是 $1 - \alpha_i$, 选择第二种做法的概率是 α_i, 这里 $0 \leqslant \alpha_i \leqslant 1$. 如果除了边 $(1,i)$ 外, 没有其他路径连接节点 1 和 i, 那么就让 $\alpha_i = 0$. 由此得到

$$L_{(1,i)} \preceq (1 - \alpha_i)L_{(1,i)} + \alpha_i |\mathcal{P}_{1,i}| \sum_{k \in \mathcal{P}_{1,i}} L_k. \tag{6.14}$$

注意到, 当 α_i 取 1 时, (6.13) 是 (6.14) 的一种特殊情形. 因此, 可以统一采用 (6.14), 只要每个 α_i 都合适地取值于 $[0,1]$, 这里 $i \in \{2, \cdots, N\}$. 因此有

$$
\begin{aligned}
L_{\mathcal{S}_n} &= \sum_{i=2}^{N} L_{(1,i)} \\
&\preceq \sum_{i=2}^{N} \left[(1 - \alpha_i)L_{(1,i)} + \alpha_i |\mathcal{P}_{1,i}| \sum_{k \in \mathcal{P}_{1,i}} L_k \right] \\
&= \sum_{i=2}^{N} (1 - \alpha_i)L_{(1,i)} + \sum_{i=2}^{N} \left[\alpha_i |\mathcal{P}_{1,i}| \sum_{k \in \mathcal{P}_{1,i}} L_k \right]
\end{aligned}
$$

$$= \sum_{k=1}^{m} \left[\sum_{\substack{i=2 \\ k \in \mathcal{P}_{1,i}}}^{N} \alpha_i |\mathcal{P}_{1,i}| L_k + \sum_{i=2}^{N} (1-\alpha_i) L_{(1,i)} \right]$$

$$= \sum_{k=1}^{m} \left[\sum_{\substack{i=2 \\ k \in \mathcal{P}_{1,i}}}^{N} \alpha_i |\mathcal{P}_{1,i}| + \varphi(1-\alpha_i) \right] L_k,$$

这里, 实值函数 $\varphi(1-\alpha_i)$ 满足

$$\varphi(1-\alpha_i) = \begin{cases} 1-\alpha_i \neq 0, & (1,i) \ \text{为边} \ k, \\ 0, & \text{其他.} \end{cases}$$

令

$$b_k' = \sum_{\substack{i=2 \\ k \in \mathcal{P}_{1,i}}}^{N} \alpha_i |\mathcal{P}_{1,i}| + \varphi(1-\alpha_i). \tag{6.15}$$

因此, 当边 k $(k=1,\cdots,m)$ 的权重满足 $\varepsilon_k(t) > ab_k'$ 时, 有 $\mathcal{G}(t) \succ a\mathcal{S}_N$. 接着, 由引理 6.1 有 $\lambda_2(\mathcal{G}(t)) > \lambda_2(a\mathcal{S}_N) = a\lambda_2(\mathcal{S}_N) = a$. 由定理 6.7, 当 $\varepsilon_k(t) > ab_k'$, $k=1,\cdots,m$ 时, 网络 (6.1) 是全局完全同步的. 于是, 得到如下定理:

定理 6.8. 假设图 $\mathcal{G}(t)$ 是无向连通的. 在假设 6.2 下, 如果图 $\mathcal{G}(t)$ 中每条边的权重满足 $\varepsilon_k(t) > ab_k'$, 这里 $k=1,\cdots,m$, b_k' 由 (6.1) 式给出, 那么网络 (6.1) 是全局完全同步的.

注 6.5. 与定理 6.2 的同步条件相比, 定理 6.8 降低了计算复杂度. 在定理 6.8 的算法里, 只需要找 $N-1$ 条路径并运用引理 6.2 的组合不等式; 但是, 在定理 6.2 的算法里, 需要对 $N(N-1)/2$ 条路径进行操作.

注 6.6. 定理 6.2 给出的边权重分配方案是基于图 $\mathcal{G}$ 与全连接图 $\mathcal{K}_N$ 相比较而得到的; 定理 6.8 是基于图 $\mathcal{G}$ 与星型图 $\mathcal{S}_N$ 相比较而得到的. 当图 $\mathcal{G}$ 与其他典型图, 比如环、链等相比较时, 也可以得到其他的边权重分配方案. 选择合适的图进行比较, 可得到更优的边权分配方案, 还能降低计算复杂度.

例 6.2. (对比定理 6.2 和定理 6.8) 给出一个例子来阐述定理 6.8 (与星型图比较时得到的结果) 的优点. 为了简化计算, 考虑节点数为 10 的具有分形特征

的树状图, 如图 6.4 所示. 首先, 让该分形图 $\mathcal{G}_{10}$ 与星型图 $\mathcal{S}_{10}$ 相比较. 考虑到图 $\mathcal{G}_{10}$ 的分形特征, 只需要计算出边 $(1,2),(2,5),(2,6)$ 的下界. 有如下不等式成立:

$$L_{\mathcal{S}_{10}} = L_{(1,2)} + L_{(1,5)} + L_{(1,6)} + \dots$$
$$\preceq L_{(1,2)} + 2(L_{(1,2)} + L_{(2,5)}) + 2(L_{(1,2)} + L_{(2,6)}) + \dots$$
$$= 5L_{(1,2)} + 2L_{(2,5)} + 2L_{(2,6)} + \dots.$$

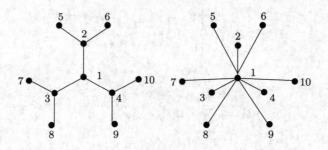

图 6.4　将一个分形图与星型图 $\mathcal{S}_{10}$ 进行比较

因此 $b'_{(1,2)} = 5$, $b'_{(2,5)} = 2$, $b'_{(2,6)} = 2$. 根据定理 6.8, 得到图 $\mathcal{G}_{10}$ 中边 $(1,2)$, $(2,5)$, $(2,6)$ 的下界:

$$\varepsilon_{(1,2)} \geqslant 5a, \quad \varepsilon_{(2,5)} \geqslant 2a, \quad \varepsilon_{(2,6)} \geqslant 2a. \tag{6.16}$$

其次, 运用定理 6.2 得到图 $\mathcal{G}_{10}$ 中边的另一组下界. 将图 $\mathcal{G}_{10}$ 与全连接图 $\mathcal{K}_{10}$ 进行比较, 这时需要考虑所有节点对之间的路径. 注意到图 $\mathcal{G}_{10}$ 中不存在环, 所以每对节点之间的路径是唯一的. 在该图例中仅需要计算出边 $(1,2)$, $(2,5)$, $(2,6)$ 的界. 为了描述得更清楚, 在图 6.5 中列出了至少经过以上 3 条边中的其中一条边的所有路径. 那么, 根据定理 6.2, $b_k = \sum\limits_{j>i;k\in\mathcal{P}_{ij}} |\mathcal{P}_{ij}|$, 得到

$$b_{(1,2)} = |\mathcal{P}_{1,2}| + |\mathcal{P}_{1,5}| + |\mathcal{P}_{1,6}| + |\mathcal{P}_{2,3}| + |\mathcal{P}_{2,4}|$$
$$+ |\mathcal{P}_{2,7}| + |\mathcal{P}_{2,8}| + |\mathcal{P}_{2,9}| + |\mathcal{P}_{2,10}| + |\mathcal{P}_{3,5}| + |\mathcal{P}_{3,6}| + |\mathcal{P}_{4,5}| + |\mathcal{P}_{4,6}|$$
$$+ |\mathcal{P}_{5,7}| + |\mathcal{P}_{5,8}| + |\mathcal{P}_{5,9}| + |\mathcal{P}_{5,10}| + |\mathcal{P}_{6,7}| + |\mathcal{P}_{6,8}| + |\mathcal{P}_{6,9}| + |\mathcal{P}_{6,10}|$$
$$= 1 + 2 \times 4 + 3 \times 8 + 4 \times 8 = 65.$$

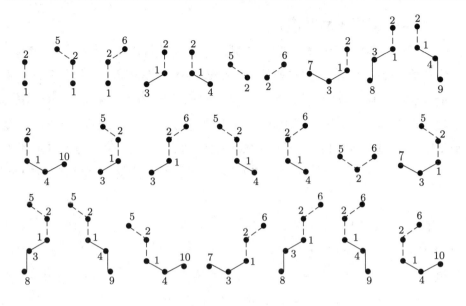

图 6.5　图 $\mathcal{G}_{10}$ 中经过 $(1,2),(2,5),(2,6)$ 其中任意一条边的所有路径

同理得到

$$b_{(2,5)} = |\mathcal{P}_{1,5}| + |\mathcal{P}_{2,5}| + |\mathcal{P}_{3,5}| + |\mathcal{P}_{4,5}| + |\mathcal{P}_{5,6}|$$
$$+ |\mathcal{P}_{5,7}| + |\mathcal{P}_{5,8}| + |\mathcal{P}_{5,9}| + |\mathcal{P}_{5,10}|$$
$$= 2 + 1 + 3 + 3 + 2 + 4 \times 4 = 27.$$

由对称性得到 $b_{(2,6)} = 27$.

根据定理 6.2 中 $\varepsilon_k > \dfrac{b_k}{N}a$, 我们得到边 $(1,2),(2,5),(2,6)$ 的权重的界为

$$\varepsilon_{(1,2)} \geqslant \frac{b_{(1,2)}}{10}a = 6.5a,$$
$$\varepsilon_{(2,5)} \geqslant \frac{b_{(2,5)}}{10}a = 2.7a, \tag{6.17}$$
$$\varepsilon_{(2,6)} \geqslant \frac{b_{(2,6)}}{10}a = 2.7a.$$

以上计算表明: 与定理 6.2 相比, 使用定理 6.8 能大大降低计算复杂度. 并且, 运用定理 6.8 得到了另一组较为不保守的边权的界. 当研究的网络规模大而稀疏时, 使用定理 6.8 提供的方法会更有效, 这是因为与全连接图相比, 稀疏网络与星型图、环、链等稀疏图更为接近.

例 6.3. (节点增长的网络)

定理 6.8 还能对节点增长网络的同步问题给出边权分配的有效算法. 增长的网络与增长的星型图进行比较的算法比定理 6.2 的算法更容易, 这时因为: 如果一个新节点增加到星型图 S_N 中, 仅仅会相应地增加一条边; 如果一个新节点增加到全连接图 K_N 中, 会相应地增加 N 条边. 而增加的新边造成了计算量的增加. 另外, 注意到星型图 Laplacian 矩阵的第二大特征值始终为 1, 与节点数 N 无关. 基于以上原因, 对于动态增长网络的边权分配问题, 我们优先选择运用定理 6.8.

下面以完全二叉树为例来说明定理 6.8 的应用. 考虑具有 $N = 2^d - 1$ 个节点的完全二叉树 T_N, 如图 6.6 (a) 所示, 其中 d 表示二叉树的层数. 用 $\varepsilon(k-1, k, d)$ 来表示二叉树 T_N 的第 $(k-1)$ 层和第 k 层之间的边的权重. 当 $d\,(N)$ 增长时, 该二叉树也在增长. 将增长的二叉树与增长的星型图进行比较, 见图 6.6, 得到边权的动态分配方案:

推论 6.1. 网络的拓扑结构为完全二叉树 T_N, 其中 $N = 2^d - 1$ 为节点数. 如果 T_N 的第 $(k-1)$ 层与第 k 层之间的边权重满足

$$\varepsilon(k-1, k, d) \geqslant \sum_{j=k}^{d} (j-1) \times 2^{j-k} a, \qquad 2 \leqslant k \leqslant d,$$

那么, 在假设 6.2 下, 网络 (6.1) 是全局完全同步的.

证明此处略去. 感兴趣的读者可以参见文献 [6].

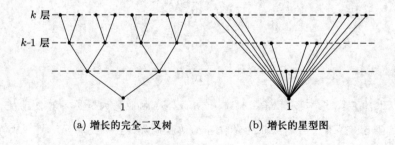

(a) 增长的完全二叉树　　　(b) 增长的星型图

图 6.6　增长的完全二叉树与增长的星型图

6.3.3 一般的非对称耦合的网络

上一小节我们介绍过, 在定理 6.5 中取图 $\mathcal{G}_0$ 为全连接图 $\mathcal{K}_N$, 得到网络 (6.1) 同步的充分条件是

$$L_{\mathcal{K}_N} L_{\mathcal{G}(t)} \succeq a L_{\mathcal{K}_N}. \tag{6.18}$$

注意到 $L_{\mathcal{K}_N} = N I_N - J$, 这里 J 是 $N \times N$ 全 1 矩阵. 式 (6.18) 等价于

$$N L_{\mathcal{G}(t)} - J L_{\mathcal{G}(t)} \succeq a L_{\mathcal{K}_N}. \tag{6.19}$$

当图 $\mathcal{G}(t)$ 是无向图时, 式 (6.19) 可以进一步化简为 $\mathcal{G}(t) \succeq \dfrac{a}{N} \mathcal{K}_N$. 而当图 $\mathcal{G}(t)$ 是有向图时, 无法得到这么简洁的式子, 因此第 6.3.2 节里的结果不能简单地平移过来. 考虑到图比较方法仅适用于无向图 (其 Laplacian 矩阵是对称的). 解决有向图同步问题的一个思路是将有向图对称化后再与某个合适的已知图进行比较[7], 从而得到网络边权的不等式组合.

首先, 对有向图 $\mathcal{G}(t)$, 给出 (6.19) 的一个等价条件.

引理 6.3. 对有向图 $\mathcal{G}(t)$, $N L_{\mathcal{G}(t)} - J L_{\mathcal{G}(t)} \succeq a L_{\mathcal{K}_N}$ 等价于 $\dfrac{N}{2}(L_{\mathcal{G}(t)} + L_{\mathcal{G}(t)}^{\mathrm{T}}) - \dfrac{1}{2}(J L_{\mathcal{G}(t)} + L_{\mathcal{G}(t)}^{\mathrm{T}} J) \succeq a L_{\mathcal{K}_N}$.

该引理由对称性即可得到. 详细证明可参考文献 [7].

结合定理 6.5 和引理 6.3, 对于有向图 (也包括无向图) 有如下同步准则:

定理 6.9. 假设 6.2 成立, 并假设图 $\mathcal{G}(t)$ 含有一棵有向生成树. 如果

$$\frac{1}{2}(L_{\mathcal{G}(t)} + L_{\mathcal{G}(t)}^{\mathrm{T}}) - \frac{1}{2N}(J L_{\mathcal{G}(t)} + L_{\mathcal{G}(t)}^{\mathrm{T}} J) \succeq \frac{a}{N} L_{\mathcal{K}_N}, \quad \forall t, \tag{6.20}$$

那么, 网络 (6.1) 是全局完全同步的.

接下来从图比较的角度诠释式 (6.20). 在这一小节里, 为了描述简洁, 将 $\mathcal{G}(t)$ 和 $\varepsilon_{ij}(t)$ 分别简记为 $\mathcal{G}$ 和 ε_{ij}; 尽管 t 没有明确地写出来, 有关边权的条件或准则都理解为 “对所有的 t 都成立”. 用 D_i^c 记为节点 i 的不平衡度 (unbalance)[4], 也就是 $D_i^c = \displaystyle\sum_{k=1}^{N} \varepsilon_{ki} = \sum_{k \neq i} \varepsilon_{ki} + \varepsilon_{ii} = \sum_{k \neq i} \varepsilon_{ki} - \sum_{k \neq i} \varepsilon_{ik}$. 物理意义上, 节点 i 的

unbalance 表示节点 i 的出度与入度之差. 有如下等式成立:

$$JL_{\mathcal{G}} = \mathbf{1} \otimes \left[-\sum_{k=1}^{N}\varepsilon_{k1} \ -\sum_{k=1}^{N}\varepsilon_{k2} \ \ldots \ -\sum_{k=1}^{N}\varepsilon_{kN} \right]$$

$$= -\mathbf{1} \otimes \begin{bmatrix} D_1^c & D_2^c & \ldots & D_N^c \end{bmatrix}$$

并且有

$$L_{\mathcal{G}}^{\mathrm{T}} J = -\mathbf{1}^{\mathrm{T}} \otimes \begin{bmatrix} D_1^c & D_2^c & \ldots & D_N^c \end{bmatrix}^{\mathrm{T}}.$$

那么矩阵 $-(JL_{\mathcal{G}} + L_{\mathcal{G}}^{\mathrm{T}} J)$ 等于

$$\begin{bmatrix} 2D_1^c & D_1^c + D_2^c & \ldots & D_1^c + D_N^c \\ D_2^c + D_1^c & 2D_2^c & \ldots & D_2^c + D_N^c \\ \vdots & \vdots & & \vdots \\ D_N^c + D_1^c & D_N^c + D_2^c & \ldots & 2D_N^c \end{bmatrix},$$

也就是, 该矩阵第 i 行第 j 列上的元是 $D_i^c + D_j^c$ $(i, j = 1, \cdots, N)$. 由于图 $\mathcal{G}$ 中所有节点的出度之和等于入度之和, 则有 $\sum_{i=1}^{N} D_i^c = 0$. 矩阵 $-(JL_{\mathcal{G}} + L_{\mathcal{G}}^{\mathrm{T}} J)$ 第 i 行的和是 $ND_i^c + \sum_{i=1}^{N} D_i^c = ND_i^c$ $(i = 1, \cdots, N)$. 定义 $N \times N$ 阶对角阵 Δ 为

$$\Delta \triangleq \mathrm{diag}\{ND_1^c, ND_2^c, \cdots, ND_N^c\}.$$

那么, 矩阵 $\dfrac{a}{N} L_{\mathcal{K}_N} + \dfrac{1}{2N}(JL_{\mathcal{G}} + L_{\mathcal{G}}^{\mathrm{T}} J) + \dfrac{1}{2N}\Delta$ 是对称的, 并满足行和为 0. 再者, 因为矩阵 $L_{\mathcal{G}} + L_{\mathcal{G}}^{\mathrm{T}}$ 第 i 行的行和等于 $-\sum_{k=1}^{N}\varepsilon_{ki} = -D_i^c$, 这里 $i = 1, \cdots, N$. 所以矩阵 $\dfrac{1}{2}(L_{\mathcal{G}} + L_{\mathcal{G}}^{\mathrm{T}}) + \dfrac{1}{2N}\Delta$ 是对称的, 满足行和为 0, 并且所有非对角元都小于等于零. 现在就可以将两个对称矩阵 $\dfrac{a}{N} L_{\mathcal{K}_N} + \dfrac{1}{2N}(JL_{\mathcal{G}} + L_{\mathcal{G}}^{\mathrm{T}} J) + \dfrac{1}{2N}\Delta$ 和 $\dfrac{1}{2}(L_{\mathcal{G}} + L_{\mathcal{G}}^{\mathrm{T}}) + \dfrac{1}{2N}\Delta$ 做比较了. 由 (6.20) 式有

$$\frac{1}{2}(L_{\mathcal{G}(t)} + L_{\mathcal{G}(t)}^{\mathrm{T}}) + \frac{1}{2N}\Delta$$

$$\succeq \frac{a}{N}\left(L_{\mathcal{K}_N} + \frac{1}{2a}(JL_{\mathcal{G}(t)} + L_{\mathcal{G}(t)}^{\mathrm{T}} J) + \frac{1}{2a}\Delta \right). \tag{6.21}$$

下面将定理 6.9 中的图不等式用 elementary Laplacians 形式来表示, 有如下结果:

定理 6.10. 假设 6.2 成立, 并假设图 $\mathcal{G}(t)$ 含有一棵有向生成树. 如果

$$\sum_{j>i}\left(\frac{\varepsilon_{ij}+\varepsilon_{ji}}{2}-\frac{D_i^c+D_j^c}{2N}\right)L_{(i,j)} \succeq \frac{a}{N}\sum_{j>i}L_{(i,j)}, \tag{6.22}$$

或等价地

$$\sum_{j>i}\frac{\varepsilon_{ij}+\varepsilon_{ji}}{2}L_{(i,j)} \succeq \frac{a}{N}\sum_{j>i}\left(1+\frac{D_i^c+D_j^c}{2a}\right)L_{(i,j)} \tag{6.23}$$

成立, 那么, 网络 (6.1) 是全局完全同步的.

证明: 根据 elementary Laplacians 矩阵的定义, (6.22) 可以由式 (6.20) 得到; 式 (6.23) 可以由 (6.21) 式得到. □

定理 6.9 和定理 6.10 是先将图 $\mathcal{G}$ 对称化, 再给出对称化图的图比较条件. 由 (6.21) 式和 (6.23) 式可以知道, 两式的左边都表示的是图 $\mathcal{G}$ 的对称化图. $\mathcal{G}^s$ 记为图 $\mathcal{G}$ 的对称化图, 它通过如下方式得到: 对每对单向连接的节点 i 和 j, 用权重为 $\varepsilon_{ij}/2$ 的无向边代替这条单向边; 如果节点 i 和 j 的连接是双向的, 那么用权重为 $(\varepsilon_{ij}+\varepsilon_{ji})/2$ 的无向边代替双向边. 这样得到的 $\mathcal{G}^s$ 是一个无向图. 容易知道, $\mathcal{G}^s$ 的 Laplacian 矩阵为 $L_{\mathcal{G}^s}=\frac{1}{2}(L_{\mathcal{G}}+L_{\mathcal{G}}^{\mathrm{T}})+\frac{1}{2N}\Delta$.

在 $\mathcal{G}^s$ 中, 对每对节点 i,j(其中 $j>i$), 任意选择一条连接两节点的路径, 这样得到一组路径的集合, 记为 $\mathcal{P}=\{\mathcal{P}_{ij}|i,j=1,\cdots,N,j>i\}$. 用 $\mathcal{E}(\mathcal{G}^s)$ 记为图 $\mathcal{G}^s$ 的边集, 假设共有 m' 条边, 将这些边从 1 到 m' 进行编号. 与第 6.3.2 节中对定理 6.2 的证明类似, 我们可以得到边的权重 $\varepsilon_k^{(s)},k=1,\cdots,m'$ 的下界, 来保证式 (6.21) 成立.

定理 6.11. 假设 6.2 成立, 并假设图 $\mathcal{G}$ 含有一棵有向生成树, 以下不等式的成立能保证网络 (6.1) 的全局完全同步:

$$\varepsilon_k^{(s)} > \frac{a}{N}b_k, \quad k=1,\cdots,m', \tag{6.24}$$

这里 $b_k=\sum_{j>i;k\in\mathcal{P}_{ij}}w(\mathcal{P}_{ij})$ 是 $\mathcal{G}^s$ 中所有经过边 k 的所选路径的 "长度" $w(\mathcal{P}_{ij})$ 之

和, 这里的 "长度" $w(\mathcal{P}_{ij})$ 是在 $|\mathcal{P}_{ij}|$ 的基础上进行了如下修正

$$
w(\mathcal{P}_{ij}) \triangleq \begin{cases} |\mathcal{P}_{ij}|\chi\left(1 + \dfrac{D_i^c + D_j^c}{2a}\right), & \text{边 } (i,j) \notin \mathcal{E}(\mathcal{G}^s); \\[3mm] 1 + \dfrac{D_i^c + D_j^c}{2a}, & \text{边 } (i,j) \in \mathcal{E}(\mathcal{G}^s), \end{cases} \tag{6.25}
$$

其中实值函数 $\chi(\cdot)$ 定义为, 如果 $z > 0$ 则有 $\chi(z) = z$; 如果 $z \leqslant 0$ 则有 $\chi(z) = 0$.

证明: 由于矩阵 $L_{\mathcal{G}^s}$ 和 $\dfrac{a}{N}\left(L_{\mathcal{K}_N} + \dfrac{1}{2a}(JL_{\mathcal{G}} + L_{\mathcal{G}}^{\mathrm{T}}J) + \dfrac{1}{2a}\Delta\right)$ 都是对称的, 并且满足行和、列和为 0, 可以将它们做如下的图比较:

$$
\begin{aligned}
&\frac{a}{N}\left(L_{\mathcal{K}_N} + \frac{1}{2a}(JL_{\mathcal{G}} + L_{\mathcal{G}}^{\mathrm{T}}J) + \frac{1}{2a}\Delta\right) \\
&= \frac{a}{N}\sum_{j>i}\left(1 + \frac{D_i^c + D_j^c}{2a}\right)L_{(i,j)} \\
&\preceq \frac{a}{N}\sum_{j>i;(i,j)\notin\mathcal{E}(\mathcal{G}^s)}\chi\left(1 + \frac{D_i^c + D_j^c}{2a}\right)L_{(i,j)} \\
&\quad + \frac{a}{N}\sum_{j>i;(i,j)\in\mathcal{E}(\mathcal{G}^s)}\left(1 + \frac{D_i^c + D_j^c}{2a}\right)L_{(i,j)}
\end{aligned} \tag{6.26}
$$

在最后两项中, 如果边 $(i,j) \in \mathcal{E}(\mathcal{G}^s)$, 就保留它相应的项 $\dfrac{a}{N}\left(1 + \dfrac{D_i^c + D_j^c}{2a}\right)L_{(i,j)}$; 如果边 $(i,j) \notin \mathcal{E}(\mathcal{G}^s)$, 就在 $\mathcal{G}$ 中选择一条连接节点 i 和 j 的路径 $\mathcal{P}_{ij}$. 对于后者, 根据引理 6.2, 将所选路径上的所有边的 Laplacian 矩阵 $L_k, k \in \mathcal{P}_{ij}$ 的和与边 (i,j) 的 Laplacian 矩阵 $L_{(i,j)}$ 进行比较, 得到 $L_{(i,j)} \leqslant |\mathcal{P}_{ij}| \sum_{k\in\mathcal{P}_{ij}} L_k$. 对所有的边 $(i,j) \notin \mathcal{E}(\mathcal{G}^s)$, 都得到这样的比较不等式. 因此有, (6.26) 式的右边小于等于

$$
\begin{aligned}
&\frac{a}{N}\sum_{\substack{j>i; \\ (i,j)\notin\mathcal{E}(\mathcal{G}^s)}}\left(\chi\left(1 + \frac{D_i^c + D_j^c}{2a}\right)\cdot|\mathcal{P}_{ij}|\sum_{k\in\mathcal{P}_{ij};k\in\mathcal{E}(\mathcal{G}^s)}L_k\right) \\
&+ \frac{a}{N}\sum_{j>i;(i,j)\in\mathcal{E}(\mathcal{G}^s)}\left(1 + \frac{D_i^c + D_j^c}{2a}\right)L_{(i,j)}
\end{aligned} \tag{6.27}
$$

接着对含 $L_k, k \in \mathcal{E}(\mathcal{G}^s)$ 的项进行合并同类项, 得到

$$
\begin{aligned}
\text{式 } (6.27) &= \frac{a}{N} \sum_{k=1}^{m'} \left(\sum_{j>i; k \in P_{ij}} w(\mathcal{P}_{ij}) \right) L_k \\
&= \frac{a}{N} \sum_{k=1}^{m'} b_k L_k \\
&\prec \sum_{k=1}^{m'} \varepsilon_k^{(s)} L_k = L_{\mathcal{G}^s},
\end{aligned}
$$

这里的 $b_k = \displaystyle\sum_{j>i; k \in \mathcal{P}_{ij}} w(\mathcal{P}_{ij})$ 在定理 6.11 中已经定义过了. 当对所有的 k, $\varepsilon_k^{(s)} > \dfrac{a}{N} b_k$ 时, 上式中的最后一个不等号显然成立. 因此, 这样构造的边权 $\varepsilon_k^{(s)}$, $k = 1, \cdots, m'$ 保证了式 (6.21) 成立, 从而网络 (6.1) 是全局完全同步的. 证毕. $\qquad\square$

注 6.7. 定理 6.11 与 Belykh 等人关于有向图的结果[4] 的定理 1 类似, 但在 (6.24) 和 (6.25) 式中有些区别. 图比较的同步方法建立了图的结构与网络同步之间的桥梁. 该小节从一个不同的角度阐释了 Belykh 等人的结果. 图比较方法的采用, 使证明过程比文献 [4, 5] 要简洁.

注 6.8. 如果有向图 $\mathcal{G}$ 是节点平衡的, 即 $D_i^c = 0$ 这里 $i = 1, \cdots, N$, 那么同步判据 (6.20) 变为

$$
\frac{1}{2}(L_{\mathcal{G}(t)} + L_{\mathcal{G}(t)}^{\mathrm{T}}) \succeq \frac{a}{N} L_{\mathcal{K}_N}.
$$

对应地, (6.23) 变为

$$
\sum_{j>i} \frac{\varepsilon_{ij} + \varepsilon_{ji}}{2} L_{(i,j)} \succeq \frac{a}{N} \sum_{j>i} L_{(i,j)}.
$$

由定理 6.11 得到: 如果 $\varepsilon_k^{(s)} > \dfrac{b_k}{N} a$, $k = 1, \cdots, m'$, 这里 $b_k = \displaystyle\sum_{j>i; k \in \mathcal{P}_{ij}} |\mathcal{P}_{ij}|$, 那么网络 (6.1) 是全局完全同步的. 这个结果与文献 [5] 的定理 1 是一致的, 也见本章定理 6.3.

下面给两个简单的例子来说明定理 6.11 及图比较方法的使用.

例 6.4. 考虑 N 个节点的有向环, 如图 6.7 (a). 假设每条边的耦合强度为 $\varepsilon(t)$. 下面应用定理 6.9 计算权重 $\varepsilon(t)$ 的界, 来保证网络的同步. 注意到图 6.7

(a) 是有向的、平衡的, 因此有 $D_i^c = 0$, $i = 1, \cdots, N$. 那么 (6.20) 式可以化简为 $\frac{1}{2}(L_{\mathcal{G}_{(a)}} + L_{\mathcal{G}_{(a)}}^{\mathrm{T}}) \succeq \frac{a}{N} L_{\mathcal{K}_N}$. 将这个有向环对称化: 将每条有向边用一条权重为 $\varepsilon(t)/2$ 的无向边来替代, 得到图 6.7 (b). 问题变为如何决定 $\varepsilon(t)$ 使得 $L_{\mathcal{G}_{(b)}} \succeq \frac{a}{N} \mathcal{K}_N$. 可以采用图比较的方法来计算 $\varepsilon(t)$. 但是这里我们采用一种更简单的方法: 注意到无向环 $\mathcal{R}_N$ 是一种特殊图, 它的 Laplacian 矩阵的特征根的代数表达式为 $2 - 2\cos(2\pi k/N)$, 这里 k 为整数, $0 \leqslant k \leqslant N/2$[12]. 当 $k = 1$ 时取第二大特征根为 $4\sin^2(\pi/N)$. 由定理 6.7 有, $L_{\mathcal{G}_{(b)}} \succeq \frac{a}{N} \mathcal{K}_N$ 等价于 $\lambda_2(\mathcal{G}_{(b)}) \geqslant a$, 也就是, $\frac{\varepsilon(t)}{2} \cdot 4\sin^2(\pi/N) \geqslant a$. 因此得到 $\varepsilon(t) \geqslant \dfrac{a}{2\sin^2(\pi/N)}$.

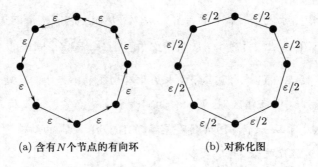

(a) 含有 N 个节点的有向环　　　　(b) 对称化图

图 6.7　含有 N 个节点的有向环和它的对称化图

这一结果与主稳定函数方法有向环的最小非零特征值判据是一致的 (见第 5.2.1 小节), 说明当有向环的节点数目很大时, 网络很难达到同步. 主稳定函数方法更适用于不同网络的同步能力的比较, 而图比较方法不仅能比较网络的同步能力, 而且还能给出每一条边的耦合强度的阈值.

例 6.5. 考虑如图 6.8 (a) 所示的一个简单的有向图. 设边 $(1, 2)$ 的权重为 ε_1, 边 $(2, 3)$ 和边 $(3, 2)$ 的权重为 ε_2. 通过这个例子帮助读者更好地理解, 如何用图比较的方法得到网络边权重的界. 按照以下步骤, 保证了不等式 (6.23) 在图 6.8(a) 上成立:

第 1 步: 计算图 6.8 (a) 中每个节点的不平衡度 D_i^c. 得到 $D_1^c = \varepsilon_1$, $D_2^c = -\varepsilon_1$, $D_3^c = 0$.

第 2 步: 将图 6.8 (a) 对称化, 得到图 6.8 (b).

第 3 步: 根据 (6.23) 式, 将对称化图与权重修正的全连接图 $\mathcal{K}_3$ 进行比较. 该权重修正的全连接图见图 6.8 (c) 所示, 它的边 (i,j) 的权为 $\dfrac{a}{N} + \dfrac{D_i^c + D_j^c}{2N}$, 这里对所有的 $j > i$.

第 4 步: 运用图比较方法使得 $\mathcal{G}_{(b)} \succ \mathcal{G}_{(c)}$. 对于边 $(1,3)$ 来说, 由于它不属于图 6.8 (b) 的边集, 我们在图 6.8 (b) 中选择路径 $(1,2,3)$ 连接节点 1 和 3. 注意到 $L_{(1,3)} \preceq 2L_{(1,2)} + 2L_{(2,3)}$ (由引理 6.2), 因此有

$$
\begin{aligned}
L_{\mathcal{G}_{(c)}} &= \frac{a}{3} L_{(1,2)} + \left(\frac{a}{3} - \frac{\varepsilon_1}{6} \right) L_{(2,3)} + \left(\frac{a}{3} + \frac{\varepsilon_1}{6} \right) L_{(1,3)} \\
&\preceq \frac{a}{3} L_{(1,2)} + \left(\frac{a}{3} - \frac{\varepsilon_1}{6} \right) L_{(2,3)} \\
&\quad + \left(\frac{a}{3} + \frac{\varepsilon_1}{6} \right) \left(2L_{(1,2)} + 2L_{(2,3)} \right) \\
&= \left(a + \frac{\varepsilon_1}{3} \right) L_{(1,2)} + \left(a + \frac{\varepsilon_1}{6} \right) L_{(2,3)}
\end{aligned}
\tag{6.28}
$$

得到了图 6.8 (c) 与图 6.8 (b) 中边的组合之间的比较关系, 图 6.8 (d) 表示出式 (6.28) 中最右端项的边组合的图, 即有 $\mathcal{G}_{(d)} \succeq \mathcal{G}_{(c)}$.

第 5 步: 为了保证 $\mathcal{G}_{(b)} \succ \mathcal{G}_{(c)}$ 成立, 让 $\mathcal{G}_{(b)} \succ \mathcal{G}_{(d)}$. 根据后者得到

$$
\varepsilon_1/2 > a + \varepsilon_1/3;
$$
$$
\varepsilon_2 > a + \varepsilon_1/6.
$$

因此有 $\varepsilon_1 > 6a$, $\varepsilon_2 > a + \varepsilon_1/6$. 这样的 $\varepsilon_1, \varepsilon_2$ 能保证 $\mathcal{G}_{(b)} \succ \mathcal{G}_{(c)}$ 成立, 也就是不等式 (6.23) 成立, 从而保证图 6.8 (a) 是全局完全同步的.

通过以上两个简单的例子介绍了如何运用图比较方法来判定有向网络的同步. 对于大的网络, 可以用算法来实现定理 6.11, 该算法详见文献 [7] 中的 *Algorithm 1*.

对于任意一个连通的有向图 (即含有有向生成树), 如果它不是强连通的, 那么就可以将它归类成由若干个强连通子图彼此之间单向连接而成. 对于非强连通的有向图来说, 进一步地提出了基于强连通分支分解的边权局部分配算法. 这里我们就不具体介绍了, 详细见文献 [7] 中的 *Algorithm 2*. 该算法可以并行执行, 并降低计算复杂度.

复杂动态网络的同步

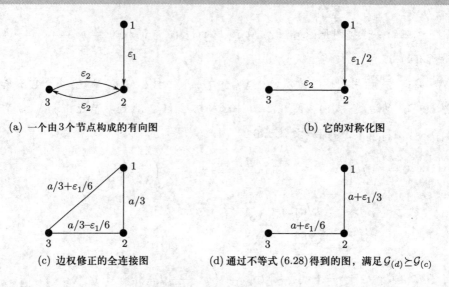

(a) 一个由 3 个节点构成的有向图　　　　　　　(b) 它的对称化图

(c) 边权修正的全连接图　　　　(d) 通过不等式 (6.28) 得到的图，满足 $\mathcal{G}_{(d)} \succeq \mathcal{G}_{(c)}$

图 6.8　含有 3 个节点的有向图示例

参考文献

[1] Belykh V N, Belykh I V, and Hasler M. Connection graph stability method for synchronized coupled chaotic systems [J]. Physica D, 2004, 195: 159–187.

[2] Belykh I V, Belykh V N, Hasler M. Blinking model and synchronization in small-world networks with a time-varying coupling [J]. Physica D, 2004, 195: 188–206.

[3] Belykh I V, Hasler M, Laurent M, et al. Synchronization and graph topology [J]. International Journal on Bifurcation and Chaos, 2005, 15(11): 3423–3433.

[4] Belykh I V, Belykh V N, and Hasler M. Generalized connection graph method for synchronization in asymmetrical networks [J]. Physica D, 2006, 224: 42–51.

[5] Belykh I V, Belykh V N, and Hasler M. Synchronization in asymmetrically coupled networks with node balance [J]. Chaos, 2006, 16: 015102.

[6] Liu H, Cao M, and Wu C W. Coupling strength allocation for synchronization in complex networks using spectral graph theory [J]. IEEE Transactions on Circuits and Systems-I, 2014, 61(5): 1520–1530.

[7] Liu H, Cao M, Wu C W, et al. Synchronization in directed complex networks using graph comparison tools [J]. IEEE Transactions on Circuits and Systems-I, 2015, 62(4): 1185–1194.

[8] Liu H, Cao M, Wu C W. Graph Comparison and Synchronization in Complex Networks [M]//Nishio Y. Oscillator Circuits: Frontiers in Design, Analysis and Applications. 1st ed. London: The Institution of Engineering and Technology, 2016.

[9] Wu C W, Chua L O. On a conjecture regarding the synchronization in an array of linearly coupled dynamical systems [J]. IEEE Transactions on Circuits and Systems I, 1996, 43: 161–165.

[10] Chen J, Lu J A, and Wu X Q. Bidirectionally coupled synchronization of the generalized Lorenz systems [J]. Journal of Systems Science and Complexity, 2011, 24(3): 433–448.

[11] 韩秀萍. 混沌耦合系统的同步 [D]. 武汉: 武汉大学数学与统计学院, 2007.

[12] Barahona M, Pecora L M. Synchronization in small-world systems [J]. Physical Review Letters, 2002, 89: 054101.

[13] Wu C W. Perturbation of coupling matrices and its effect on the synchronizability in arrays of coupled chaotic systems [J]. Physics Letters A, 2003, 319: 495–503.

[14] Wu C W. Synchronization in Complex Networks of Nonlinear Dynamical Systems [M]. Singapore: World Scientific, 2007.

[15] Guattery S, Leighton T, and Miller G L. The path resistance method for bounding the smallest nontrivial eigenvalue of a laplacian [J]. Combinatorics, Probability and Computing, 1999, 8: 441–460.

[16] Guattery S and Miller G L. Graph embeddings and laplacian eigenvalues [J]. SIAM Journal on Matrix Analysis and Applications, 2000, 21(3): 703–723.

[17] Spielman D A. Spectral graph theory and its applications [OL]. Lecture Notes. 2004, http://www.cs.yale.edu/homes/spielman/eigs/.

[18] Spielman D A. Spectral Graph Theory [M]// Naumann U and Schenk O. Combinatorial Scientific Computing. 1st ed. London: Chapman and Hall/CRC Press, 2012.

第7章　网络的特征值谱与同步化过程

　　网络的 Laplacian 矩阵的特征值谱包含了网络拓扑结构的丰富信息, 在研究网络的动力行为发挥重要的作用. 文献 [1] 指出网络局部子图的变化会造成特征值谱和同步性质的很大变化, 仅仅利用网络的统计量分析网络动力学性质经常会得到错误的结论, 起到决定性的因素是网络耦合矩阵的特征值. 另外, 目前复杂动力网络同步的研究大多数都是讨论拓扑结构对同步能力的影响, 至于网络同步过程很少研究. 事实上, 从中尺度层次看不同的拓扑结构同步过程是不一样的. 本章主要比较几种典型网络的特征值谱分布的差异, 发现了特征值谱与度序列的相关性. 在中尺度层次下研究了不同拓扑结构的复杂网络的同步过程, 发现网络的同步过程可以揭示网络的社团结构, 社团结构与同步时间尺度都与网络的特征值谱有关.

7.1 统计量与 Laplacian 谱

考虑一个具有 N 个节点的网络 G, 其对应的 Laplacian 矩阵为 L. 这里我们仅考虑无向网络. 将矩阵 L 对应的特征值按照从小到大的顺序排列为 $0 = \lambda_1 \leqslant \lambda_2 \leqslant \cdots \leqslant \lambda_N$. 矩阵 L 所有特征值的集合就是网络的 Laplacian 谱. 第 5 章已经证明了对于同步区域为有界区域的情形, 同步能力主要由特征值比 λ_2/λ_N 决定, 同步区域为无界情形时, 同步能力由最小非零特征值 λ_2 决定.

对于无向网络, 可以用节点的度简单地估计 L 的特征值. 令 $d_{\min}$ 与 $d_{\max}$ 分别表示网络的最小度与最大度, 文献 [2] 给出了下面著名的估计式:

$$\lambda_2 \leqslant \frac{N}{N-1}d_{\min} \leqslant \frac{N}{N-1}d_{\max} \leqslant \lambda_N \leqslant 2d_{\max}. \tag{7.1}$$

从 (7.1) 式, 我们可以立即得到

$$\frac{\lambda_2}{\lambda_N} \leqslant \frac{d_{\min}}{d_{\max}} \leqslant 1. \tag{7.2}$$

因此, 一般来讲, 这个比值越近于 1, 网络的同步能力越好. 例如, 无标度网络有 $d_{\min}/d_{\max} \ll 1$, 根据经验可以发现, 它的同步能力比起其他结构的网络要更差一些.

然而, 值得注意的是, (7.2) 式并不意味着更均匀的度分布的网络一定会有更好的同步能力. 因为度分布均匀只是统计意义的性质, 并不能保证最大度和最小度的差很小, 只要有一个节点的度很大或者很小, 都会使得 (7.2) 式发生很大变化. 文献 [1] 已经证明了局部小结构的改变会造成网络整体同步性质的很大变化, 但是它几乎不影响网络的统计量. 并且, 文献 [1, 3] 给出了具体的例子说明具有相同度分布的网络却有完全不同的同步能力.

进一步地, 根据文献 [1], λ_2 的上界可以由下面的估计式给出

$$\lambda_2 \leqslant 2\frac{|\partial S|}{|S|}, \tag{7.3}$$

其中 S 是节点集合的任一子集, 满足 $0 < |S| \leqslant N/2$, $|S|$ 是集合 S 所包含的点数, $|\partial S|$ 表示 S 与它的余集之间的边数. 文献 [1] 利用估计式 (7.3), 解释了为什么统计性质估计 λ_2 常常失效. 一个重要的发现就是 λ_2 的上界主要是由网络的某个子图 S 确定. 特别地, S 比起整个网络来说通常非常小, 所以在这种情形下, S 对网络的统计性质影响不大, 因此仅仅利用网络的统计性质不能充分估计 λ_2.

这里, 我们举了一个例子进一步说明增加网络的长程边会极大地影响网络的平均距离, 但是最小非零特征值影响不大. 考虑社团网络 N_1, 它是由一个大块 H 和一个小块 S 构成, 其中 H 是 500 个节点的小世界网络, 而 S 是 50 个节点的全连接图, H 与 S 之间只有一条边相连. 为了方便比较, 定义另外一个网络 N_0, 仅由 H 构成, 而没有小块 S. 那么, 为了减少网络的平均距离, 在 H 内以概率 p 增加长程边. 这样我们通过数值结果来比较两个网络 N_0 和 N_1 的同步能力, 如图 7.1 (a) 所示.

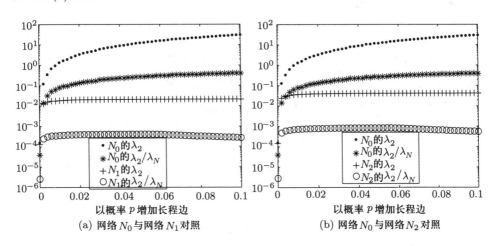

图 7.1　同步能力比较 (取自文献 [4])

从图 7.1 (a) 可以看到: (i) 当没有小块 S 时, 如果增加 p, 则 λ_2 以及 λ_2/λ_N 都在增加, 即网络同步能力在增加. (ii) 当小块 S 存在时, p 增加导致 λ_2 先上升, 然后保持不变, 然而, 最大特征值 λ_N 的值会继续增加. 因此, 比值 λ_2/λ_N 最终下降, 从而同步能力下降. 换句话说, 网络同步并没有变得更容易, 尽管长程连接概

率 p 增加, 即网络的平均距离在减小. 这也就意味着我们不能只利用网络的统计量来衡量网络的同步能力, 这与文献 [1] 的结果一致. (iii) 很容易发现, 没有小块 S 的情形下网络更容易同步.

当存在小块 S 时, 随着 p 的增加, 数值结果表明 λ_2 的值最终保持不变, 约为 0.021 (见图 7.1 (a)). 根据 (7.3) 式, 理论估计值为 $\lambda_2 \leqslant 2/50 = 0.04$, 与数值结果相差不大. 另外, 当 H 与 S 之间有两条边相连时 (网络记为 N_2), 最后, λ_2 大概保持在 0.042 左右 (见图 7.1 (b)), 意味着 λ_2 的值与两部分连接的边数基本上成正比, 至少现在在这两个简单的情形说明了这一点. 事实上, 我们从 (7.3) 式可以得到类似的结论.

7.2　几种典型网络的谱性质

虽然关于规则网络的特征值, 我们已经有很严格的数学表达式, 但是实际生活中的网络由于非常复杂又非常不规则, 因此它们的特征值要给出解析表达式非常困难, 缺少理论分析工具, 这里我们只能从数值上进行分析.

下面所有非规则网络的数值结果, 都是计算了 50 次取平均得到的.

7.2.1　规则网络

首先我们给出一些规则网络的特征值.

对于全连接网络, 其 Laplacian 矩阵为

$$L = \begin{pmatrix} N-1 & -1 & \cdots & -1 \\ -1 & N-1 & \cdots & -1 \\ \vdots & \vdots & & \vdots \\ -1 & -1 & \cdots & N-1 \end{pmatrix}$$

特征值为

$$\lambda_1 = 0, \ \lambda_2 = \cdots = \lambda_N = N. \tag{7.4}$$

对于星型网络, 其 Laplacian 矩阵是

$$L = \begin{pmatrix} N-1 & -1 & -1 & \cdots & -1 \\ -1 & 1 & 0 & \cdots & 0 \\ \vdots & \vdots & \vdots & & \vdots \\ -1 & 0 & 0 & \cdots & 1 \end{pmatrix}$$

特征值为

$$\lambda_1 = 0, \ \lambda_2 = \cdots = \lambda_{N-1} = 1, \ \lambda_N = N. \tag{7.5}$$

最近邻网络的度序列为 $\{2K, 2K, \cdots, 2K\}$, 每个节点都与它最近的 $2K$ 个邻居相连, 因此它的 Laplacian 矩阵是一个循环的矩阵:

$$L = \begin{pmatrix} 2K & -1 & \cdots & -1 & 0 & \cdots & 0 & -1 & \cdots & -1 \\ -1 & 2K & -1 & \cdots & -1 & 0 & 0 & 0 & \cdots & 0 \\ \vdots & & & & & & & & & \vdots \\ -1 & -1 & \cdots & 0 & \cdots & 0 & -1 & \cdots & -1 & 2K \end{pmatrix},$$

其特征值是 0 以及 $2K - 2\sum_{l=1}^{K} \cos\dfrac{2\pi il}{N} = 4\sum_{l=1}^{K} \sin^2\dfrac{\pi il}{N}, i = 1, 2, \cdots, N-1.$

为了显示最近邻网络谱的一些性质, 我们这里以 $K = 2, N = 1000$ 为例, 计算其 Laplacian 矩阵的特征值. 由图 7.2 (a) 可以发现特征值两两相等, 除了特征值 4. 并且, 最小非零特征值 $\lambda_2 = 0.00019739$, 最大特征值 $\lambda_N = 6.25$. 可以看到 λ_2/λ_N 非常小, 可以说这类网络很难同步.

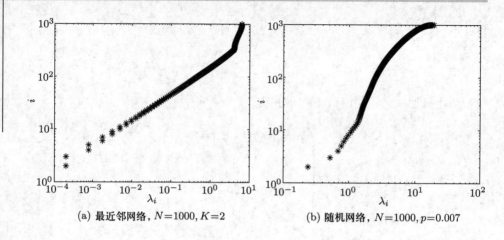

(a) 最近邻网络，$N=1000$，$K=2$　　　　(b) 随机网络，$N=1000$，$p=0.007$

图 7.2　Laplacian 矩阵 L 的特征值的比较 (取自文献 [4])

7.2.2　随机网络

考虑一个有 $N = 1000$ 个节点的随机网络. 当连接概率 $p = 0.007 > p_c$, 这里 $p_c = (1 + \varepsilon) \ln N/N \approx 0.0069$ ($\varepsilon > 0$), 随机网络几乎肯定是连通的. 特征值均匀分布在区间 $[0, 20)$ 上, 见图 7.2 (b). 特征值谱分布跨度较小, 非常均匀. 通过计算发现, 最小非零特征值为 $\lambda_2 = 0.3712$, 最大特征值为 $\lambda_N = 19.0554$, 这样就有 $\lambda_2/\lambda_N = 0.0195$.

图 7.3 显示了随机网络随着连接概率 p 的增加, 特征值谱的变化. 可以发现, 随着 p 的增加, 特征值分布的范围迅速缩小, 同时 λ_2 和 λ_N 都在增加. 主要原因是增加 p, 不仅孤立块的个数在减少, 同时最大度 $d_{\max}$ 也在增加, 从而由 (7.1) 式可知 λ_N 增加.

在 $p = 0.005$ 时, 因为 $p < p_c$, 网络只有稀疏的一些边, 并且存在不连通的子图. 因此, $\lambda_2 = 0$, 这与数值结果一致. 这样, 连接概率为 $p = 0.005$ 的相同规模的随机网络一般很难同步. 当 $p = 0.01$, $\lambda_2 = 1.4512$, $\lambda_2/\lambda_N = 0.0610$. 当连接概率进一步增加到 $p = 0.1$, 这时有 $\lambda_2 = 68.0447$, 并且特征值比变为 $\lambda_2/\lambda_N = 0.4979$. 当概率 p 接近 1, 这时网络接近全连接, 因此特征值比 λ_2/λ_N 也趋近 1. 因此, 从统计的角度来看, 同步能力是随着连接概率 p 的增加而逐渐提高, 如图 7.4 所示.

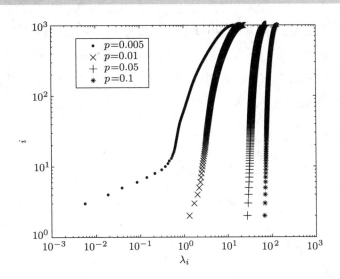

图 7.3 随机网络随着 p 的增加, 特征值谱的变化 (取自文献 [4])

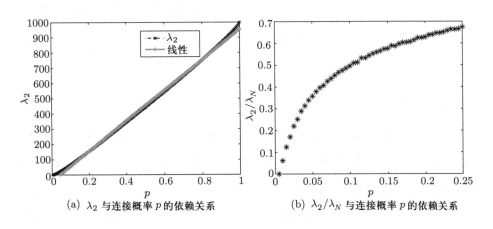

(a) λ_2 与连接概率 p 的依赖关系   (b) λ_2/λ_N 与连接概率 p 的依赖关系

图 7.4 随机网络同步能力, $N = 1000$ (取自文献 [4])

有趣的是, 从图 7.4 (a) 可以发现, 固定规模的随机网络的 λ_2 近似地线性依赖于 p. 这样, 用 $\lambda_2(p)$ 表示 λ_2 对 p 的依赖关系. 当固定 N 时, 我们可以选择合适的 p_1 与 p_2 $(p_1 \neq p_2)$, 知道对应的 $\lambda_2(p_1)$ 及 $\lambda_2(p_2)$, 那么就可以通过下面的公式来估计最小非零特征值 $\lambda_2^*(p)$:

$$\lambda_2^*(p) \approx \frac{\lambda_2(p_1) - \lambda_2(p_2)}{p_1 - p_2}(p - p_1) + \lambda_2(p_1).$$

因为 $p > p_c$, 这些随机网络几乎肯定是连通的, 因此我们有理由选择这样的 $p_1, p_2 > p_c$. 这里, 取 $p_1 = 0.1$, $p_2 = 0.25$, 计算其他概率 p 对应的 λ_2^*, 结果如图 7.5 所示. 可以看到, 当 $p < 0.05$ 时, 相对误差 $|\lambda_2 - \lambda_2^*|/\lambda_2$ 比较大, 但是当 $p > 0.1$ 时, 估计就变得很准确了.

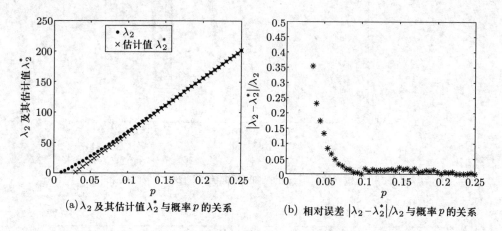

(a) λ_2 及其估计值 λ_2^* 与概率 p 的关系

(b) 相对误差 $|\lambda_2 - \lambda_2^*|/\lambda_2$ 与概率 p 的关系

图 7.5 连通的随机网络, $N = 1000$ (取自文献 [4])

7.2.3 小世界网络

小世界网络既不是完全规则的, 也不是完全随机的. 我们这里采用的是由 Newman 和 Watts[5] 提出的 NW 小世界模型. 在这个模型中, 在最近邻网络基础上, 以概率 $p \in [0,1]$ 随机化加边.

$p = 0$ 对应的网络正好是初始的最近邻网络. 当 p 逐渐增加时, 最小非零特征值 λ_2 与最大特征值 λ_N 同时增大 (见图 7.6 (a)). 然而, λ_2 增加的速度要远远超过 λ_N, 导致特征值比 λ_2/λ_N 上升. 这说明不断加入新边, 小世界网络的同步能力不断增强.

对于 $0 < p < 1$, 从图 7.3 和图 7.6 (a) 可以看到, 与随机网络类似, 随着 p 的增加, 小世界网络的特征值分布的范围也在缩小.

至于 $p = 1$ 的情形, 小世界网络变成了全连接网络, 此时的谱与前面讨论的全连接网络类似.

这样, 我们可以得到, NW 小世界网络的特征值谱分布跨度较小, 比较均匀.

当 p 逐渐增加时, 特征值谱是由最近邻网络向全连接网络转变的.

对于 NW 小世界网络模型, 从图 7.6 (b), 我们类似发现 λ_2 近似线性依赖连接概率 p. 通过线性拟合, 规模为 $N = 1000$ 的 NW 小世界网络 λ_2 的估计式为 $\lambda_{2\mathrm{NW}}^*(p) = 992.48 * p - 38.831$. 应该说明的是, 这里的系数都与网络的规模 N 有关. NW 小世界网络 λ_2 的一般近似公式已在 5.2.2 小节中讨论。

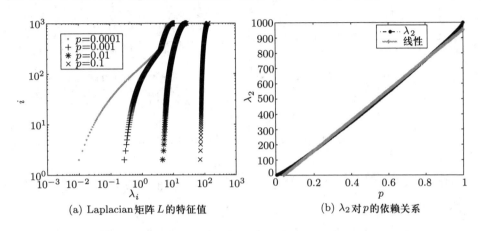

(a) Laplacian 矩阵 L 的特征值   (b) λ_2 对 p 的依赖关系

图 7.6　规模为 $N = 1000$ 的小世界网络 (取自文献 [4])

7.2.4　无标度网络

无标度网络一个最重要的特征就是其连接度分布函数具有幂律形式. Barabási 和 Albert[6] 提出了一个无标度网络模型, 现称为 BA 模型, 是由 BA 优先连接算法生成的.

图 7.7 (a) 显示了规模为 $N = 1000$ 的无标度网络的一些谱性质. 可以看到, 无标度网络的特征值分布极不均匀, 谱密度不一致. 大部分的特征值位于区间 $(0, 20]$, 然而还有极少数大的特征值远离这个区间. 最小非零特征值是 $\lambda_2 = 0.5391$, 而最大特征值等于 $\lambda_N = 81.6367$, 因此 $\lambda_2/\lambda_N = 0.0066$. 我们还可以看到, λ_2 与 λ_N 相差很大, 说明无标度网络特征值分布的范围很广, 完全不同于随机网络和小世界网络.

图 7.7 (b) 比较了 NW 小世界网络和 BA 无标度网络的特征值谱. 可以看到, 小世界网络特征值分布跨度小, 比较集中, 谱密度较一致; 而无标度网络特征值分

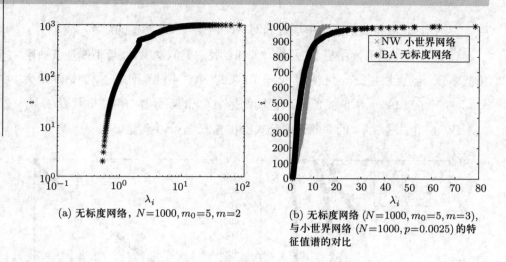

(a) 无标度网络, $N=1000, m_0=5, m=2$

(b) 无标度网络 ($N=1000, m_0=5, m=3$),
与小世界网络 ($N=1000, p=0.0025$) 的特
征值谱的对比

图 7.7   Laplacian 矩阵 L 的特征值 (取自文献 [4])

布跨度大, 大多数较小的特征值比较集中, 同时有一些很大的特征值存在, 谱密度
很不均匀.

总之, 不同结构网络的特征值谱具有不同的特点. 因此, 我们可以通过特征
值谱图简单地判断该网络属于哪一类. 随机网络的特征值分布跨度最小, 小世界
网络其次, 无标度网络特征值分布跨度大, 而且大多数较小的特征值比较集中, 同
时也存在一些很大的特征值. 并且, 随机网络和小世界网络随 p 的增加特征值分
布范围迅速缩小, 从统计角度看, 当 p 增加时同步能力是提高的. 特别地, 对于随
机网络和小世界网络, 其最小非零特征值都与概率 p 近似线性相关.

7.2.5   社团网络

随着对复杂网络的深入研究, 人们发现许多实际网络都具有社团结构, 即整
个网络是由若干个 "群 (group)" 或 "团 (cluster)" 构成的. 每个社团内部节点之
间的连接非常紧密, 社团之间的连接相对来说比较稀疏. 本节我们将讨论具有社
团结构的网络的特征值谱.

首先, 考虑两个社团构成的网络的特征值谱, 其中每个社团分别是: (i) 全连
接图 (图 7.8 (a)); (ii) 随机网络 (图 7.8 (b)); (iii) 小世界网络 (图 7.8 (c)); (iv) 无
标度网络 (图 7.8 (d)). 两个社团之间随机连接若干条边. 从图 7.8 可以看到, λ_2

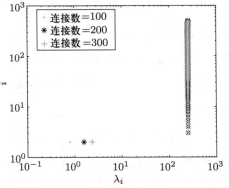

(a) 每个社团是节点数为 $N=250$ 的全连接图, 两个社团之间的连接数分别为 $100, 200$ 以及 300

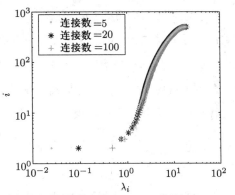

(b) 每个社团是节点数为 $N=250$, 连接概率 $p=0.03$ 的随机网络, 两个社团之间的连接数分别为 $5, 20$ 以及 100

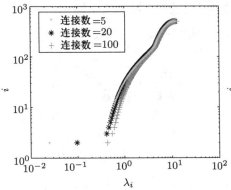

(c) 每个社团是节点数为 $N=250$, 连接概率 $p=0.005$ 的小世界网络, 两个社团之间的连接数分别为 $5, 20$ 以及 100

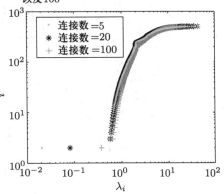

(d) 每个社团是节点数为 $N=250$, 且 $m_0=5, m=2$ 的无标度网络, 两个社团之间的连接数分别为 $5, 20$ 以及 100

图 7.8　Laplacian 矩阵 L 的特征值. 这里的网络由两个社团构成 (取自文献 [4])

与 λ_3 之间有明显的跳跃. 并且, 随着社团之间连边的增加, λ_2 的值增加, λ_2 与 λ_3 之间的距离减小, 社团结构变得不清晰. 而其他特征值基本保持不变, 反映了对应子图谱性质的鲁棒性.

再考虑两种由 3 个社团构成的网络: (i) 每个社团是小世界网络 (图 7.9 (a)); (ii) 每个社团是无标度网络 (图 7.9 (b)), 每两个社团之间随机连接若干条边. 可以看到, λ_3 与 λ_4 之间有明显的跳跃; 随着社团之间连边的增加, λ_2 与 λ_3 的值增加, 并且 λ_2 与 λ_3 增加的速度远远超过其他特征值, 从而造成 λ_3 与 λ_4 之间的距离减小, 社团结构变得不清晰.

注 **7.1.** 从图 7.8 (c) 与图 7.9 (a) 以及图 7.8 (d) 与图 7.9 (b), 我们发现, 图 7.8 (c) 与图 7.9 (a) 的特征值的分布比图 7.8 (d) 与图 7.9 (b) 的更均匀. 这可能是由于 BA 无标度子网络度分布的不均匀性以及 NW 小世界子网络度分布的均匀性造成的. 我们后面会提到特征值谱与度序列正相关, 因此, 度分布越不均匀, 特征值谱的分布就越不均匀.

总之, 根据社团网络的特征值谱, 我们至少可以得到以下结论: (i) 零特征值的个数等于孤立社团的个数. (ii) 特征值谱的跳跃表明社团结构的出现. (iii) 对于一个由 k 个明显的社团构成的网络, 其 Laplacian 矩阵在零附近还有 $k-1$ 个比零稍大一点的特征值, λ_k 与 λ_{k+1} 之间存在明显的跳跃, 其间距要远远大于其他两个连续的特征值之间的间距. 随着社团之间连边的增加, 前 $k-1$ 个非零特征值增加, 同时 λ_k 与 λ_{k+1} 之间的差距减小, 社团结构削弱, 同步能力加强.

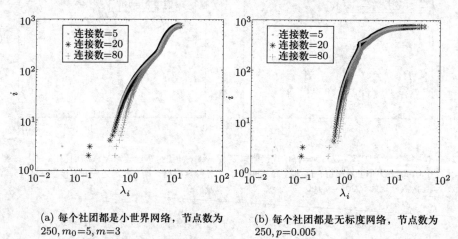

(a) 每个社团都是小世界网络, 节点数为 $250, m_0=5, m=3$

(b) 每个社团都是无标度网络, 节点数为 $250, p=0.005$

图 7.9　由 3 个社团构成的网络所对应的特征值分布, 每两个社团之间随机连接 $5, 20, 80$ 条边 (取自文献 [4])

7.3　特征值谱与度序列的相关性

实际网络的规模通常非常大, 因此要计算它们的特征值是非常困难的, 并且要耗费大量时间. 然而, 我们可以很容易得到一个网络的度序列. 因此, 如果度序列与特征值谱存在一定关系的话, 那就可以利用度序列来估计网络的特征值谱. 那么, 现在的问题就是这两者之间到底有没有容易描述的, 可以计算的关系式呢?

7.3.1　理论分析

为了识别 Laplacian 特征值与度序列的内在联系, 我们需要用到下面的引理.

引理 7.1. (Wielanelt-Hoffman 定理[7]) 假设 $C = A + B$, 其中 $A, B, C \in R^{N \times N}$ 均为对称矩阵, B 与 C 的特征值分别按照升序排列, 它们的特征值集分别记为 $\lambda(B)$, $\lambda(C)$, 那么,

$$\sum_{i=1}^{N} |\lambda_i(C) - \lambda_i(B)|^2 \leqslant ||A||_F^2,$$

其中 $||A||_F = \left(\sum_{ij} |a_{ij}|^2 \right)^{1/2}$ 是矩阵 A 的 Frobenius 范数.

定理 7.1[8]. 假设 G 为 N 个节点构成的网络, L 为 G 对应的 Laplacian 矩阵, 并且节点度序列向量 $d = (d_1, d_2, \cdots, d_N)^{\mathrm{T}}$ 与特征值向量 $\lambda(L) = (\lambda_1, \lambda_2, \cdots, \lambda_N)^{\mathrm{T}}$ 里的元素都是按照升序排列的, 那么

$$\delta = \frac{||\lambda(L) - d||_2}{||d||_2} \leqslant \frac{\sqrt{||d||_1}}{||d||_2} \leqslant \sqrt{\frac{N}{||d||_1}}.$$

注 7.2. 定理 7.1 说明了对于 Laplacian 矩阵 L, 特征值向量 $\lambda(L)$ 和节点度序列向量 d 之间的差可以由 $\sqrt{||d||_1}/||d||_2$ 界定. 因此, 对于有大量连接的大规模

复杂网络, $\sqrt{||d||_1}/||d||_2$ 一般非常小, 从而导致 Laplacian 特征值的分布与节点的度序列非常相似.

注 7.3. 文献 [8] 已经通过数值实验验证了对于随机网络、小世界网络以及无标度网络, Laplacian 特征值向量 $\lambda(L)$ 与节点度序列向量 d 之间的差非常小. 在 7.3.2 节, 我们将证明特征值分布与节点度序列强相关, 这与文献 [8] 的结果一致.

定理 7.2[8]. 记 $\lambda_j(j = 1, 2, \cdots, N)$ 是 N 个节点构成的网络的 Laplacian 矩阵 L 的特征值, d_i 为第 i 个节点的度, $i = 1, 2, \cdots, N$. 那么, 在每个区间 $[d_i - \sqrt{d_i}, d_i + \sqrt{d_i}]$, 至少存在矩阵 L 的某一个特征值 $\lambda^* \in \{\lambda_j | j = 1, 2, \ldots, N\}$, 即

$$(d_i - \sqrt{d_i}) \leqslant \lambda^* \leqslant (d_i + \sqrt{d_i}), \quad i = 1, 2, \cdots, N.$$

注 7.4. 在定理 7.2 中, 一些区间 $[d_i - \sqrt{d_i}, d_i + \sqrt{d_i}]$ 可能会有交集, 因此会存在 L 的某些特征值永远也不会落入任何一个这样的区间.

注 7.5. 由 Gerschgorin 圆盘定理, 假设 L 是对称的, 则 L 的每一个特征值必属于下述某个区间

$$|\lambda - l_{ii}| \leqslant \sum_{j=1, j\neq i}^{N} |l_{ij}|.$$

因为 $l_{ii} = d_i$, 且 L 的行和为零, 则任意给定一个特征值, 一定存在某个 i, 使得 $|\lambda - d_i| \leqslant d_i$ 成立, 即

$$0 \leqslant \lambda \leqslant 2d_i.$$

因此, 对于 Laplacian 矩阵来说, 读者可以将定理 7.2 与 Gerschgorin 圆盘定理的使用做一比较.

7.3.2 数值结果

为了使特征值分布与度序列之间的关系可视化, 这里做了大量的数值仿真. 方便起见, 首先定义相对谱

$$R_e(i) := (\lambda_i - \lambda_2)/(\lambda_N - \lambda_2), \ i = 2, 3, \cdots, N,$$

复杂动态网络的同步

以及相对度序列

$$R_d(i) := (d_i - d_2)/(d_N - d_2),\ i = 2, 3, \cdots, N.$$

数值结果见图 7.10 (a)、图 7.11 (a) 以及图 7.12 (a), 显示了相对谱 R_e 与相对度序列 R_d 之间的关系. 实验中, 随机网络的连接概率为 $p = 0.0258$, 小世界网络的加边概率为 $p = 0.0218$, 无标度网络的模型参数是 $m_0 = m = 13$, 它们的总边数都相同, 都等于 12909 ± 10.

从图 7.10 (a) 中可以看到, 随机网络的谱与度序列似乎相关, 但是不知道到底有多相关, 因此我们计算谱与度序列之间的相关系数. 当连接概率 $p = 0.0258$, 从图 7.10 (b) 可以看到其相关系数是 0.9925. 就可以这样说, 谱与度序列是相当地相关. 并且, 随着 p 的增加, 相关系数也在缓慢地增加.

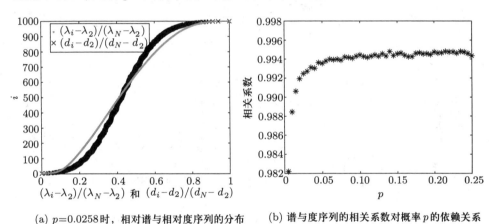

(a) p=0.0258 时, 相对谱与相对度序列的分布

(b) 谱与度序列的相关系数对概率 p 的依赖关系

图 7.10   ER 随机网络, 节点数 $N = 1000$ (取自文献 [4])

图 7.11 (a) 显示了 1000 个节点的小世界网络的谱与度序列之间的相关性. 计算出此时的相关系数为 0.9921, 说明谱与度序列还是比较相关的. 图 7.11 (b) 显示了随着概率 p 的增加, 相关系数先上升到一定程度, 然后基本保持在 0.9935 不变.

从图 7.12 中可以看到, BA 无标度网络的谱与度序列是非常相关的. 事实上, 当 $m_0 = m = 13$ 时, 两者的相关系数达到 0.9992. 图 7.12 (b) 显示了 m 的增加导致相关系数的增加.

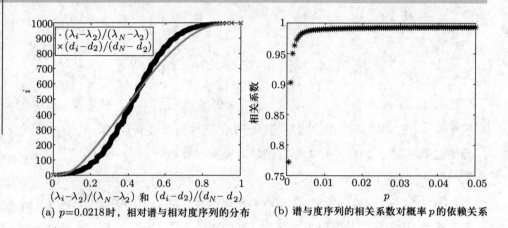

(a) $p=0.0218$ 时，相对谱与相对度序列的分布

(b) 谱与度序列的相关系数对概率 p 的依赖关系

图 7.11　NW 小世界网络, 节点数 $N = 1000$ (取自文献 [4])

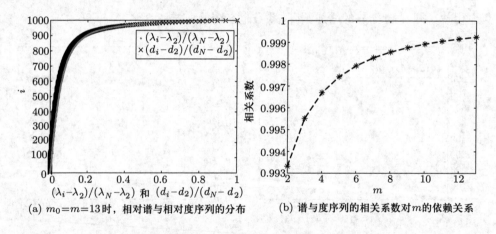

(a) $m_0=m=13$ 时，相对谱与相对度序列的分布

(b) 谱与度序列的相关系数对 m 的依赖关系

图 7.12　BA 无标度网络, 节点数为 $N = 1000$ (取自文献 [4])

可以发现无标度网络的谱与度序列之间的相关性最强, 随机网络其次, 最后是小世界网络. 因此, 我们将以无标度网络为例, 用 λ_2, λ_N 以及度序列来估计其他的特征值.

众所周知, 如果两个随机变量 X, Y 的相关系数接近于 1, 这就是说线性关系 $Y = aX + b$ 以概率 1 成立. 但是参数 a 和 b 通常是未知的, 所以用度序列, λ_2 以及 λ_N 来计算整个特征值谱 (所谓的全局方法) 是比较困难的. 下面的算法是一种局部算法, 它能有效地从 λ_i 计算 λ_{i+1} 的近似值, 这里 $i = 1, 2, \cdots, N$.

- 初始条件: $\bar{\lambda}_1 = \lambda_1^* = 0$.

- 步骤 1 (预估). 利用度序列, λ_2, 以及 λ_N 计算 $\bar{\lambda}_i$:

$$\bar{\lambda}_i = \frac{d_i - d_2}{d_N - d_2}(\lambda_N - \lambda_2) + \lambda_2.$$

- 步骤 2 (校正). 根据已知的 λ_i, 计算 λ_{i+1}^* 的近似值:

$$\lambda_{i+1}^* \approx \lambda_i + (\bar{\lambda}_{i+1} - \bar{\lambda}_i), \ i = 1, 2, \cdots, N-1.$$

图 7.13 (a) 对估计值 λ_i^* 以及精确值 λ_i, $i = 2, 3, \cdots, N$ 进行对照. 很明显, 估计值是很准确的. 如图 7.13 (b) 所示, 相对误差 $(\lambda_i - \lambda_i^*)/\lambda_i$ 非常小, 平均为 0.3263%, 证明了由 λ_i 去估计 λ_{i+1} 的局部算法是非常有效的.

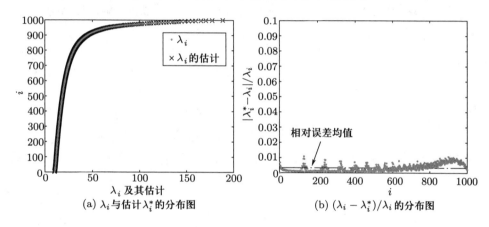

(a) λ_i 与估计 λ_i^* 的分布图   (b) $(\lambda_i - \lambda_i^*)/\lambda_i$ 的分布图

图 7.13   无标度网络, 节点数为 $N = 1000$ (取自文献 [4])

7.4   复杂动态网络的同步过程

复杂网络在不同层次可以用不同的尺度描述. 在这一节中, 我们将在中尺度意义下讨论复杂网络的同步过程, 着重于同步块, 不同于小尺度层次只关心单个节点, 也不同于大尺度层次只考察网络的整体性质.

7.4.1　复杂网络的同步过程

研究网络的同步过程离不开网络中尺度层次, 网络中尺度有利于揭示同步过程. 要分析清楚同步过程, 需要引进能够刻画同步过程的中尺度物理量. 文献 [9] 讨论如下 Kuramoto 振子模型[10]:

$$\frac{d\theta_i}{dt} = \omega_i + c \sum_{j=1}^{N} \hat{a}_{ij} \sin(\theta_j - \theta_i), \ i = 1, 2, \cdots, N, \tag{7.6}$$

其中, θ_i 和 ω_i 分别表示第 i 个振子的相位和自然频率, c 是耦合强度. $\hat{A} = (\hat{a}_{ij})$ 是网络的邻接矩阵.

这个模型可以用全局序参量 (order parameter) r 来衡量网络中节点相位同步的程度:

$$re^{i\Psi} = \frac{1}{N} \sum_{j=1}^{N} e^{i\theta_j},$$

其中 Ψ 表示网络的平均相位. $0 \leqslant r \leqslant 1$, $r = 0$ 表示网络中各个振子运动状态不一致, $r = 1$ 表示网络所有节点形成一个同步簇, 达到完全相位同步.

同时, 文献 [9] 定义了一个新的局部序参量 r_{link}, 即

$$r_{\text{link}} = \frac{1}{2N_l} \sum_i \sum_{j \in \Gamma_i} \left| \lim_{\Delta t \to \infty} \int_{t_r}^{t_r + \Delta t} e^{i[\theta_i(t) - \theta_j(t)]} dt \right|,$$

其中 Γ_i 是节点 i 所有邻居的集合, N_l 是总的边数. 这个参数刻画了从时刻 t_r 开始, 经过一段时间间隔为 Δt 的演化, 网络中同步边所占的比例.

文献 [9] 研究了随机 (ER) 网络和无标度 (SF) 网络的全局以及局部同步行为, 证明了随着耦合强度 c 的增加, 序参量 r 可以刻画网络同步的全局一致性, 参数 r_{link} 可以衡量同步行为的局部信息, 进而揭示全局同步是怎样达到的.

图 7.14 显示了 ER 网络和 SF 网络在耦合强度增加时这两个参数的变化, 发现在开始耦合强度较小时, 全局序参量 r 虽然近似为 0, 可是局部序参量 r_{link} 已经增加, 说明虽然全局不同步, 但是局部同步已经开始; 接下来耦合强度增加时, SF 网络的全局序参量 r 和局部序参量 r_{link} 都迅速增加; 但是当耦合强度继续增加时, ER 网络的全局序参量 r 和局部序参量 r_{link} 都急剧增加而超过了 SF 网络,

说明 ER 网络的同步是在比较短的时间内发生, 不像 SF 网络同步所需要的时间那么长.

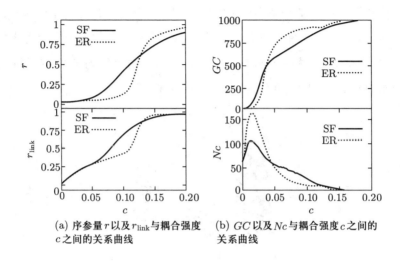

(a) 序参量 r 以及 r_{link} 与耦合强度 c 之间的关系曲线

(b) GC 以及 Nc 与耦合强度 c 之间的关系曲线

图 7.14 SF 网络和 ER 网络比较曲线 (取自文献 [9])

文献 [9] 又引入两个很有意思的参数: GC (最大同步块所包含的节点数目), Nc (同步块的数目). 从图 7.14 可以发现, 在开始耦合强度很小时, 尽管全局序参量 r 近似为 0, ER 和 SF 网络都产生了一个最大同步块, 包含了网络 50% 的节点数, 在此期间, SF 网络的 GC 大于 ER 网络, 而 ER 网络的同步块数远大于 SF 网络. 当耦合强度继续增加时, 尽管 SF 网络的全局序参量 r 以及局部序参量 r_{link} 大于 ER 网络, ER 网络的 GC 值急剧增加而超过了 SF 网络, 而 ER 网络的 Nc 值急剧下降而低于 SF 网络. 这说明尽管此时 SF 网络的一致性高于 ER 网络, 但是 SF 网络的同步的中尺度演化要慢于 ER 网络.

文献 [9] 认为, 不同网络同步的局部行为的差异来源于 GC 增长方式的不同. ER 网络由于节点度较均匀, 它的同步是以许多小聚类块分别开始同步, 然后在比较短的时间内这些小块合并形成了一个巨大的同步块, 几乎与整个网络差不多大小. SF 网络则不同, 由于存在 hub 节点, 它的同步是以 hub 为中心凝聚方式趋于全局同步. SF 网络节点度分布不均匀, 大多数节点的度值较小, 这些度很小的节点达到同步所需要的时间更长, 所以造成 SF 网络完全同步所需时间大于 ER 网络. 可以看出度分布的不同造成网络形成最大同步块的方式不同, 进而导致网络的同步过程和方式的差异.

图 7.15 计算了 SF 网络中不同度的节点属于最大同步块的概率, 发现度大的节点即使在耦合强度较小时属于最大同步块的概率仍然很大, 而度小的节点即使在耦合强度较大时属于最大同步块的概率仍然很小. 从而可以说同步是从度大的区域开始的, 对于 SF 无标度网络尤其明显. 由于实际网络大多是无标度网络, 可以说现实的复杂系统的集群行为是从密集处开始的.

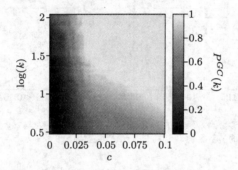

图 7.15　SF 网络中对于不同的耦合强度 c, 度为 k 的节点属于最大同步块的概率 (取自文献 [9])

注 7.6. 我们从主稳定函数方法来分析图 7.15 观察到的现象. 假设由 N 个节点耦合形成的复杂动力学网络可以由如下常微分方程描述:

$$\dot{x}_i(t) = f(x_i(t)) - c\sum_{j=1}^{N} l_{ij}Hx_j,\ i = 1, 2, \cdots, N, \tag{7.7}$$

其中, x_i 表示节点 i 的状态变量, $f(x_i(t))$ 是单个节点的动力学, 且 H 是内连耦合矩阵. $L = (l_{ij})$ 是反映网络拓扑结构的 Laplacian 矩阵. 假设方程 (7.7) 的完全同步态是 $\{x_j(t) = s(t),\ \forall j | \dot{s}(t) = f(s(t))\}$, 可以由主稳定函数方法来判别该同步解的局部稳定性. 在同步解 $s(t)$ 的附近做变分后得到

$$\dot{\delta x}_i(t) = Df(s(t))\delta x_i - c\sum_{j=1}^{N} l_{ij}H(\delta x_j),\ i = 1, 2, \cdots, N. \tag{7.8}$$

这里, $Df(s(t))$ 是 $f(x(t))$ 在 $s(t)$ 处的 Jacobi 矩阵. 将方程 (7.8) 对角化, 有

$$\dot{\eta}_i = [Df(s(t)) - c\lambda_i H]\eta_i,\ i = 1, 2, \cdots, N. \tag{7.9}$$

从方程 (7.9) 中, 我们可以看到, 当单个节点的动力学 $f(\cdot)$、耦合强度 c 和内连矩阵 H 给定后, 节点 i 收敛到同步流形 $s(t)$ 上的速度主要由 λ_i 决定. 从上节可以知道, 节点度序列与 Laplacian 特征值谱存在很强的相关性, 从而从统计的观点来说同步是从度大的区域开始.

7.4.2 同步过程揭示复杂网络的拓扑尺度

文献 [11, 12] 考虑了 N 个相同的 Kuramoto 振子构成的网络, 即动力学方程满足式 (7.6) 的网络, 其中 $\omega_i = \omega$, 对任意的 i, 只要耦合强度足够, 网络是可以达到完全同步的, 因为振子的动力学方程只有唯一一个吸引子.

文献 [13] 已经发现, 对于实际非均匀网络, 首先在高连接的节点形成局部的块同步, 接着越来越扩大, 最后达到相同的相位. 文献 [11, 12] 指出, 如果存在明显的社团结构, 则该过程发生在不同的时间尺度. 因此, 网络趋近于整体吸引子的动力学过程将呈现出不同层次的拓扑结构, 呈现出的拓扑结构可以看作是社团. 因此, 整个动力学过程揭示了从开始阶段的微观尺度层次到时间演化结束的宏观尺度层次的所有尺度上的拓扑结构. 为了研究该现象, 文献 [11, 12] 定义振子对之间相关性的平均值参数为

$$\rho_{ij}(t) = \langle \cos(\theta_i(t) - \theta_j(t)) \rangle, \tag{7.10}$$

其中, $\langle \cdot \rangle$ 表示对随机初始相位的平均. 这种表示方法的好处在于可以跟踪振子对的时间演化, 从而可以识别紧密的聚类团结构, 即社团结构.

文献 [11, 12] 按照如下方法生成两个层次的社团模型: 将 256 个节点平均分成 16 小组, 每组 16 个节点, 作为第一个组织层次. 又将 16 小组平均分成 4 个大组. 每个大组包含 4 个小组, 作为第二组织层次. 每个节点在它所属的第一层次的小组随机选择 Z_{in}^1 个点相连, 在它所属的第二层次的大组随机选择 Z_{in}^2 个点相连, 在其他大组随机选择 Z_{out} 个节点相连, 并且保持节点的平均度为 18: $Z_{in}^1 + Z_{in}^2 + Z_{out} = 18$, 并把这样构造的网络记为 $Z_{in}^1 - Z_{in}^2$. 例如网络 13–4 是指网络中的每个节点在所属的小组内随机选择 13 个节点相连, 在所属的大组内随机选择 4 个节点相连, 剩下的一条边随机边接其他大组内的一个节点.

根据参数 $\rho_{ij}(t)$, 文献 [11, 12] 又定义了动力学连接矩阵, 而该矩阵的演化可以揭示节点形成群或社团的过程. 定义该过程依赖于网络的拓扑结构和节点动力学函数:

$$
\mathcal{D}_T(t)_{ij} = \begin{cases} 1, & \rho_{ij}(t) > T, \\ 0, & \rho_{ij}(t) < T \end{cases} \tag{7.11}
$$

即该动力学连接矩阵是在固定阈值情况下随时间演化的, 因此可以得到不同时间尺度的动力学连接矩阵结构的变化信息. 这些时间尺度信息揭示了不同的拓扑尺度上的连接矩阵的拓扑结构.

矩阵 $\mathcal{D}_T(t)$ 的零特征值的个数可以确定互不连通的社团个数. 在短时间内, 所有节点都不相关, 网络中 N 个节点都不连通; 随着时间的演化, 节点按照它们的拓扑结构开始同步聚成块. 当给定阈值 T 为 0.99 时, 网络结构分别为 13–4 和 15–2 的动力学演化和特征值谱之间的关系如图 7.16 所示. 图 7.16 中, 阴影区域代表稳定的社团结构, 深色代表网络分成 16 个社团, 浅色代表网络分成 4 个社团. 从图 7.16 (a) 和图 7.16 (b) 可以看到, 在给定阈值 T 下, 不连通块的数目是时间的函数, 还可看到, 两个网络两种社团划分的相对稳定性正好对应着网络的两个层次. 对于 13–4 网络, 4 个连通块 (每块 64 个节点) 的各自同步比 16 个连通块 (每块 16 个节点) 的同步更稳定, 也就是第 2 个层次的社团结构更明显, 而对于网络 15–2, 会得到相反的结论.

另外, 文献 [11, 12] 发现网络的动力学演化的时间尺度与 Laplacian 矩阵的整个特征值谱之间存在有趣的联系, 相邻特征值之间的差异可表明时间尺度的相对差别. 图 7.16 (c) 和图 7.16 (d) 对应 13–4 和 15–2 结构的 Laplacian 矩阵特征值. 整个特征值谱被分为 3 块, 每次跳跃能够把 256 节点分为 16 个社团或 4 个社团. 但应注意, 对于 13–4 结构的网络, 16 个社团的水平线比 4 个社团的短, 表明 13–4 结构的网络分成 4 个社团比分成 16 个社团更稳定. 而对于 15–2 结构的网络正好相反, 分成 16 个社团比分成 4 个社团更稳定.

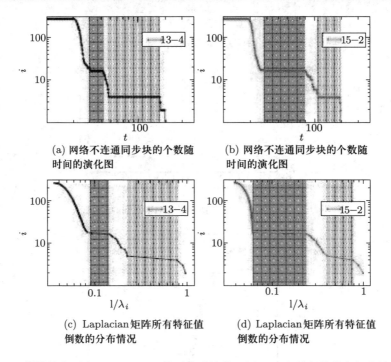

(a) 网络不连通同步块的个数随
　　时间的演化图

(b) 网络不连通同步块的个数随
　　时间的演化图

(c) Laplacian 矩阵所有特征值
　　倒数的分布情况

(d) Laplacian 矩阵所有特征值
　　倒数的分布情况

图 7.16　网络结构分别为 13–4 和 15–2 的动力学演化 (T=0.99) 和特征值谱之间的关系 (取自文献 [12])

7.4.3　复杂社团网络的同步过程

在这一小节, 我们仍然考虑 N 个相同的 Kuramoto 振子构成的网络, 即动力学方程满足方程 (7.6), 其中 $\omega_i = \omega, \forall i$. 我们的目标就是当 $t \to \infty, \theta_i \to \theta, \forall i$.

文献 [4, 14] 考虑一个由两个社团构成的网络, 其中一个大的社团 H 是由 500 个节点, 连接概率为 $p = 0.01$ 构成的 NW 小世界网络, 另一个小团 S 是 50 个节点构成的全连接网络, 并且社团 H 与社团 S 之间只有一条边相连. 通过数值实验, 图 7.17 给出了动力学演化的时间尺度和整个 Laplacian 特征值谱之间的关系.

文献 [4] 发现网络所有振子的演化过程, 发现社团网络从不同步到全局同步有一个渐变的过程. 在初始时刻, 整个网络处于杂乱无章的状态, 没有一个节点达到了完全同步, 即完全不同步状态. 随着时间的演化, 小社团 S 率先开始同步, 大社团 H 还没有开始同步, 这个阶段称为部分同步. 这是由社团的拓扑结构决定

复杂动态网络的同步

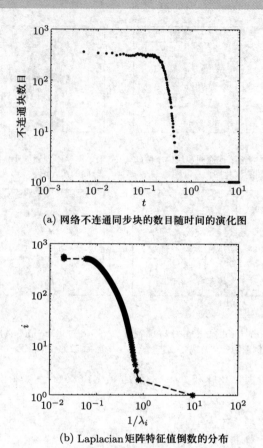

(a) 网络不连通同步块的数目随时间的演化图

(b) Laplacian 矩阵特征值倒数的分布

图 7.17 由两个社团构成的网络 (取自文献 [4])

的, 社团内的节点先同步, 全连接的小社团 S 比大社团 H 先同步. 当时间继续推移, 大社团 H 也实现了同步, 但是 H 的同步态不同于 S, 此时整个网络处于所谓的聚类同步状态. 很明显, 这是社团网络在实现完全同步的过程中一个特殊的过渡. 因此我们可以利用聚类同步阶段来识别网络的社团结构. 最后, 当时间足够长, 网络的所有振子都达到全局完全同步状态.

图 7.17 (a) 显示了网络不连通同步块的个数随时间的演化图. 在最开始的时候, 所有节点互不相关, 所以有 N 个不连通块. 随着时间的推移, 一些点开始同步, 合并成许多小块直到时间足够长形成唯一的同步块. 我们从图 7.17 (b) 中可以看到有两个相对稳定的状态, 这意味着在给定的时间尺度下, 动力学的相对稳

定性. 注意到 300 个社团的水平线比 2 个社团的水平线短, 表明 2 个聚类块的同步要比 300 个聚类块的同步更稳定, 即 2 个聚类块的社团结构与网络的拓扑结构更一致.

类似于文献 [11, 12], 我们也可以看到上述区域的相对稳定性与 Laplacian 特征值谱之间相关联, 如图 7.17 所示. 特征值谱之间的跳跃预示着存在一个相对稳定的社团结构. 从图中可以看到整个特征值谱被分成 3 块, 每个大的跳跃就把 550 个节点分成 300 块或者 2 块. 动力学同步的时间尺度和反映网络拓扑结构的 Laplacian 特征值谱之间有着令人惊讶的相似性.

类似的同步过程也可以在其他类型的社团网络观察到, 如图 7.18. 图 7.18 (a) 和 (b) 对应的是两个社团构成的网络, 每个社团是由 150 个节点构成的全连接网络, 社团之间存在 10 条连边. 图 7.18 (c) 和 (d) 是 3 个小世界模型的社团构成的网络, 第一个社团节点数 100, $p = 0.01$; 第二个节点数 150, $p = 0.1$; 第三个节点数 200, $p = 0.5$, 每两个社团间有 5 条连边.

图 7.18 (a) 显示了由两个全连接社团构成的网络的振子随时间的演化过程, 可以看到实现完全同步同样存在一个明显的渐变过程. 图 7.18 (b) 也验证了两个群的社团结构非常稳定.

从图 7.18 (c) 可以看到 3 个社团网络存在聚类同步的趋势, 然而这个渐变不如图 7.18 (a) 的网络那么明显, 这是由于图 7.18 (c) 中网络的社团结构不明显, 第一个社团是 100 个节点, 连接概率 $p = 0.01$ 的小世界网络, 它内部的边是非常稀疏的. 图 7.18 (d) 显示了这 3 个群的社团结构是非常不清晰的, 这与图 7.18 (c) 的结论一致.

基于上述分析, 我们可以得到以下结论: (i) 对于社团网络的同步, 随着时间的演化, 存在一个渐变的过程, 即完全不同步 → 部分同步 → 聚类同步 → 全局完全同步. (ii) 同步过程可以识别拓扑尺度, 即不同时间尺度下的社团结构. (iii) 同步动力学与反映网络拓扑结构的 Laplacian 特征值谱有密切的相关性. 文献 [15, 16] 还研究了 NW 小世界网络和 BA 无标度网络的广义同步过程, 也有类似的结论.

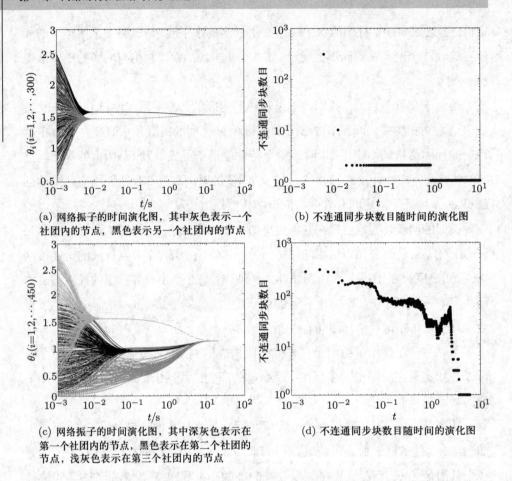

(a) 网络振子的时间演化图，其中灰色表示一个
社团内的节点，黑色表示另一个社团内的节点

(b) 不连通同步块数目随时间的演化图

(c) 网络振子的时间演化图，其中深灰色表示在
第一个社团内的节点，黑色表示在第二个社团的
节点，浅灰色表示在第三个社团内的节点

(d) 不连通同步块数目随时间的演化图

图 7.18　其他类型社团网络的同步过程

参考文献

[1] Atay F M, Bıyıkoğlu T, Jost J. Network synchronization: Spectral versus statistical properties [J]. Physica D, 2006, 224: 35–41.

[2] Mohar B. Graph Laplacians [M]// Beineke L W, Wilson R J. Topics in Algebraic Graph Theory. Cambridge: Cambridge University Press, 2004: 113–136.

[3] Chen G R, Duan Z S. Network synchronizability analysis: A graph-theoretic approach [J]. Chaos, 2008, 18: 037102.

[4] Chen J, Lu J A, Zhan C J, et al. Laplacian spectra and synchronization processes

on complex networks [M]// Thai M T, Pardalos P M. Handbook of Optimization in Complex Networks. New York: Springer, 2012: 81–113.

[5] Newman M E J, Watts D J. Renormalization group analysis of the small-world network model [J]. Phys. Lett. A, 1999, 263: 341–346.

[6] Barabási A L, Albert R. Emergence of scaling in random networks [J]. Science, 1999, 286: 509–512.

[7] Jalan S, Bandyopadhyay J N. Random matrix analysis of network Laplacians [J]. Physica A, 2008 387: 667–674.

[8] Zhan C J, Chen G, Yeung L F. On the distributions of Laplacian eigenvalues versus node degrees in complex networks [J]. Physica A, 2010, 389: 1779–1788.

[9] Gómez-Gardeñes J, Moreno Y, Arenas A. Paths to synchronization on complex networks [J]. Phys. Rev. Lett., 2007, 98: 034101.

[10] Acebrón J A, Bonilla L L, Pérez-Vicente C J, et al. The Kuramoto model: A simple paradigm for synchronization phenomena [J]. Rev. Mod. Phys., 2005, 77: 137–185.

[11] Arenas A, Díaz-Guilera A, Pérez-Vicente C J. Synchronization processes in complex networks [J]. Physica D, 2006, 224: 27–34.

[12] Arenas A, Díaz-Guilera A, Pérez-Vicente C J. Synchronization reveals topological scales in complex network [J]. Phys. Rev. Lett., 2006, 96(11): 114102.

[13] Blekhman I I. Synchronization in Science and Technology [M]. New York: ASME Press, 1988.

[14] 陈娟, 陆君安. 复杂网络中尺度研究揭开网络同步化过程 [J]. 电子科技大学学报, 2012, 41: 8–12.

[15] Chen J, Lu J A, Wu X Q, et al. Generalized synchronization of complex dynamical networks via impulsive control [J]. Chaos, 2009, 19: 043119.

[16] Liu H, Chen J, Lu J A, et al. Generalized synchronization in complex dynamical networks via adaptive couplings [J]. Physica A, 2010, 389: 1759–1770.

第 8 章 基于同步的网络拓扑识别

在现实世界中的复杂网络中, 准确的拓扑结构往往比较难知道. 能否根据复杂网络的节点动力学演化来估计网络的拓扑结构? 近来, 这个问题越来越引起各个相关领域的研究者们的兴趣, 例如在基因表达网络[1]、能量网络[2]、生物神经网络[3]中, 等等. 网络结构的识别问题有着广泛的背景, 研究复杂网络结构的识别具有重大的理论和应用价值, 它也是分析控制和预测真实的复杂网络动力学行为的先决条件.

假设网络节点动力学演化是可以测量获取的, 那么能否根据网络节点动力学演化来估计网络的拓扑结构, 或者说网络节点动力学信息对于拓扑结构的识别是否充分. 如果说已知网络拓扑结构条件下, 网络动力学的控制和同步问题是复杂动态网络的正问题, 则网络拓扑结构的识别属于复杂动态网络的反演问题 (或者反问题). 显然, 反问题比正问题困难, 而且一般来说反问题的解是不唯一的, 解反问题需要附加补充条件. 对于单个非线性或混沌系统的未知参数的估计问题已经有很多研究, 比如文献 [4-7]. 对于复杂动态网络的拓扑结构识别问题, 最近几年获得一些重要进展 [8-13]. 本章主要介绍基于自适应同步的复杂动态网络拓扑识别及参数识别的方法.

复杂动态网络的同步

8.1　基于自适应同步的网络动力学参数和拓扑识别方法

考虑含有 N 个不同节点的未知结构和未知系统参数的复杂动态网络模型, 表示如下:

$$\dot{x}_i = \bar{f}_i(x_i) + c\sum_{j=1}^{N} a_{ij} h_j(x_j) \quad i = 1, 2, \cdots, N, \tag{8.1}$$

这里 $x_i = (x_{i1}, x_{i2}, \cdots, x_{in})^{\mathrm{T}} \in R^n$ 是第 i 个节点的状态向量, $A = (a_{ij})_{N \times N} \in R^{N \times N}$ 是耦合矩阵. 如果存在从节点 i 到节点 $j(j \neq i)$ 的一条边, 那么 $a_{ij} \neq 0$; 否则, $a_{ij} = 0$. 这里耦合矩阵 A 不需要是对称的. 已知的参数 c 代表耦合强度, 满足 $c > 0$. 内连函数 $h_j(\cdot) : R^n \to R^n$.

在该模型中, 第 i 个节点的动力学方程为 $\dot{x}_i = \bar{f}_i(x_i)$. 进一步地, 我们将 $\bar{f}_i(x_i)$ 中的参数分离出来, 于是写为 $f_i(x_i) + F_i(x_i)\alpha_i$, 这里 $\alpha_i \in R^{m_i}$ (m_i 为非负整数) 是节点动力学的参数向量. 对每个 $i = 1, 2, \cdots, N$, $f_i(x_i)$ 是 n 维列向量, $F_i(x_i)$ 是 $n \times m_i$ 阶矩阵. 显然, $F_i(x_i)$ 能写为 $F_i(x_i) = (F_i^{(1)}(x_i), F_i^{(2)}(x_i), \cdots, F_i^{(m_i)}(x_i))$, 这里 $F_i^{(j)}(x_i) \in R^n$, $j = 1, 2, \cdots, m_i$.

如果参数向量 $\{\alpha_i\}_{i=1}^N$ 在模型 (8.1) 中是已知的, 该问题是文献 [8, 9] 中所研究的情形. 这里我们考虑一个更一般的模型. 假设节点动力学的参数向量 $\{\alpha_i\}_{i=1}^N$ 是未知的, 网络的耦合矩阵 A 也是未知的. 我们将利用网络中 N 个节点的演化动力学来识别这二者.

将 (8.1) 作为驱动网络, 构造其响应网络如下:

$$\dot{\hat{x}}_i = f_i(\hat{x}_i) + F_i(\hat{x}_i)\hat{\alpha}_i + c\sum_{j=1}^{N} \hat{a}_{ij} h_j(\hat{x}_j) + u_i, \quad i = 1, \cdots, N, \tag{8.2}$$

这里 $\hat{x}_i = (\hat{x}_{i1}, \hat{x}_{i2}, \cdots, \hat{x}_{in})^{\mathrm{T}} \in R^n$ 是第 i 个节点的状态向量, $u_i \in R^n$ 是控制输入, $\hat{a}_{ij}$ 是对 a_{ij} 的估计, 参数向量 $\hat{\alpha}_i$ 是对未知或不确定的参数向量 α_i 的估计.

以下给出一些假设条件.

假设 8.1. 对任意给定的 $i \in \{1, 2, \cdots, N\}$, 向量 $\{\{F_i^{(j)}(x_i)\}_{j=1}^{m_i}, \{h_j(x_j)\}_{j=1}^N\}$ 在同步流形 $\{x_i = \hat{x}_i\}_{i=1}^N$ 上线性无关.

假设 8.2. 对于节点动力学 $\bar{f}_i(\cdot)$, 假设存在一个非负常数 L_1 满足

$$\|\bar{f}_i(x_i) - \bar{f}_i(y_i)\| \leqslant L_1 \|x_i - y_i\|, \quad i = 1, \cdots, N. \tag{8.3}$$

假设 8.3. 对于内连函数 $h_j(\cdot)$, 假设存在非负常数 L_2 满足

$$\|h_j(x_j) - h_j(y_j)\| \leqslant L_2 \|x_j - y_j\|, \quad j = 1, \cdots, N. \tag{8.4}$$

记 $\tilde{x}_i = \hat{x}_i - x_i$, $\tilde{a}_{ij} = \hat{a}_{ij} - a_{ij}$, $\tilde{\alpha}_i = \hat{\alpha}_i - \alpha_i$. 因此, 由 (8.1) 和 (8.2) 式得到误差系统为

$$\dot{\tilde{x}}_i = f_i(\hat{x}_i) - f_i(x_i) + F_i(\hat{x}_i)\hat{\alpha}_i - F_i(x_i)\alpha_i + c\sum_{j=1}^N \hat{a}_{ij} h_j(\hat{x}_j) - c\sum_{j=1}^N a_{ij} h_j(x_j) + u_i. \tag{8.5}$$

我们将设计自适应控制器 u_i 使响应网络 (8.1) 和驱动网络 (8.2) 同步. 并根据定理 8.1 的法则, 未知的网络拓扑结构和系统参数也将被同时识别.

定理 8.1. 如果假设 8.1, 假设 8.2 以及假设 8.3 成立, 通过如下响应网络及自适应控制器

$$\begin{cases} \dot{\hat{x}}_i = f_i(\hat{x}_i) + F_i(\hat{x}_i)\hat{\alpha}_i + c\sum_{j=1}^N \hat{a}_{ij} h_j(\hat{x}_j) + u_i \\ u_i = -k_i \tilde{x}_i, \quad \dot{k}_i = d_i \|\tilde{x}_i\|^2 \\ \dot{\hat{\alpha}}_i = -F_i^{\mathrm{T}}(\hat{x}_i)\tilde{x}_i, \quad \dot{\hat{a}}_{ij} = -\tilde{x}_i^{\mathrm{T}} h_j(\hat{x}_j), \end{cases} \tag{8.6}$$

这里, $1 \leqslant i, j \leqslant N$, d_i 为正常数, 那么复杂动态网络 (8.1) 中未知的耦合矩阵 A 和节点动力学的系统参数 $\{\alpha_i\}_{i=1}^N$ 能分别被估计值 $\hat{A}$ 和 $\{\hat{\alpha}_i\}_{i=1}^N$ 识别.

证明: 构造如下 Lyapunov 函数

$$V(t) = \frac{1}{2}\sum_{i=1}^N \tilde{x}_i^{\mathrm{T}} \tilde{x}_i + \frac{c}{2}\sum_{i=1}^N\sum_{j=1}^N (\hat{a}_{ij} - a_{ij})^2 + \frac{1}{2}\sum_{i=1}^N \tilde{\alpha}_i^{\mathrm{T}} \tilde{\alpha}_i + \sum_{i=1}^N \frac{1}{2d_i}(k_i - k^*)^2,$$

复杂动态网络的同步

这里 k^* 是足够大的正常数. 有

$$\dot{V}(t) = \sum_{i=1}^{N} \tilde{x}_i^{\mathrm{T}} \dot{\tilde{x}}_i + c \sum_{i=1}^{N} \sum_{j=1}^{N} \tilde{a}_{ij} \dot{\tilde{a}}_{ij} + \sum_{i=1}^{N} \tilde{\alpha}_i^{\mathrm{T}} \dot{\tilde{\alpha}}_i + \sum_{i=1}^{N} \frac{1}{d_i}(k_i - k^*) \dot{k}_i$$

$$= \sum_{i=1}^{N} \tilde{x}_i^{\mathrm{T}} \{ f_i(\hat{x}_i) - f_i(x_i) + (F_i(\hat{x}_i) - F_i(x_i))\alpha_i + F_i(\hat{x}_i)\tilde{\alpha}_i$$

$$+ c \sum_{j=1}^{N} \tilde{a}_{ij} h_j(\hat{x}_j) + c \sum_{j=1}^{N} a_{ij}(h_j(\hat{x}_j) - h_j(x_j)) - k_i \tilde{x}_i \}$$

$$+ c \sum_{i=1}^{N} \sum_{j=1}^{N} \tilde{a}_{ij} \dot{\tilde{a}}_{ij} + \sum_{i=1}^{N} \tilde{\alpha}_i^{\mathrm{T}} \dot{\tilde{\alpha}}_i + \sum_{i=1}^{N} (k_i - k^*) ||\tilde{x}_i||^2$$

$$\leqslant L_1 \sum_{i=1}^{N} \tilde{x}_i^{\mathrm{T}} \tilde{x}_i + \sum_{i=1}^{N} \tilde{x}_i^{\mathrm{T}} F_i(\hat{x}_i)\tilde{\alpha}_i + c \sum_{i=1}^{N} \sum_{j=1}^{N} \tilde{a}_{ij} \tilde{x}_i^{\mathrm{T}} h_j(\hat{x}_j)$$

$$+ c \sum_{i=1}^{N} \sum_{j=1}^{N} a_{ij} \tilde{x}_i^{\mathrm{T}} (h_j(\hat{x}_j) - h_j(x_j))$$

$$+ c \sum_{i=1}^{N} \sum_{j=1}^{N} \tilde{a}_{ij} \dot{\tilde{a}}_{ij} + \sum_{i=1}^{N} \tilde{\alpha}_i^{\mathrm{T}} \dot{\tilde{\alpha}}_i - \sum_{i=1}^{N} k^* ||\tilde{x}_i||^2$$

$$= L_1 \sum_{i=1}^{N} \tilde{x}_i^{\mathrm{T}} \tilde{x}_i + c \sum_{i=1}^{N} \sum_{j=1}^{N} a_{ij} \tilde{x}_i^{\mathrm{T}} (h_j(\hat{x}_j) - h_j(x_j)) - \sum_{i=1}^{N} k^* ||\tilde{x}_i||^2$$

$$\leqslant L_1 \sum_{i=1}^{N} \tilde{x}_i^{\mathrm{T}} \tilde{x}_i + c \sum_{i=1}^{N} \sum_{j=1}^{N} L_2 a_{ij} \tilde{x}_i^{\mathrm{T}} \tilde{x}_j - \sum_{i=1}^{N} k^* ||\tilde{x}_i||^2$$

$$\leqslant \left(L_1 + L_2 \lambda_{\max} \left(\frac{A + A^{\mathrm{T}}}{2} \right) - k^* \right) \tilde{X}^{\mathrm{T}} \tilde{X},$$

这里 $\lambda_{\max}\left(\dfrac{A + A^{\mathrm{T}}}{2}\right)$ 是对称矩阵 $\dfrac{A + A^{\mathrm{T}}}{2}$ 的最大特征值. 记 $\tilde{X} = (\tilde{x}_1, \tilde{x}_2, \cdots, \tilde{x}_N)^{\mathrm{T}}$.

令 $k^* = L_1 + cL_2\lambda_{\max}\left(\dfrac{A + A^{\mathrm{T}}}{2}\right) + 1$. 我们有

$$\dot{V}|_{(8.5)(8.6)} \leqslant -\tilde{X}^{\mathrm{T}} \tilde{X}.$$

由 Lyapunov 定理[14], 当 $t \to \infty$ 时, $\hat{x}_i(t) \to x_i(t)$, 这里 $i = 1, 2, \cdots, N$. 代入 (8.5)

式可以得到, 对所有 $i = 1, 2, \cdots, N$,

$$0 = f_i(\hat{x}_i) - f_i(x_i) + F_i(\hat{x}_i)\hat{\alpha}_i - F_i(x_i)\alpha_i + c\sum_{j=1}^{N} \hat{a}_{ij}h_j(\hat{x}_j)$$

$$-c\sum_{j=1}^{N} a_{ij}h_j(x_j) - k_i\tilde{x}_i, \qquad (8.7)$$

$$= F_i(x_i)(\hat{\alpha}_i - \alpha_i) + \sum_{j=1}^{N} h_j(x_j)(\hat{a}_{ij} - a_{ij})$$

由假设 8.1, $\{\{F_i^{(j)}(x_i)\}_{j=1}^{m_i}, \{h_j(x_j)\}_{j=1}^N\}$ 在同步流形 $\{x_i = \hat{x}_i\}_{i=1}^N$ 上是线性无关的. 因此, 由上式得到: 当 $t \to \infty$ 时, $\hat{\alpha}_i = \alpha_i$, $\hat{a}_{ij} = a_{ij}$. 这就说明了通过 (8.6), 网络的耦合矩阵 A 和系统的参数向量 $\{\alpha_i\}_{i=1}^N$ 能被正确识别. $\square$

注 8.1. 在上面的证明中, 如果没有同步流形上线性无关性的条件, 将只能够得到当 $t \to \infty$ 时, $\hat{a}_{ij}, \hat{\alpha}_i$ 趋于常数值, 该值有可能不是实际值, 而是出现伪收敛的情况. 事实上, 当 $t \to \infty$ 时, 由于对所有的 $i = 1, 2, \cdots, N$, $\hat{x}_i(t) \to x_i(t)$, 由方程组 (8.6) 的第二式和第三式, 容易得到 $\dot{\hat{a}}_{ij} = 0, \dot{\hat{\alpha}}_i = 0, \dot{k}_i = 0$. 如果记 $E = \{\dot{V}|_{(8.5)(8.6)} = 0\}$, 因此集合 E 包含的最大不变集 M 是 $\{\tilde{X} = \mathbf{0}, \dot{\hat{a}}_{ij} = 0, \dot{\hat{\alpha}}_i = 0, \dot{k}_i = 0\}$, 这里 $i, j = 1, 2, \cdots, N$. 这仅仅意味着: 当 $t \to \infty$ 时, $\hat{a}_{ij}, \hat{\alpha}_i$ 收敛到某常数值. 稍后部分, 我们将给出证实这一点的反例.

接着给出一个例子来证实定理 8.1 的结果. 考虑由 20 个节点构成的无向网络. 节点动力学取为不同的 Lü 系统. 该网络结构由图 8.1 表示.

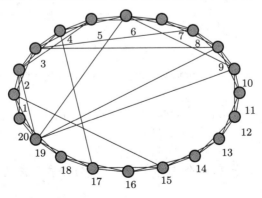

图 8.1　由 20 个节点构成的网络的拓扑结构图

这些 Lü 系统由以下方程来描述 $\dot{x}_i = f(x_i) + F(x_i)\alpha_i, i = 1, \cdots, 20$, 这里 $x_i = (x_{i1}, x_{i2}, x_{i3})^{\mathrm{T}}$, $f(x_i) = (0, -x_{i1}x_{i3}, x_{i1}x_{i2})^{\mathrm{T}}$, $F(x_i) = \mathrm{diag}\{x_{i2} - x_{i1}, x_{i2}, -x_{i3}\}$. 方程组中, 20 个不同的参数向量设置为 $\alpha_i = (36, 20 + 0.25i, 3)^{\mathrm{T}}$, $i = 1, \cdots, 20$. 取网络的耦合强度为 $c = 1$. 假设耦合矩阵 A 的第一排元素 $\{a_{1j}\}_{j=1}^{20}$ 未知, Lü 系统的参数向量 $\{\alpha_{i2}\}_{i=1}^{20}$ 未知. 我们将用定理 8.1 中的控制器和自适应法则来识别这些未知量. 对于由不同混沌系统耦合构成的动力学网络, 假设 8.1 的条件通常满足. 图 8.2 给出了识别结果. 图 8.2 (a) 显示了 a_{1j}, $j = 1, \cdots, 20$ 的识别结果; 图 8.2 (b) 显示的是未知系统参数 α_{i2}, $i = 1, \cdots, 20$ 的识别结果. 在图 8.2 (b) 中, x 轴是这 20 个节点的编号, y 轴表示在 $t = 300$ 时刻 α_{i2} 相应的识别结果. 数值结果表明我们所提出的方法的有效性.

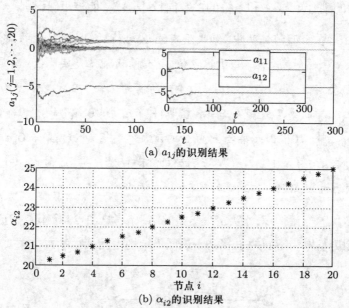

(a) a_{1j}的识别结果

(b) α_{i2}的识别结果

图 8.2 自适应识别未知动态网络的拓扑结构和系统参数

由定理 8.1 的结论很容易得到网络由相同节点构成情形的相关结果. 具体的法则由以下推论给出.

推论 8.1. 考虑含有 N 个相同节点的复杂动力学网络, 描述如下:

$$\dot{x}_i = f(x_i) + F(x_i)\alpha + c\sum_{j=1}^{N} a_{ij}h(x_j) \quad i = 1, 2, \cdots, N, \tag{8.8}$$

在类似于假设 8.1, 假设 8.2, 假设 8.3 的条件下, 复杂动态网络 (8.8) 的未知的网络拓扑结构 A 及系统参数 α, 能通过以下响应网络及自适应控制器识别,

$$
\begin{cases}
\dot{\hat{x}}_i = f(\hat{x}_i) + F(\hat{x}_i)\hat{\alpha} + c\sum_{j=1}^{N} \hat{a}_{ij} h(\hat{x}_j) + u_i \\
u_i = -k_i \tilde{x}_i, \ \dot{k}_i = d_i \|\tilde{x}_i\|^2 \\
\dot{\hat{\alpha}}_i = -\sum_{i=1}^{N} F^{\mathrm{T}}(\hat{x}_i)\tilde{x}_i, \ \dot{\hat{a}}_{ij} = -\tilde{x}_i^{\mathrm{T}} h(\hat{x}_j),
\end{cases} \tag{8.9}
$$

这里, $1 \leqslant i, j \leqslant N$ 和 d_i 为正常数. 其中, 当 $t \to \infty$ 时, $\hat{A} \to A$ 及 $\hat{\alpha} \to \alpha$.

当网络由相同节点构成时, 要特别警惕同步流形上线性无关的条件是否满足. 文献 [15] 就指出了驱动网络内部各节点的同步会阻碍拓扑识别. 在下面的一节里, 我们详细探讨 "同步流形上线性无关" 的重要性.

8.2 影响自适应拓扑识别的因素

8.2.1 同步阻碍拓扑识别

为了分析方便, 不考虑系统参数的识别, 同时假定各节点动力学和内连函数都相同, 这时动态网络为

$$
\dot{x}_i = f(x_i) + c\sum_{j=1}^{N} a_{ij} h(x_j) \quad i = 1, 2, \cdots, N, \tag{8.10}
$$

构造其响应网络为

$$
\dot{\hat{x}}_i = f(\hat{x}_i) + c\sum_{j=1}^{N} \hat{a}_{ij} h(\hat{x}_j) + u_i \quad i = 1, 2, \cdots, N,
$$

类似地设计自适应控制律. 这时候, 如果驱动网络内各节点动力学同步, 即 $h(x_i) = h(s)$, $i = 1, 2, \cdots, N$, 则在同步流形 $\{x_i = \hat{x}_i\}_{i=1}^{N}$ 上有 $\sum_{j=1}^{N}(a_{ij} - \hat{a}_{ij})h(s) = 0$, 由

此得到 $\sum_{j=1}^{N} a_{ij} = \sum_{j=1}^{N} \hat{a}_{ij}$, 而并不能得到 $a_{ij} = \hat{a}_{ij}$, 所以识别失败.

如果驱动网络部分同步 ($m < N$ 个同步): $x_1 = x_2 = \cdots = x_m = s$, 于是得到 $\sum_{j=1}^{m}(\hat{a}_{ij} - a_{ij})h(s) + \sum_{j=m+1}^{N}(\hat{a}_{ij} - a_{ij})h(x_j) = 0$, 进一步假设 $h(s)$ 和 $h(x_j), j = m+1, \cdots, N$ 线性无关, 能够得到 $\sum_{j=1}^{m}(\hat{a}_{ij} - a_{ij}) = 0$ 和 $\sum_{j=m+1}^{N}(\hat{a}_{ij} - a_{ij})h(x_j) = 0$, 即只能得到部分识别: $\hat{a}_{ij} = a_{ij}, j = m+1, \cdots, N$. 因此我们的结论是网络内各节点同步是阻碍拓扑识别, 而网络部分同步则部分不能识别, 也就是说当网络的节点之间存在很强的同步化情况下, 所有节点的动力学行为就与单个节点动力学行为几乎一样了, 从而即使知道所有节点动力学也无法导出节点之间的动力学耦合和传递关系, 于是造成由动力学识别拓扑的失败.

拓扑识别的自适应方法导出的线性无关条件在数学上是非常重要的, 对于单个系统用自适应同步做参数识别时线性无关条件的重要性, 文献 [6] 做了深入的分析. 那么, 人们自然要问, 在同步流形上线性无关怎么检验? 现在, 我们在这个线性无关条件基础上, 进一步提出 "同步是阻碍网络拓扑识别的" "完全同步就完全不能识别" "部分同步就部分不能识别" "削弱同步有利于识别"[13,15,16]. 由于同步是可以检验的, 因此在同步流形上线性无关这个条件就变得可以具体操作了. 由于同步是阻碍识别的, 所以为了识别拓扑结构, 必须削弱节点之间的一致性 (同步性). 过去人们主要研究同步的条件以及如何加强同步的问题, 很少有人研究削弱同步变同步为失同步的问题. 同步阻碍识别告诉我们, 原来削弱同步有时候也很有意义, 就像人们研究混沌控制, 后来发现混沌在某些场合是有用的, 因此才有混沌反控制的概念[17]. 因此我们在同步阻碍识别的基础上, 不妨提出反同步和复杂动态网络反同步的概念, 也许能够发现一些新的现象和新的机理.

8.2.2　耦合强度对拓扑识别的影响

下面, 我们结合主稳定函数方法[18,19] 来分析由相同节点构成网络的拓扑识别问题, 并说明线性无关条件的重要性. 第 5 章详细介绍了主稳定函数方法, 对于类型 IV(同步化区域为空集) 在这里不做考虑, 此时对网络的拓扑识别影响不大. 对于类型 I 同步化区域 (有界区域)、类型 II 同步化区域 (无界区域)、类型 III (多个同步化区域), 可以看出, 某些耦合强度 c 的取值会导致驱动系统 (8.10) 中的所有信号 x_i 同步. 对于能同步的动力学网络 (8.8), 拓扑结构是一定不能识别的, 这是因为, 驱动网络本身达到内同步时, $x_1 = x_2 = \cdots = x_N$, 自然 $\{h(x_j)\}_{j=1}^N$ 就不是线性独立的, 那么就会存在多个非零的参数 p_j,

$$\hat{a}_{ij} - a_{ij} = p_j,$$

使得 (8.7) 成立. 这就导致网络的拓扑结构并不能正确识别, 而是很有可能导致错误的识别结果.

下面给出一个具体的例子来说明以上的分析. 考虑一个由 5 个相同的 Lü 系统构成的网络. 它们之间的耦合矩阵描述如下:

$$A = \begin{pmatrix} -4 & 1 & 2 & 1 & 0 \\ 1 & -6 & 3 & 0 & 2 \\ 0 & 1 & -4 & 1 & 2 \\ 0 & 0 & 1 & -1 & 0 \\ 2 & 0 & 0 & 1 & -3 \end{pmatrix}. \tag{8.11}$$

该网络是一个有向加权的图.

Lü 系统描述如下 $\dot{x}_i = g(x_i) + G(x_i)\beta, i = 1, \cdots, 5$, 这里 $x_i = (x_{i1}, x_{i2}, x_{i3})^{\mathrm{T}}$, $g(x_i) = (0, -x_{i1}x_{i3}, x_{i1}x_{i2})^{\mathrm{T}}$, $G(x_i) = \mathrm{diag}\{x_{i2} - x_{i1}, x_{i2}, -x_{i3}\}$. 其参数向量设置为 $\beta = (36, 20, 3)^{\mathrm{T}}$. 在本节的数值试验中, 内连耦合函数都取为 $h(x_j) = x_j, j = 1, \cdots, 5$. 容易验证假设 8.3 是满足的. 另外, 我们知道 Lü 吸引子是最终有界的, 因此假设 8.2 的条件也满足.

耦合强度取为 $c = 1$, 得到如图 8.3 的识别结果. 图 8.3 (a) 结果表明: 虽然响应网络与驱动网络达到了同步, 但网络的拓扑识别失败. 图 8.3 (c) 表明在时间 $t = [0, 100]$ 内, 驱动网络的每个节点同步到了某个轨道上, 也就是

$$(x_{11}, x_{12}, x_{13})^{\mathrm{T}} = \cdots = (x_{i1}, x_{i2}, x_{i3})^{\mathrm{T}} = \cdots = (x_{N1}, x_{N2}, x_{N3})^{\mathrm{T}},$$

显然, 假设 8.1 中的线性无关的条件不能满足, 因此, 可能导致错误的识别结果. 事实上, 从 (8.7) 式, 有

$$\begin{pmatrix} x_{i2} - x_{i1} \\ 0 \\ 0 \end{pmatrix} (\hat{\beta}_1 - \beta_1) + \begin{pmatrix} 0 \\ x_{i2} \\ 0 \end{pmatrix} (\hat{\beta}_2 - \beta_2)$$

$$+ \begin{pmatrix} 0 \\ 0 \\ -x_{i3} \end{pmatrix} (\hat{\beta}_3 - \beta_3) + \begin{pmatrix} x_{i1} \\ x_{i2} \\ x_{i3} \end{pmatrix} \sum_{j=1}^{N} (\hat{a}_{ij} - a_{ij}) = 0$$

这里, 记参数向量 β 为 $(\beta_1, \beta_2, \beta_3)^{\mathrm{T}}$. 容易验证, 对所有的 $i \in 1, 2, \cdots, N$, 向量 $(x_{i2} - x_{i1}, 0, 0)^{\mathrm{T}}, (0, x_{i2}, 0)^{\mathrm{T}}, (0, 0, -x_{i3})^{\mathrm{T}}, (x_{i1}, x_{i2}, x_{i3})^{\mathrm{T}}$ 是线性无关的. 因此, 能够识别 $\hat{\beta}_1 = \beta_1, \hat{\beta}_2 = \beta_2, \hat{\beta}_3 = \beta_3$, 以及得到 $\sum_{j=1}^{N} \hat{a}_{ij} = \sum_{j=1}^{N} a_{ij} = 0$, 但无法识别 a_{ij}. 这些与图 8.3 (b) 和图 8.3 (a) 中的小图所显示的实验结果是一致的.

接着, 我们进一步考察在由相同节点动力学构成的网络中, 耦合强度对拓扑识别的影响. 考虑主稳定函数方法中类型 II (同步化区域为无界区域) 的节点动力学. 模型的取值与上面的例子一致, 只是让耦合强度在 $(0, 1]$ 之间变化. 我们来观察当耦合强度从 0 逐渐开始增加时, 网络的拓扑结构能否识别, 见图 8.4. 若平均识别误差等于 0. 表示拓扑识别正确; 否则表示拓扑识别失败. 在数值实验中, 将每次实验的演化时间设置为 = 200. 将耦合强度设置为 $c \in [0.04, 1]$, 其增加的步长为 $\Delta c = 0.02$. y 坐标代表在最后时刻 $t = 200$ 时的平均识别误差, 也就是 $\sum_{i=1}^{5} \sum_{j=1}^{5} \{|\hat{a}_{ij}(t)_{t=200} - a_{ij}|\}/25$. 图 8.4 表明小的耦合强度 $c \in (0, 0.6]$ 对拓扑识别是有利的; 当耦合强度 c 增加到某个阈值如 0.7 时, 识别就会失败. 实验结果与我们的理论分析是一致的: 对于同步化区域为无界情形, 大的耦合强度有利于驱动网络同步. 达到同步的各信号不再是线性无关的, 这对耦合矩阵的正确识别是有害的. 相反, 小的耦合强度 c 会使驱动信号本身更容易满足假设 8.1 的条件, 从而对识别有利.

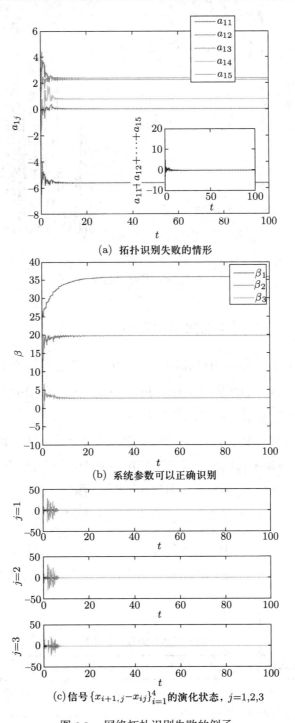

(a) 拓扑识别失败的情形

(b) 系统参数可以正确识别

(c) 信号 $\{x_{i+1,j}-x_{ij}\}_{i=1}^{4}$ 的演化状态，$j=1,2,3$

图 8.3　网络拓扑识别失败的例子

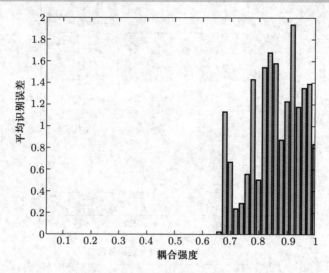

图 8.4　耦合强度与拓扑识别效果的关系图

8.2.3　节点差异性对识别效率的影响

现在通过数值仿真来分析网络中各节点的差异性怎样影响识别的效率. 还是考虑由 5 个节点构成的网络, 其耦合矩阵由 (8.11) 式给出. 该网络由 5 个不同的 Lü 系统构成. 耦合强度 $c = 1$, 改变节点动力学参数 $\{\alpha_{i2}\}_{i=1}^{5}$ 的取值范围. 在表 8.1 中, 第一行参数取为 $\{\alpha_{i2} = 20 + i\}_{i=1}^{5}$, 意味着节点的差异性相对较大; 第二行参数取为 $\{\alpha_{i2} = 20 + 0.2i\}_{i=1}^{5}$, 这意味着节点的差异性相对较小. 表中给出了取值这两组参数的情况下, 拓扑识别和参数识别速度的比较结果. 实验结果均为重复 3 次的平均结果, 并且可容许的识别误差满足 $\sum\limits_{i=1}^{5}\sum\limits_{j=1}^{5}|\hat{a}_{ij}(t) - a_{ij}|/25 < 10^{-2}$. 实验结果表明, 第一行的识别速度比较快, 第二行的识别速度比较慢. 该实验例子表明, 节点的差异性影响了识别效率: 节点的差异性越大, 拓扑识别和参数识别越快.

表 8.1　拓扑识别和参数识别速度的比较

节点动力学参数的取值范围	识别时间
$\alpha_{i2} \in (20, 25]$	$(142.1501+174.6454+147.6558)/3=154.8171$
$\alpha_{i2} \in (20, 21]$	$(935.7367+1\ 191.1+953.8639)/3=1026.9$

注 8.2. 对于含耦合时滞和节点时滞的未知复杂动态网络的拓扑识别问题, 详见文献 [13]. 由于时滞的引入, 网络动力学方程组由自治方程组变为非自治方程组, LaSalle 不变原理已不能使用, 推导比不含时滞的情形要更为复杂. 同时, 我们在处理 $\hat{x}_i(t) \to x_i(t)$ 收敛的问题上, 采用了针对于非自治系统的 Barbălat 引理. 在识别结果上, 可以发现自适应的识别方程是与时滞信号有关的.

注 8.3. 文献 [20] 在网络的拓扑识别中提出一致激励条件 (persistent excitation), 克服了 LaSalle 不变原理不能适用一般的非自治系统的局限性.

另外, 基于数据的网络拓扑识别方法简要介绍如下.

前面介绍的是基于自适应同步的网络拓扑识别方法, 但是实际问题中往往并不知道节点动力学方程, 观测得到的是节点的数据, 那么如何基于节点演化数据来识别网络的拓扑结构呢? 这也是目前国际上的一个前沿研究方向, 譬如近几年发展起来的压缩感知方法 (compressive sensing) 利用实际复杂网络邻接矩阵的稀疏性以及目标优化思想反演网络结构[21−23]; 基于格兰杰因果检验 (Granger causality test) 的网络拓扑识别方法则根据实测时间序列数据推断节点间的有向关系[24], 在一定条件下还可推断大型网络中子网的准确结构[25]; 以及由噪声诱导的用动力学相关性判断网络结构的方法[26,27] 等. 这些方法都取得了很好的效果, 并且在进一步地发展和应用.

参考文献

[1] Magwene P M, Kim J. Estimating genomic coexpression networks using first-order conditional independence [J]. Genome Biology, 2004, 5(12): R100.

[2] Singh H, Alvarado F L. Network topology determination using least absolute value state estimation [J]. IEEE Transactions on Power Systems, 1995, 10(3): 1159–1165.

[3] Zhu L, Lai Y C, Hoppensteadt F C, et al. Characterization of neural interaction during learning and adaptation from spike-train data [J]. Math. Biosci. Eng., 2005, 2(1): 1–23.

[4] Huang D. Synchronization-based estimation of all parameters of chaotic systems from time series [J]. Physical Review E, 2004, 69: 067201.

[5] Huang D, Guo R. Identifying parameters by identical synchronization between different systems [J]. Chaos, 2004, 14: 152–159.

[6] Lin W, Ma H. Failure of parameter identification based on adaptive synchronization techniques [J]. Phys. Rev. E, 2007, 75: 066212.

[7] Yu W, Chen G, Cao J, et al. Parameter identification of dynamical systems from time series [J]. Phys. Rev. E, 2007, 75(6): 067201.

[8] Yu D, Righero M, and Kocarev L. Estimating topology of network [J]. Phys. Rev. Lett., 2006, 97: 188701.

[9] Zhou J, Lu J A. Topology identification of weighted complex dynamical networks [J]. Physica A, 2007, 386(1): 481–491.

[10] Wu X. Synchronization-based topology identification of weighted general complex dynamical networks with time-varying coupling delay [J]. Physica A, 2008, 387: 997–1008.

[11] Zhou J, Yu W, Li X, et al. Identifying the topology of a coupled fitzhugh-nagumo neurobiological network via a pinning mechanism [J]. IEEE Transcations on Neural Networks, 2009, 20(10): 1679–1684.

[12] Yu W, Cao J. Adaptive synchronization and lag synchronization of uncertain dynamical system with time delay based on parameter identification [J]. Physica A, 2007, 375(2): 467–482.

[13] Liu H, Lu J A, Lü J, et al. Structure identification of uncertain general complex dynamical networks with time delay [J]. Automatica, 2009, 45(8): 1799–1807.

[14] Khalil H K. Nonlinear Systems [M]. 3rd ed. New Jersey: Pearson Education International Inc., 2000.

[15] Chen L, Lu J A, and Tse C K. Synchronization: an obstacle to identification of network topology [J]. IEEE Transactions on Circuits and Systems-II, 2009, 56(4): 310–314.

[16] 刘慧. 复杂动力网络的同步与拓扑识别 [D]. 武汉: 武汉大学数学与统计学院, 2010.

[17] Ueta T, Chen G. Bifurcation analysis Chen equation [J]. International Journal of Birfurcation and Chaos, 2000, 10: 1917–1931.

[18] Pecora L M, Carroll T L. Master stability functions for synchronized coupled systems [J]. Phys. Rev. Lett., 1998, 80(10): 2109–2112.

[19] Pecora L M. Synchronization conditions and desynchronizing patterns in coupled limit-cycle and chaotic systems [J]. Phys. Rev. E, 1998, 58(10): 347–360.

[20] Zhao J, Li Q, Lu J A, et al. Topology identification of complex dynamical networks [J]. Chaos, 2010, 20(2): 023119–7.

[21] Wang W X, Yang R, Lai Y C, et al. Predicting catastrophes in nonlinear dynamical systems by compressive sensing [J]. Physical Review Letters, 2011, 106: 154101.

[22] Han X, Shen Z, Wang W X, et al. Robust reconstruction of complex networks from sparse data [J]. Physical Review Letters, 2015, 114: 028701.

[23] Li G, Wu X, Liu J, et al. Recovering network topologies via Taylor expansion and compressive sensing [J]. Chaos, 2015, 25:043102.

[24] Wu X, Zhou C, Chen G, et al. Detecting the topologies of complex networks with stochastic perturbations [J]. Chaos, 2011, 21: 043129.

[25] Wu X, Wang W, Zheng W. Inferring topologies of complex networks with hidden variables [J]. Physical Review E, 2012, 86: 046106.

[26] Ren J, Wang W, Li B, et al. Noise bridges dynamical correlation and topology in complex oscillator networks [J]. Physical Review Letters, 2010, 104: 058701.

[27] Chen J, Lu J A, Zhou J. Topology identification of complex networks from noisy time series using ROC curve analysis [J]. Nonlinear Dynamics, 2014, 75: 761–768.

第 9 章 网络同步的某些进展

复杂动态网络的同步这一领域的研究进展十分迅速, 新的成果不断涌现. 本章介绍几个典型问题的新进展, 这些问题包括: 对于大规模网络如何在降低网络规模的同时保留初始网络的同步性质的粗粒化方法; 针对聚类环和聚类链结构, 当规模增大时网络的同步性质能否继续保持的问题; 多层网络已经成为当今复杂网络领域最前沿的重要研究方向之一, 这里介绍多层网络的结构、两层星形网络和两层 BA 网络的同步问题. 最后对网络同步的其他进展做了概述和展望.

9.1　基于同步的粗粒化方法

复杂网络的规模通常都极其庞大, 因此寻找一种能够将网络规模缩小的方法是研究复杂网络切之可行的方向. 网络的粗粒化 (coarse graining) 就给我们提供了一种降低网络规模的方法, 即将初始具有 N 个顶点、E 条连边的网络通过一定的方法映射为一个规模相对较小的具有 $\tilde{N}$ 个顶点、$\tilde{E}$ 条连边的网络, 其中 $(\tilde{N}, \tilde{E})$ 足够小以便于解决所分析的问题.

到目前为止, 已经有一些粗粒化的技巧方法: k-核分解方法 (k-core decomposition) 首先在文献 [1] 提出, 其粗粒化效果在视觉方面非常显著[2]; 基于社团发现的网络粗粒化技巧普遍被人们所接受[3], 把联系非常紧密的节点看成一个新的节点, 如此进行分组后就得到一个规模相对很小的网络. 社团识别是这种技巧的关键, 大量的社团发现算法也被提出[3-8]. 但是, 这种依据社团将网络粗粒化的方法目前还没有一个合理的证明来说明粗粒化后的网络可以保留初始网络的某些性质. 文献 [9] 提出了一种盒子覆盖技巧, 在初始网络上用一个给定大小的盒子将其覆盖, 被盒子覆盖的节点组成一个新节点, 这样得到的新网络就会保留初始网络的拓扑结构. 与此同时, 人们开始认识到网络的粗粒化过程不应该是盲目的, 在降低网络规模的同时应该保留初始网络的某些相关性质. 文献 [10, 11] 提出的一种谱粗粒化方法, 在降低网络规模的同时, 保存了初始网络的相关谱性质和同步特征.

9.1.1　基本方法

考虑一个具有 N 个节点的无向网络, 网络的拓扑结构用 Laplacian 矩阵 L 表示. 其中 $l_{ij} = -1, i \neq j$, 若节点 i 与 j 之间有连边; 否则 $l_{ij} = 0, l_{ii} = -\sum_{i \neq j} l_{ij}$.

显然矩阵 L 的行和为 0, 并且对称. 假设矩阵 L 的所有特征值按照从小到大的顺序排列为 $0 = \lambda_1 < \lambda_2 \leqslant \cdots \leqslant \lambda_N$, λ_i 对应的特征向量为 p_i, $i = 1, 2, \cdots, N$.

由主稳定函数方法可知, 当动态网络的动力学和内连矩阵固定后, 网络的同步能力是由 λ_2 或者 λ_N/λ_2 决定的. 因此在网络粗粒化过程中研究这些特征值的变化极其必要, 另外这也要求我们在进行网络粗粒化过程中尽可能保持 λ_2 或者 λ_N/λ_2 不变, 以保证在粗粒化后网络的同步能力不变.

将一个节点数为 N 的网络粗粒化成小规模的网络, 也就是说映射为节点数是 $\tilde{N}$ 的网络, 有两个问题需要解决: 一是对于要合并的节点, 应该按照什么样的规则进行合并, 以及在合并的过程中节点之间连边的权重怎样随之变化; 二是应该选择哪些节点进行合并. 如果只需要识别出初始网络中的社团结构, 第一个问题就不是那么重要了, 但是如果要构造出与初始网络同步性质相似的粗粒化网络, 这个问题就至关重要.

首先我们考虑如图 9.1 所示的一个小型网络, 其中节点之间连边的权重初始值都为 1. 假定现在要把图 9.1 (a) 网络中两个正方形节点合并成一个大的正方形节点, 那么相应边的权重如图 9.1 (b) 所示. 这是因为与两个小正方形节点相连的两个圆形节点分别有来自正方形节点的两条边与其相连, 这两个圆形节点都有对每个正方形节点的两个需求, 因此在图 9.1 (b) 网络中每个圆形节点都应保留来自大正方形节点的需求量, 即由大正方形节点指向每个圆形节点的边的权重为 2. 图 9.1 (a) 网络中的每一个正方形节点和它们所连接的每一个圆形节点仅有一个需求量, 因此图 9.1 (b) 中由圆形节点指向大正方形节点的边的权重仍然是 1. 同理, 如果继续把图 9.1 (b) 网络中的 3 个菱形节点组成一个节点, 相应连边的权重值如图 9.1 (c) 网络所示. 与菱形节点相连的两个圆形节点分别来自菱形节点的需求量是 2 和 3, 因此相应的连边权重是 2 和 3; 3 个小菱形节点来自右侧连接圆形节点的需求量是 2, 所以右侧指向菱形节点的权重是 2/3, 同理左侧圆形节点指向菱形节点的权重是 1.

按照如上所述网络粗粒化过程转换边权重的方法得到的网络, 记它的节点数为 $\tilde{N}$, 连边数为 $\tilde{E}$, 所对应的 Laplacian 矩阵 $\tilde{L}$ 可由下式得到:

$$\tilde{L} = KLR,$$

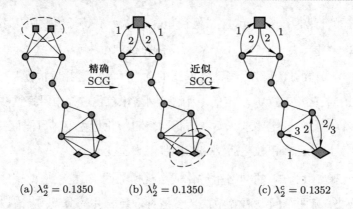

图 9.1　网络粗粒化过程中边的权重变化示意图 (取自文献 [11])

其中, $K \in R^{\tilde{N} \times N}$, $R \in R^{N \times \tilde{N}}$. K 与 R 的具体定义如下: 记初始网络的节点标号为 $i = 1, 2, \cdots, N$, 网络节点分组的组号为 $C = 1, 2, \cdots, \tilde{N}$, 那么

$$K_{Ci} = \delta_{C,C_i}/|C|; R_{iC} = \delta_{C,C_i}, \tag{9.1}$$

其中 $|C|$ 表示网络分组 C 中节点的数目, C_i 表示节点 i 所在的分组号, δ 表示常用的 Kronecker 符号, 即若 $i = j$, 则 $\delta_{ij} = 1$, 否则 $\delta_{ij} = 0$.

显然矩阵 K 的第 C 行只有在分组 C 中节点对应的元素上是非零的, 公式 (9.1) 所表达的矩阵 K 与 R 就是网络谱粗粒化中的过渡矩阵. 我们注意到 $\tilde{L}$ 虽然已经不再是一个对称的矩阵, 但是其行和依旧为 0, 这也就意味着 $\tilde{L}$ 依旧保留着网络 Laplacian 矩阵的性质.

网络粗粒化的另外一个关键问题是采取什么样的策略来选择进行合并的节点, 也就是说如何对网络的节点进行分组. 式 $\tilde{L} = KLR$ 的矩阵 R 与 K 的乘积 RK 是一个分块对角矩阵, 每一个分块对应着网络分组后某一组的节点. 在每一个分块中, 其元素都为该分块对应节点数的倒数, 这也就意味着, 如果我们把网络对应的 Laplacian 矩阵 L 的某一个特征向量 p_α 中元素相等的节点归为一组, 那么 $RKp_\alpha = p_\alpha$, 即 Kp_α 就是粗粒化后网络 $\tilde{L}$ 对应特征值 λ_α 的特征向量 $(\tilde{L}Kp_\alpha = KLRKp_\alpha = \lambda_\alpha Kp_\alpha)$. 因此按照特征向量 p_α 中的相等元素进行网络节点分组, 就可以保留初始网络的相应特征值 λ_α, 即 λ_α 也是粗粒化后网络 Laplacian 矩阵 $\tilde{L}$ 的特征值. 在网络拓扑结构上, 特征向量中相等元素对应的节点其实就是在网络中位置、连接情况等相同的节点, 比如图 9.1 (a) 中的两个正方形节点.

因此, 如果把特征向量 p_α 中数值相同的元素对应的节点进行合并, 那么得到的新的网络对应的 Laplacian 矩阵 $\tilde{L}$ 就会保留近似于 λ_α 的特征值 $\tilde{\lambda}_\alpha$. 事实上, 节点 i 和节点 j 在特征向量 p_α 中对应元素相同可以表示为

$$d_\alpha^{i,j} \equiv |p_\alpha^i - p_\alpha^j|/(p_\alpha^{\max} - p_\alpha^{\min}) \ll 1,$$

其中, $p_\alpha^{\max}$ 和 $p_\alpha^{\min}$ 分别为特征向量 p_α 中最大和最小的元素. 在实际的网络粗粒化过程中, 条件 $d_\alpha^{i,j} \ll 1$ 可以按照如下的规则得到. 将 p_α 中元素在 $p_\alpha^{\max}$ 与 $p_\alpha^{\min}$ 之间均匀分成 I 个区间, 将落在同一个区间的元素对应的节点合并成一个新的节点.

在图 9.1 中, 我们验证这种谱粗粒化方法关于特征向量 p_2 的效果. 图 9.1 (a) 网络中两个正方形节点在网络拓扑结构中性质相同, 其在特征向量 p_2 中对应的元素也是相同的. 按照谱粗粒化方法得到新的网络, 图 9.1 (b) 对应的 Laplacian 矩阵 L_b 的第二特征值 $\lambda_2^b = \lambda_2^a = 0.1350$. 图 9.1 (b) 中 3 个菱形节点虽然在网络拓扑结构中性质稍有差异, 但是在特征向量 p_2 中对应的元素值很接近, 按照谱粗粒化方法得到新的网络, 图 9.1 (c) 对应的 Laplacian 矩阵 L_c 的第二特征值 $\lambda_2^c = 0.1352 \approx \lambda_2^a$, 误差很小. 也就是说, 我们所做的谱粗粒化方法不必须要求合并对应特征向量中元素相等的节点, 对于合并对应元素值接近的节点也可以达到非常满意的结果. 另外, 这种谱粗粒化方法还可以同时保留初始网络的多个特征值, 只要在粗粒化过程中, 合并那些在每一个需要保留的特征值对应的特征向量中落在同一个分组区间的节点. 这里我们研究在网络的粗粒化过程中 λ_2 以及 λ_N/λ_2 的值是如何变化的, 因为涉及两个特征值 λ_2 和 λ_N, 因此在粗粒化过程将网络分组时, 我们要求同时满足 $d_2^{i,j} \ll 1$ 和 $d_N^{i,j} \ll 1$. 也就是说, 在特征向量 p_2 和 p_N 中最大元素和最小元素之间划分区间 I 的多少, 决定了粗粒化后新的网络规模的大小, 即划分区间越少, 则 $\tilde{N}$ 越小.

9.1.2 粗粒化方法在几种聚类网络上的应用

为了验证粗粒化方法在具有明显聚类块结构网络上的效果, 文献 [12] 考虑两

个聚类网络. 图 9.2 (a) 是由 5 个 BA 无标度社团连接成的环状网络, 每个社团内部节点数为 50. 图 9.2 (b) 是 5 个 WS 小世界社团连接成的环状网络, 每个社团内部节点数也为 50, 内部随机化重连概率为 0.4.

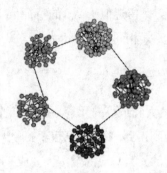 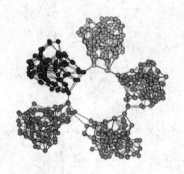

(a) 聚类块内部结构为BA无标度网络　　　(b) 聚类块内部结构为WS小世界网络

图 9.2　环状聚类网络 (取自文献 [12])

已经有研究证明, 这样的聚类网络的同步能力是由社团内的连边数以及社团间的连边数决定的[13]. 这里用 p_s 表示社团内部节点间的连边概率, p_l 表示不同社团间节点的连边概率. 显然 p_s 越大, 网络的聚类结构越明显, 而 p_l 越大, 网络的聚类结构越模糊. 对于一个具有明显聚类结构的网络, 对 Laplacian 矩阵相应特征向量的元素进行分组就比较容易, 因此粗粒化方法应用在这样的聚类网络上效果就更好. 反之, 如果网络的聚类结构很不明显, 合并合适的节点就比较困难, 这样的网络粗粒化效果就比较差. 下面我们研究当社团内部节点的连边概率和不同社团间节点的连边概率改变时, 粗粒化后的网络的同步能力是怎样保留的.

1. 改变社团内部节点的连边概率

首先考虑初始网络为 BA 无标度环状聚类网络, 如图 9.2 (a). 网络中社团内部节点间以 4 种不同的连边概率 p_s 加边, p_s 越大意味着网络社团结构越明显. 根据粗粒化方法, 初始网络的 250 个节点合并成 $\tilde{N}$ 个节点. 图 9.3 (a) 和图 9.3 (c) 显示了对于不同的 p_s, $\tilde{\lambda}_2$ 和 $\tilde{\lambda}_{\tilde{N}}/\tilde{\lambda}_2$ 随着 $\tilde{N}$ 改变的演化过程. 当网络规模不断下降时, $\tilde{\lambda}_2$ 和 $\tilde{\lambda}_{\tilde{N}}/\tilde{\lambda}_2$ 的值都基本保持不变. 可以发现, 网络规模的阈值随着 p_s 的减小而增大. 这说明对于聚类结构不明显的网络, 粗粒化后的网络规模需要更大才能使 $\tilde{\lambda}_2$ 和 $\tilde{\lambda}_{\tilde{N}}/\tilde{\lambda}_2$ 的值与初始网络的相应值保持不变. 另一方面, 图 9.3 (b)

和图 9.3 (d) 研究了对于不同的 p_s, 初始网络与粗粒化后网络 $\tilde{\lambda}_2$ 和 $\tilde{\lambda}_{\tilde{N}}/\tilde{\lambda}_2$ 的相对误差随着 $\tilde{N}$ 的演化趋势. 可以看到当 p_s 减小时, 初始网络与粗粒化后网络的 $\tilde{\lambda}_2$ 和 $\tilde{\lambda}_{\tilde{N}}/\tilde{\lambda}_2$ 的相对误差在增加. 这个结果表明与聚类结构明显的网络相比, 聚类结构不明显的网络, 需要更大的 $\tilde{N}$ 才能达到相同的相对误差.

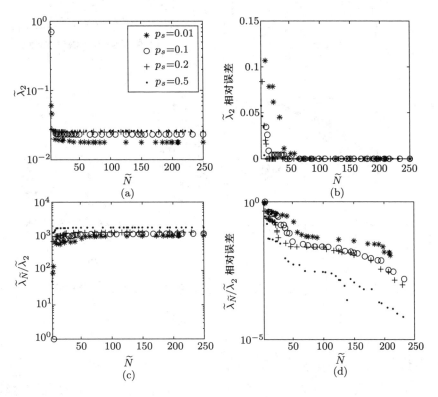

图 9.3　BA 无标度环状聚类网络 $\tilde{\lambda}_2$ 与 $\tilde{\lambda}_{\tilde{N}}/\tilde{\lambda}_2$ 及其相对误差随着 $\tilde{N}$ 变化的演化图 (取自文献 [12])

对于图 9.2 (a) 中的 BA 无标度环状聚类网络, 分别粗粒化为 150 个节点和 50 个节点, $\tilde{\lambda}_2$ 和 $\tilde{\lambda}_{\tilde{N}}/\tilde{\lambda}_2$ 随社团内部加边概率 p_s 的变化情况如图 9.4 所示. 其中图 9.4 (a) 与图 9.4 (b) 分别表示随着 p_s 的增加, 粗粒化后网络的 $\tilde{\lambda}_2$ 及其较初始网络 $\tilde{\lambda}_2$ 的绝对误差的变化情况; 图 9.4 (c) 与图 9.4 (d) 分别表示粗粒化后网络的特征值比 $\tilde{\lambda}_{\tilde{N}}/\tilde{\lambda}_2$ 与其较初始网络的绝对误差随 p_s 的变化情况. 对于图 9.2 (b) 中的 WS 小世界环状聚类网络同样进行粗粒化, 分别粗粒化到 50 个节点和 150 个节点, 其结果与图 9.2 (a) 网络粗粒化效果相似.

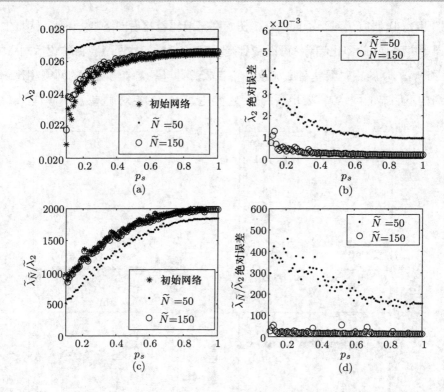

图 9.4　BA 无标度环状聚类网络 $\tilde{\lambda}_2$ 与 $\tilde{\lambda}_{\tilde{N}}/\tilde{\lambda}_2$ 及其绝对误差随着 p_s 变化的演化图 (取自文献 [12])

　　从仿真结果上看, 不管是对于 BA 无标度环状聚类网络还是对于 WS 小世界环状聚类网络, 随着社团内部加边概率 p_s 的增加, 网络的聚类结构越来越显著, 粗粒化后网络的 $\tilde{\lambda}_2$ 与特征值之比 $\tilde{\lambda}_{\tilde{N}}/\tilde{\lambda}_2$ 都越来越接近初始网络相应的值, 也就是说粗粒化的效果随着 p_s 的增加越来越好.

　　为继续验证我们的结论, 分别对如图 9.5 (a) 所示的具有 266 个节点的随机环状聚类网络进行粗粒化, 得到的结果如图 9.6 所示, 给出了将网络粗粒化到 137 个节点和 73 个节点时相应的 $\tilde{\lambda}_2$ 和 $\tilde{\lambda}_{\tilde{N}}/\tilde{\lambda}_2$ 的绝对误差随 p_s 的变化过程. 可以看出, 随着社团内部加边概率的增加, 网络粗粒化后得到的 $\tilde{\lambda}_2$ 和 $\tilde{\lambda}_{\tilde{N}}/\tilde{\lambda}_2$ 的绝对误差越来越小.

　　综上所述, 对于社团结构比较明显的网络, 无论是 BA 无标度环状聚类网络、WS 小世界环状聚类网络, 还是随机环状聚类网络, 随着社团内部加边概率

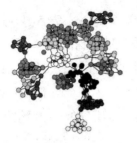  

(a) 节点数 $N=266$, 聚类块个数为20　　(b) 粗粒化至 $\widetilde{N}=137$ 个节点　　(c) 粗粒化至 $\widetilde{N}=73$ 个节点

图 9.5　随机环状聚类网络 (取自文献 [12])

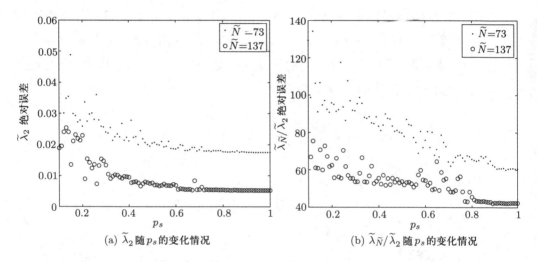

(a) $\widetilde{\lambda}_2$ 随 p_s 的变化情况　　　　　　　　(b) $\widetilde{\lambda}_{\widetilde{N}}/\widetilde{\lambda}_2$ 随 p_s 的变化情况

图 9.6　随机环状聚类网络粗粒化前后 $\widetilde{\lambda}_2$ 及 $\widetilde{\lambda}_{\widetilde{N}}/\widetilde{\lambda}_2$ 的绝对误差随着 p_s 的变化情况 (取自文献 [12])

p_s 的增加, 聚类结构就越明显, 粗粒化后网络的 $\widetilde{\lambda}_2$ 及 $\widetilde{\lambda}_{\widetilde{N}}/\widetilde{\lambda}_2$ 越接近初始网络相应的值. 这就是说, 随着 p_s 的增加, 粗粒化方法对保持网络同步性质不变的效果更好.

2. 改变不同社团间节点的连边概率

对于以上提到的几种网络, 不同社团间的节点以概率 p_l 加边, 同时保持 p_s 不变 ($p_s = 0.6$), 考察随着 p_l 的增加, 网络粗粒化效果的变化情况. 其实, 网络的社聚类构随着 p_l 的增加越来越不显著. 为保证网络的聚类结构, 这里要求 $p_l \ll p_s$.

以图 9.2 (a) 中的 BA 无标度环状聚类网络作为初始网络, 不同社团间的节

点以概率 p_l 进行加边, 得到的仿真效果如图 9.7 (a) 和图 9.7 (b) 所示. 可以看出随着 p_l 的增加, 粗粒化后的网络对应的特征值 $\tilde{\lambda}_2$ 及其特征值之比 $\tilde{\lambda}_{\tilde{N}}/\tilde{\lambda}_2$ 与初始网络的误差越来越大. 事实上, 随着社团间加边概率的增加, 社团之间的连边数随之增加, 网络的聚类结构越来越不明显, 因此 p_l 的增加不利于网络粗粒化. 我们可以从另一个方面得出结论: 网络粗粒化方法对聚类结构越明显的网络越好.

为了继续验证我们的结论, 对图 9.2 (b) 中的 WS 小世界环状聚类网络和图 9.5 (a) 所示的随机环状聚类网络进行社团间加边, 分别考察粗粒化后的网络较初始网络的 $\tilde{\lambda}_2$ 及 $\tilde{\lambda}_{\tilde{N}}/\tilde{\lambda}_2$ 的绝对误差, 详细结果见文献 [12]. 可以得到, 不论是对于 BA 无标度环状聚类网络、WS 小世界环状聚类网络还是随机环状聚类社团网络, 粗粒化后的 $\tilde{\lambda}_2$ 及 $\tilde{\lambda}_{\tilde{N}}/\tilde{\lambda}_2$ 的绝对误差都是随着社团间加边概率 p_l 增加而增大的, 粗粒化效果随着聚类结构的削弱变得越来越差. 因此可以从另一个方面说明聚类结构是有利于网络粗粒化的.

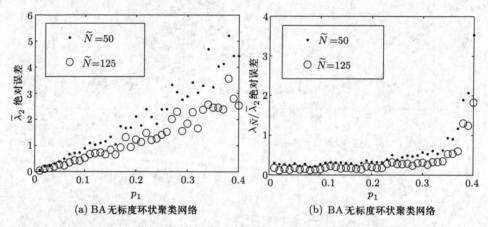

(a) BA无标度环状聚类网络　　　　(b) BA无标度环状聚类网络

图 9.7　固定 $p_s = 0.6$, 网络粗粒化前后 $\tilde{\lambda}_2$ 及 $\tilde{\lambda}_{\tilde{N}}/\tilde{\lambda}_2$ 的绝对误差随着 p_l 的变化情况 (取自文献 [12])

9.1.3　粗粒化与社团显著度

为了刻画一个给定网络的聚类程度, 我们采用文献 [14, 15] 中所定义的社团显著度

$$Q = \sum_{s=1}^{m} \left\{ \frac{\omega_{ss}}{|E|} - \left(\frac{\omega_s}{2|E|} \right)^2 \right\}, \tag{9.2}$$

其中 m 是网络的聚类块个数, $|E|$ 表示网络中连边的总数, ω_{ss} 与 ω_s 分别表示在聚类块 s 中内部节点之间的连边数和内部节点总的度和.

考虑图 9.2 所示的两个环状聚类网络, 社团内部节点按照概率 p_s 加边, 得到不同初始网络的社团显著度 Q 值. $\tilde{\lambda}_2$ 及特征值比 $\tilde{\lambda}_{\tilde{N}}/\tilde{\lambda}_2$ 如图 9.8 所示. 可以看到, 随着网络社团显著度的增加, $\tilde{\lambda}_2$ 和 $\tilde{\lambda}_{\tilde{N}}/\tilde{\lambda}_2$ 越来越逼近初始网络的相应值. 即网络粗粒化随着社团显著度 Q 的增加越来越有效.

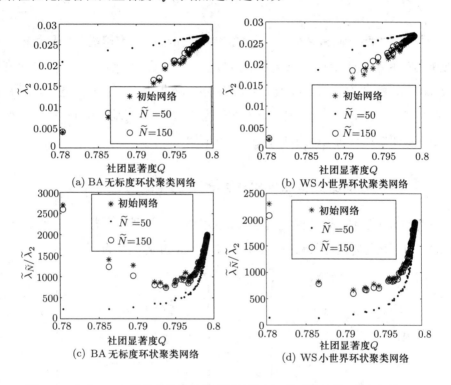

图 9.8　改变 p_s 时, 粗粒化效果随着社团显著度 Q 的变化情况 (取自文献 [12])

当固定 $p_s = 0.6$, 改变社团间的连边概率 p_l 时, 可以看到类似的现象. 总之, 当社团显著度 Q 不断增加时, 两个刻画同步能力的指标在网络粗粒化前后的差距越来越小. 换句话说, 在网络粗粒化后, 聚类结构明显的网络其同步能力可以很好地保持不变, 但是聚类结构不明显的网络其同步能力就不能很好地保持不变.

9.2 聚类环和聚类链同步的尺度可变性

本节讨论环、链和聚类环、聚类链的同步能力, 研究聚类环和聚类链在网络规模发生变化的情况下, 其同步能力是怎样变化的, 也就是同步的尺度可变性 (scalability) 问题. 由于实际网络是在不断变化 (不断增大) 的, 因此这个问题有着广泛的实际背景[6,19,20]. 目前这方面的研究还比较少, 文献 [16, 17] 研究了聚类网络在规模增加时同步能力的尺度可变性问题.

9.2.1 从环状网络到链状网络同步能力的变化

文献 [18] 研究了环状网络模型与链状网络模型的同步能力. 先考虑 N 个节点的无向环状与有向环状网络, 其耦合 Laplacian 矩阵分别为

$$\begin{pmatrix} 2 & -1 & 0 & \cdots & 0 & -1 \\ -1 & 2 & -1 & \cdots & 0 & 0 \\ 0 & -1 & 2 & \cdots & 0 & 0 \\ 0 & 0 & 0 & \cdots & 0 & 0 \\ \vdots & \vdots & \vdots & & \vdots & \vdots \\ 0 & 0 & 0 & \cdots & 2 & -1 \\ -1 & 0 & 0 & \cdots & -1 & 2 \end{pmatrix}_{N \times N} \text{和} \begin{pmatrix} 1 & 0 & 0 & \cdots & 0 & -1 \\ -1 & 1 & 0 & \cdots & 0 & 0 \\ 0 & -1 & 1 & \cdots & 0 & 0 \\ 0 & 0 & -1 & \cdots & 0 & 0 \\ \vdots & \vdots & \vdots & & \vdots & \vdots \\ 0 & 0 & 0 & \cdots & 1 & 0 \\ 0 & 0 & 0 & \cdots & -1 & 1 \end{pmatrix}_{N \times N}.$$

图 9.9 是环状结构示意图. 在环状网络上断开一条边即变为链状结构, 如图 9.10 所示.

假设 N 为偶数, 无向环状耦合矩阵特征值为 0 与 $4\sin^2(k\pi/N)$, $k = 1, 2, \cdots,$ $N-1$, 其最大与最小非零特征值之比为 $\lambda_2/\lambda_N = \sin^2(\pi/N)$. 有向环状耦合矩阵特征值的实部为 0 和 $2\sin^2(k\pi/N)$, $k = 1, 2, \cdots, N-1$, $\lambda_2/\lambda_N = \sin^2(\pi/N)$. 无

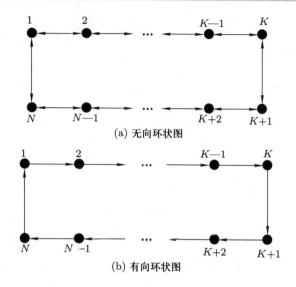

(a) 无向环状图

(b) 有向环状图

图 9.9　环状结构示意图

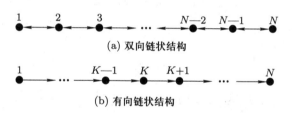

(a) 双向链状结构

(b) 有向链状结构

图 9.10　链状结构示意图

向环和有向环断开一条边成为无向链和有向链时, 其耦合 Laplacian 矩阵分别为

$$
\begin{pmatrix}
1 & -1 & 0 & \cdots & 0 & 0 \\
-1 & 2 & -1 & \cdots & 0 & 0 \\
0 & -1 & 2 & \cdots & 0 & 0 \\
0 & 0 & -1 & \cdots & 0 & 0 \\
\vdots & \vdots & \vdots & & \vdots & \vdots \\
0 & 0 & 0 & \cdots & 2 & -1 \\
0 & 0 & 0 & \cdots & -1 & 1
\end{pmatrix}_{N \times N}
\quad \text{和} \quad
\begin{pmatrix}
0 & 0 & 0 & \cdots & 0 & 0 \\
-1 & 1 & 0 & \cdots & 0 & 0 \\
0 & -1 & 1 & \cdots & 0 & 0 \\
0 & 0 & -1 & \cdots & 0 & 0 \\
\vdots & \vdots & \vdots & & \vdots & \vdots \\
0 & 0 & 0 & \cdots & -1 & 1
\end{pmatrix}_{N \times N}
$$

无向链状耦合矩阵特征值为 0 和 $4\sin^2(k\pi/2N)$, $k = 1, 2, \cdots, N-1$, $\lambda_2/\lambda_N =$

$\dfrac{\sin^2(\pi/2N)}{\sin^2((N-1)\pi/2N)}$. 有向链状耦合矩阵特征值为特征值为 0 与 $1(N-1$ 重),
$\lambda_2/\lambda_N = 1$.

容易看出, 当从无向耦合环断开一条边成为无向链的时候, 比值 λ_2/λ_N 从 $\sin^2(\pi/N)$ 减小到 $\dfrac{\sin^2(\pi/2N)}{\sin^2((N-1)\pi/2N)}$, 断开后与断开前 λ_2/λ_N 的比值为 $\dfrac{\sin^2(\pi/2N)}{\sin^2(\pi/N)\sin^2((N-1)\pi/2N)}$, 在节点数大于 4 的时候它是大于 1 的, 于是同步能力是减弱的. 如果利用最小非零特征值 λ_2 来衡量同步能力, 也有相同的结果.

对于有向耦合结构, $\mathrm{Re}(\lambda_2)$ 越大就越容易同步, 当从有向环断开一条边成为有向链的时候, $\mathrm{Re}(\lambda_2)$ 从 $2\sin^2(\pi/N)$ 变为 1, 因此同步能力都是增强的, 在 N 很大时增强约 $N^2/(2\pi^2)$ 倍, 所以有向环成为有向链时同步能力有明显的增强. 如果利用 λ_2/λ_N 来衡量同步能力, 也有类似的结果. 进一步的数值仿真也验证了上述事实, 详见文献 [18]. 因此, 无向环和有向环在断开一条边成为无向链和有向链时, 同步能力的变化是完全不同的. 这一结论很有趣, 在现实世界中也存在这样的现象.

9.2.2　聚类环和聚类链同步的尺度可变性

所谓聚类网络是指聚类块之间连接比较稀疏、块内连接比较稠密的网络. 这里讨论的聚类环和聚类链, 是指将 m 个聚类块 (聚类块内可以是随机、小世界和无标度网络结构) 连接成环或者链的结构. 考虑聚类环和聚类链规模以两种方式增大: 一种是保持聚类块数目而增加聚类块内部节点数目, 另一种是保持聚类块内部节点数目而增加聚类块数目, 研究以这两种方式增大网络规模时同步能力是如何变化的[17].

假设由 m 个相同的聚类块构成一个聚类环 (或聚类链) 网络, 每个聚类块中有 n 个节点, 这 m 个相同聚类块构成无向的环状 (或链状) 时, 连接方式分为同点连接和随机连接两种. 同点连接是指每个聚类块中只选择一个节点与其他聚类块连接, 随机连接是指每个聚类块中与其他聚类块连接的节点是随机确定的. 以下聚类块内按照随机、小世界、无标度结构组成, 取 $n = 100$, $m = 20$, Laplacian 矩阵特征值的计算均为 20 次平均. 表 9.1 是从环状同点连接变为链状同点连接

时 λ_2 和 λ_2/λ_N 及其变化.

表 9.1 说明, 特征值与聚类块内是随机、小世界还是无标度结构基本无关, 从聚类环变为聚类链时, 同步能力明显下降了 3.9 倍左右. 同样方式计算随机连接, 发现随机连接的聚类网络比同点连接的聚类网络同步能力小一些, 对于聚类块内是随机结构的小 $1.23 \sim 1.26$ 倍, 小世界结构的小 $1.59 \sim 1.70$ 倍, 无标度结构的小 $1.87 \sim 1.91$ 倍. 随机连接比同点连接的同步能力略小, 这是因为同点连接聚类网络的最短路径长度较小. 但是随机连接情况从聚类环变为聚类链时, 同步能力下降也是 $3.8 \sim 3.9$ 倍, 详见文献 [17].

表 9.1　从环状同点连接变为链状同点连接时, λ_2 和 λ_2/λ_N 及其变化

特征值	随机		小世界		无标度	
	λ_2	λ_2/λ_N	λ_2	λ_2/λ_N	λ_2	λ_2/λ_N
环状	9.6607×10^{-4}	4.7223×10^{-5}	9.4348×10^{-4}	8.1572×10^{-5}	9.3225×10^{-4}	3.5×10^{-5}
链状	2.4546×10^{-4}	1.2025×10^{-5}	2.4404×10^{-4}	2.2043×10^{-5}	2.4339×10^{-4}	9.1397×10^{-6}
环变链时同步能力下降倍数	3.936	3.927	3.866	3.864	3.830	3.829

以下我们只讨论同点连接的聚类网络在规模增大时同步能力的变化. 第一种情况是保持聚类环 (或者聚类链) 块数不变 ($m = 20$), 而增加聚类环 (或者聚类链) 每块内部节点数目 (n 从 50 到 250 变化), 得到的结果分别见图 9.11 和图 9.12. 第二种情况是保持聚类环 (或者聚类链) 每块内部节点数目 ($n = 50$), 而增加聚类环或者聚类链) 的块数 (m 从 20 到 100 变化), 得到的结果分别见图 9.13 和图 9.14.

综合以上讨论可知, 无论是聚类环还是聚类链, 无论以何种形式增大规模, 其同步能力都是减小的. 进一步可以利用谱粗粒化方法解释数值的结果, 详见文献 [17].

下面再讨论对于聚类环和聚类链, 以上两种方式增加相同规模时同步能力的变化是否一致. 图 9.15 和图 9.16 给出块内为随机结构的聚类环和聚类链按两种

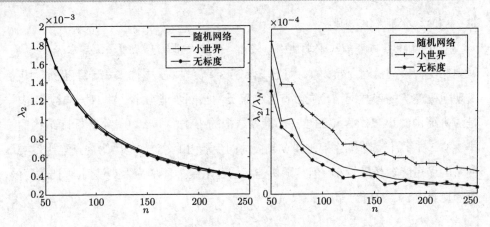

图 9.11 聚类环固定 $m = 20$ 而改变 n 时特征值的变化

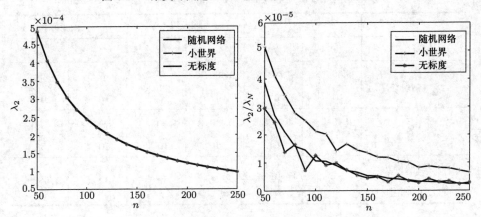

图 9.12 聚类链固定 $m = 20$ 而改变 n 时特征值的变化

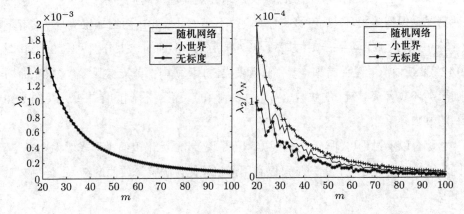

图 9.13 聚类环固定 $n = 50$ 而改变 m 时特征值的变化

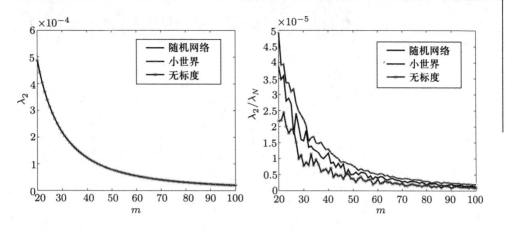

图 9.14　聚类链固定 $n = 50$ 而改变 m 时特征值的变化

方式增加相同规模时特征值的变化, 块内为小世界和无标度结构时也有类似规律. 由于篇幅所限, 这里只给出聚类块内为随机结构的情形, 块内为小世界和无标度结构情形, 结论完全类似.

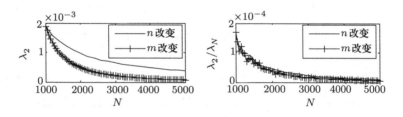

图 9.15　固定 n 增加 m 与固定 m 增加 n 两种情况聚类环的特征值变化

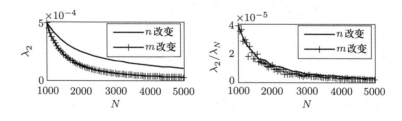

图 9.16　固定 n 增加 m 与固定 m 增加 n 两种情况聚类链的特征值变化

从图 9.15 和图 9.16 可以看出, 无论聚类环还是聚类链 (块内是随机结构), 当网络总规模同样增大时, 增加聚类块个数比增加聚类块内节点数目, 其网络同步能力下降得更快. 图 9.17 给出环、链和聚类环 (块内随机结构) 在 N 增大时的特征值变化.

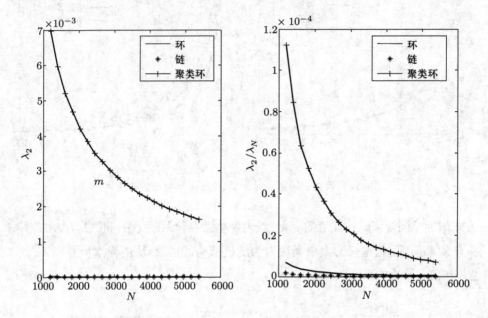

图 9.17　环、链和聚类环在 N 增大时特征值变化

总之, 稠密环和稠密链在规模增大时同步能力的尺度可变性有以下几个结论:

(1) 在网络规模增大时, 无论是聚类环还是聚类链, 其同步能力都是下降的, 而与聚类块内部是随机、小世界或者无标度结构基本无关.

(2) 在网络以相同规模增大时, 增加聚类块数目的方式比增加聚类块内部节点数目的方式, 其同步能力下降得更快, 即聚类结构增大对同步的削弱作用远没有环和链结构的增大对同步的削弱作用来得大. 请注意, 在讨论 NW 小世界网络的同步能力时我们曾经指出, 只要保持加边概率 p 不变, 小世界网络规模越大其同步化能力越强.

(3) 在网络规模增大时, 为了保持同步能力, 首先应该避免链结构和环结构, 尤其是链结构, 其次才避免聚类结构.

最后, 我们来做一个数值试验, 验证利用特征值刻画网络同步能力与最小耦合强度刻画网络同步能力的一致性. 网络同步能力是由网络达到完全同步时所需要的最小耦合强度 c 的大小来决定的, c 越小则同步能力越强. 这里节点采用

Lorenz 系统, 内连矩阵 $\mathrm{diag}\{1,0,0\}$, 每个聚类块内为全连接结构的聚类环, 节点数目从 $N = 15(m = 3, n = 5)$ 开始以改变 n 或 m 两种方式增加, 来比较最小耦合强度和最小非零特征值 (假设同步稳定域是无界的). 假设增加块内节点数目 n 和增加聚类块数目 m 所需最小耦合强度分别记为 c^1 和 c^2, 对应的最小非零特征值分别记为 λ_2^1 和 λ_2^2. 图 9.18 (a) 表示规模同样增大时, 增加聚类块数目 m 时最小非零特征值 λ_2^2 更小, 图 9.18 (b) 表示增加聚类块数目 m 时最小耦合强度 c^2 增加更快, 计算得到 $c^1/c^2 \approx 0.6892$, $\lambda_2^2/\lambda_2^1 \approx 0.6610$, $c^1/c^2 \approx \lambda_2^2/\lambda_2^1$. 说明了用特征值刻画网络同步能力与最小耦合强度刻画网络同步能力是一致的. 同时也说明, 用特征值不但可以比较规模相同网络的同步能力, 也可以比较规模不同网络的同步能力.

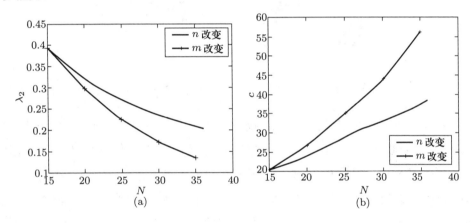

图 9.18　特征值刻画网络同步能力与最小耦合强度刻画网络同步能力的比较

9.3　多层网络的同步

目前复杂网络领域大多数研究还是集中在单个网络而忽略了多种网络相互作用的存在, 最近几年国际上提出 "网络的网络 (network of networks)" 和 "多层网络 (multiplex network)" 模型, 成为当今复杂网络领域最前沿的重要研究方向之一[21,22].

图 9.19 是一个 3 层社会网络, 3 层包括朋友网络、家庭网络和工作关系网络, 这 3 种网络的边 (关系) 是具有不同性质的, 同一个节点 (人) 在每一层中扮演不同的角色, 因此它是一个多层网络.

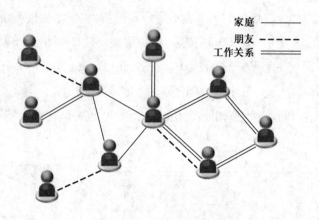

图 9.19　朋友、家庭和工作关系网络 (取自文献 [22])

流行病传播和消息传播是复杂网络上两大基本传播动力学过程, 已有研究大多都是独立地分析这两个单层网络的传播动力学. 然而, 实际中物理接触网络上的疾病传播和信息通信网络上的关于疾病消息的传播, 它们紧密相关并相互影响. 接触网络上的流行病爆发会引发通信网络上的消息爆发, 而消息的传播会增加疾病的爆发阈值. 大规模的流行病爆发依赖于关于疾病消息的传播, 尤其是流行病传播初期, 个体意识到存在感染邻居将采取措施保护自己, 从而极大程度地抑制了流行病传播. 文献 [23] 分析了社会因素对流行病传播的影响, 如图 9.20 所示, A 是人们在社会网络中的接触网络, B 是疾病传染网络, C 是 A 和 B 相互耦合的网络, 每一个人都是这种两层网络中的个体. 这种两层网络表现出极其复杂的动力学效果, 探究消息传播和流行病传播所构成的两层网络的内在机制及其相互影响成为了一个新的研究方向, 它加深了人们对信息 – 疾病耦合动力学、社会 – 生物传播系统的理解和认识, 为流行病预警和控制提供一定的理论依据.

多层网络最重要的例子是互联网与电网、电信、金融网络的耦合, 如互联网以电网为支撑, 而电网又通过电信网得到指令. 电网、电信、银行都需要接入互联网, 并在网上互通信息. 因此, 仅限于单层网络的研究已经远不能满足现实的需

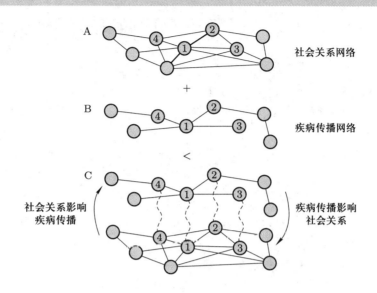

图 9.20   社会关系和疾病传播网络 (取自文献 [23])

要, 必须改变目前在多层网络研究方面理论、方法和技术手段相对匮乏的局面.

9.3.1   多层网络的结构

图 9.21 是一个两层网络示意图, 图 9.22 是一个四层网络示意图, 每层的节点数目是相同的, 但是各层的结构可以不同, 各层网络有自己的层内连接形成的拓扑结构, 可以是有向或无向、加权或无权, 层间连接是沟通不同层的渠道, 也可以是有向或无向、加权或无权. 当层内连接和层间连接给定, 多层网络的结构就完全确定了.

我们知道, 网络结构由网络所对应的 Laplacian 矩阵所决定, Laplacian 矩阵的特征值在研究网络动力学 (如传播、同步等) 中极其重要. 下面考虑一个 M 层每层 N 个节点的多层网络, 假设每个单层网络的结构可以不同, 层间的连接相同, 层间和层内网络是无向无自环. 我们称这个多层网络 Laplacian 矩阵为超 Laplacian 矩阵 $\mathcal{L}$, 它可以分解成层内超 Laplacian 矩阵 $\mathcal{L}^L$ 和层间超 Laplacian 矩阵 $\mathcal{L}^I$ 两部分:

$$\mathcal{L} = \mathcal{L}^L + \mathcal{L}^I, \tag{9.3}$$

其中层内超 Laplacian 矩阵是各个层内 Laplacian 矩阵的直和, 即

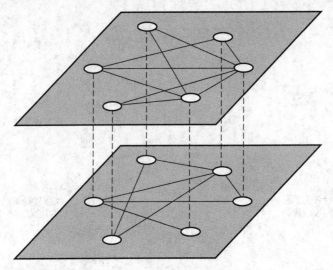

图 9.21　两层网络示意图 (取自文献 [24])

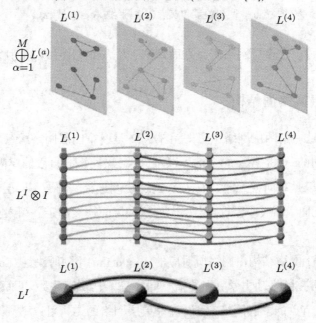

图 9.22　四层网络示意图 (取自文献 [25])

$$
\mathcal{L}^L = \begin{pmatrix} a_1 L^{(1)} & 0 & \cdots & 0 \\ 0 & a_2 L^{(2)} & \cdots & 0 \\ \vdots & \vdots & & \vdots \\ 0 & 0 & \cdots & a_M L^{(M)} \end{pmatrix} = \bigoplus_{\alpha=1}^{M} a_\alpha L^{(\alpha)} \tag{9.4}
$$

其中, a_α 是第 α 层网络内的耦合强度. 第 α 层网络中如果第 i 个节点与第 j 个节点连接, 则 $L^{(\alpha)}$ 的 (i,j) 元素为 -1, 否则为 0, 并且保证 $L^{(\alpha)}$ 各行的行和为 0.

对于两层网络, 假设层间耦合强度为 a, 则层间超 Laplacian 矩阵 $\mathcal{L}^I$ 为

$$\mathcal{L}^I = L^I \otimes I = \begin{pmatrix} a & -a \\ -a & a \end{pmatrix} \otimes I = \begin{pmatrix} aI & -aI \\ -aI & aI \end{pmatrix} \tag{9.5}$$

式 (9.3) $\sim$ 式 (9.5) 是分析多层网络结构特性的最基本关系.

对于每层 N 个节点的两层网络, 其超 Laplacian 矩阵为

$$\mathcal{L} = \mathcal{L}^L + \mathcal{L}^I = \begin{pmatrix} a_1 L^{(1)} & 0 \\ 0 & a_2 L^{(2)} \end{pmatrix} + a\begin{pmatrix} I & -I \\ -I & I \end{pmatrix} = \begin{pmatrix} a_1 L^{(1)} + aI & -aI \\ -aI & a_2 L^{(2)} + aI \end{pmatrix}$$

其中 a 为层间耦合强度, a_1 和 a_2 分别为第 1 层和第 2 层的层内耦合强度, $L^{(1)}$ 和 $L^{(2)}$ 为第 1 层和第 2 层单层的 Laplacian 矩阵, I 为 N 阶单位矩阵.

如果层间耦合强度 $a = 0$, 则 $\mathcal{L}$ 的特征值就是两个单层 Laplacian 矩阵特征值的并, 分别记为 $0 = \lambda_1^1 < \lambda_2^1 \leqslant \cdots \leqslant \lambda_N^1$ 和 $0 = \lambda_1^2 < \lambda_2^2 \leqslant \cdots \leqslant \lambda_N^2$, 而层内超 Laplacian 矩阵 $\mathcal{L}^L$ 的特征值为 $0 = \lambda_1 = \lambda_2 < \lambda_3 \leqslant \cdots \leqslant \lambda_{2N}$, $\lambda_3 = \min(\lambda_2^1, \lambda_2^2)$, $\lambda_1 = \lambda_2 = 0$ 对应的特征向量是 $(1\cdots1|1\cdots1)$ 和 $(1\cdots1|-1\cdots-1)$.

如果层间耦合强度 $a \neq 0$,

$$\mathcal{L}\begin{pmatrix} 1_{N\times1} \\ -1_{N\times1} \end{pmatrix} = \begin{pmatrix} a_1 L^{(1)} & 0 \\ 0 & a_2 L^{(2)} \end{pmatrix}\begin{pmatrix} 1_{N\times1} \\ -1_{N\times1} \end{pmatrix} + a\begin{pmatrix} I & -I \\ -I & I \end{pmatrix}\begin{pmatrix} 1_{N\times1} \\ -1_{N\times1} \end{pmatrix}$$
$$= \begin{pmatrix} 0 \\ 0 \end{pmatrix} + 2a\begin{pmatrix} 1_{N\times1} \\ -1_{N\times1} \end{pmatrix},$$

这里 $\begin{pmatrix} 1_{N\times1} \\ -1_{N\times1} \end{pmatrix}^T = (1\cdots1|-1\cdots-1)$, 所以, $\mathcal{L}$ 对应 $\lambda = 0$ 的特征向量为 $(1\cdots1|1\cdots1)$, 对应 $\lambda = 2a$ 的特征向量为 $(1\cdots1|-1\cdots-1)$, 因此只要层间耦合强度 a 远小于层内耦合强度 a_1 和 a_2, 那么 $2a$ 总是 $\mathcal{L}$ 的最小非零特征值. 这也说明, 当层间耦合强度 a 很小时, 两层网络的最小非零特征值正比于 a, 即同步能力由层间耦合强度决定.

对于 M 层网络, 设第 i 层 $(i = 1, \cdots, M)$ 网络的 Laplacian 矩阵为 $L^{(i)}$, 定义 M 层网络的平均 Laplacian 矩阵为 $L^s = \dfrac{1}{M} \sum\limits_{\alpha} L^{(\alpha)}$. 文献 [24] 指出, 对于两层网络, 平均 Laplacian 矩阵 $L^s = (L^{(1)} + L^{(2)})/2$ 的特征值 λ_2^s 与单层 Laplacian 矩阵特征值有以下关系

$$\lambda_2^s \geqslant (\lambda_2^1 + \lambda_2^2)/2 \geqslant \min\{\lambda_2^1, \lambda_2^2\} \tag{9.6}$$

例 9.1. 考虑图 9.21 的两层网络, 第 1 层和第 2 层的 Laplacian 矩阵分别为

$$L^{(1)} = \begin{pmatrix} 2 & 0 & 0 & -1 & -1 & 0 \\ 0 & 3 & 0 & -1 & -1 & -1 \\ 0 & 0 & 2 & -1 & -1 & 0 \\ -1 & -1 & -1 & 4 & -1 & 0 \\ -1 & -1 & -1 & -1 & 5 & -1 \\ 0 & -1 & 0 & 0 & -1 & 2 \end{pmatrix}, L^{(2)} = \begin{pmatrix} 2 & 0 & -1 & 0 & 0 & -1 \\ 0 & 3 & 0 & -1 & -1 & -1 \\ -1 & 0 & 2 & 0 & 0 & -1 \\ 0 & -1 & 0 & 1 & 0 & 0 \\ 0 & -1 & 0 & 0 & 2 & -1 \\ -1 & -1 & -1 & 0 & -1 & 4 \end{pmatrix}.$$

特征值分别为 0, 1.5188, 2.0000, 3.3111, 5.1701, 6.0000 和 0, 0.6314, 1.4738, 3.0000, 3.7877, 5.1071. 设 $a_1 = a_2 = 1$, 层内的超 Laplacian 矩阵 $\mathcal{L}^L = \begin{pmatrix} L^{(1)} & 0 \\ 0 & L^{(2)} \end{pmatrix}$ 的特征值为 $L^{(1)}$ 和 $L^{(2)}$ 的特征值之并

$$\{0, 0, 0.6314, 1.4738, 1.5188, 2.0000, 3.0000, 3.3111, 3.7877, 5.1071, 5.1701, 6.0000\}.$$

平均 Laplacian 矩阵 $L^s = (L^{(1)} + L^{(2)})/2$ 的特征值为 0, 2.0000, 2.5000, 2.6340, 4.3660, 4.5000, 其中 $\lambda_2^s = 2$.

假设层间耦合强度为 a, 则层间的 Laplacian 矩阵 $L^{(I)} = \begin{pmatrix} a & -a \\ -a & a \end{pmatrix}$, 特征值为 0 和 $2a$, 一定是两层网络的超 Laplacian 矩阵 $\mathcal{L}$ 的特征值. 由 (9.5) 式层间超 Laplacian 矩阵 $\mathcal{L}^I = L^{(I)} \otimes I_6 = \begin{pmatrix} aI_6 & -aI_6 \\ -aI_6 & aI_6 \end{pmatrix}$, 其中 I_6 是 6 阶单位矩阵, 所以 $\mathcal{L}^I$ 的特征值是层间 Laplacian 矩阵 $L^{(I)}$ 特征值的 6 重, 即 $\{0, 0, 0, 0, 0, 0, 2a, 2a, 2a, 2a, 2a, 2a\}$.

最后, 假设层间耦合强度 $a = 1$, 按 (9.3) 式计算出两层网络的超 Laplacian 矩阵 $\mathcal{L}$ 的特征值为 0, 1.3226, 1.8474, 2.0000, 2.3820, 2.7729, 4.0000, 4.6180, 4.9443, 6.0000, 6.8151, 7.2978, 这里包含 $L^{(I)}$ 的特征值 0 和 2, 其中 $\mathcal{L}$ 最小非零特征值为 1.3226. 需要注意的是, $\mathcal{L} = \mathcal{L}^L + \mathcal{L}^I$ 的特征值并不是 $\mathcal{L}^L$ 和 $\mathcal{L}^I$ 的特征值之并.

如果我们取层间耦合强度足够小, 如 $a = 0.05$, 那么两层网络的超 Laplacian 矩阵 $\mathcal{L}$ 的特征值为 0, 0.1000, 0.6805, 1.5113, 1.5805, 2.0475, 3.0525, 3.3604, 3.8379, 5.1500, 5.2286, 6.0008. 其中最小非零特征值为 $2a = 0.1$. 可见, 在 $a_1 = a_2 = 1$ 条件下, 层间耦合强度 a 从 1 减小到 0.05 时, 两层网络的超 Laplacian 矩阵 $\mathcal{L}$ 的最小非零特征值从 1.3226 变为 0.1, 说明两层网络的同步能力随 a 的减小而减小.

由于 $\mathcal{L} = \mathcal{L}^L + \mathcal{L}^I$, 因此根据矩阵摄动理论, $\mathcal{L}$ 的特征值可以看成为层内超 Laplacian 矩阵 $\mathcal{L}^L$ 特征值上做一个扰动, 扰动的大小在 $\mathcal{L}^I$ 的最小特征值和最大特征值之间. 对于这个例子, 在 $a_1 = a_2 = 1$, $a = 1$ 情况下, $\mathcal{L}$ 的特征值一定在 $0 + 0$ 和 $6 + 2$ 之间, 即 $[0, 8]$; 而在 $a_1 = a_2 = 1$, $a = 0.05$ 情况下, $\mathcal{L}$ 的特征值一定在 $0 + 0$ 和 $6 + 0.1$ 之间, 即 $[0, 6.1]$. 这一估计总体来说还是比较准确的.

文献 [24] 给出了图 9.21 所示两层网络的最小非零特征值随层间强度的变化, 见图 9.23. 设 $a_1 = a_2 = 1$, 两层网络的超 Laplacian 矩阵最小非零特征值基本上可以分成两段, 在 $a \ll 1$ 时, $\lambda = 2a$, 在 $a \gg 1$ 时, 以平均 Laplacian 矩阵

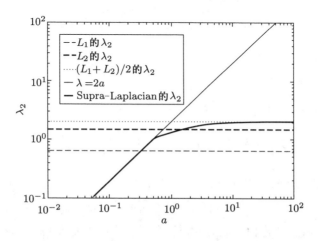

图 9.23 两层网络的最小非零特征值随层间强度的变化 (取自文献 [24])

$L^s = (L^{(1)} + L^{(2)})/2$ 的最小非零特征值为上界增加, 这时它明显地大于单层网络的最小非零特征值, 表明两层网络扩散的时间尺度小于单层网络的时间尺度, 表现出超扩散现象.

9.3.2　两层星型网络通过层间一条或两条边连接的同步问题

对于每层 N 个节点共 M 层的多层网络, 设 x_i^K 表示 K 层第 i 个节点变量, D_K 表示 K 层内的耦合强度, W_{ij}^K 表示 K 层内第 i 个节点与第 j 个节点之间的权值, D_{KL} 表示第 K 层与第 L 层的层间耦合强度, 于是 K 层第 i 个节点的变量状态方程如下

$$\frac{dx_i^K}{dt} = D_K \sum_{j=1}^N w_{ij}^K(x_j^K - x_i^K) + \sum_{L=1}^M D_{KL}(x_i^L - x_i^K) \quad (k = 1, 2, \cdots, M) \quad (9.7)$$

1. 层间一条边情形

文献 [26] 讨论了两层都是 N 个节点的星型网络, 两层之间有一条边连接的两层网络同步问题 (见图 9.24 (a)). 考虑两层间的 3 种连接方式: HH 表示两层中心节点连接, LL 表示两层边缘节点连接, HL 和 LH 表示中心节点 (边缘节点) 与边缘节点 (中心节点) 连接. 取层内耦合强度为 1, 层间耦合强度为 a. 这种特殊的两层规则网络, 其超 Laplacian 矩阵的 λ_{2N} 和 λ_2 依赖 N 和 a, 满足代数方程

$$x^3 + C_2 x^2 + C_1 x + C_0 = 0 \quad (9.8)$$

其中 $C_2 = -(1 + N + 2a)$, $C_1 = N + 4a + \xi a(N-2)$, $C_0 = -2a$, $\xi^{\mathrm{HH}} = 0$, $\xi^{\mathrm{HL}} = 1$, $\xi^{\mathrm{LL}} = 2$.

在 HH 情况下, λ_{2N} 和 λ_2 的解析表达式为

$$\lambda_{2N,2} = N/2 + a \pm \sqrt{(N/2)^2 + a^2 + (N-2)a} \quad (9.9)$$

可见层间耦合强度 a 的增加能提高网络的同步能力. 在 $a > 0$, $N > 2$ 情况下, $\lambda_2^{\mathrm{HH}} > \lambda_2^{\mathrm{HL}} > \lambda_2^{\mathrm{LL}}$. 进一步可以证明, 对于所有可行的 a 和 N, 都有 $r^{\mathrm{HH}} < r^{\mathrm{HL}} < r^{\mathrm{LL}}$, 这里 $r = \lambda_{2N}/\lambda_2$. LL 和 HL 情况比较复杂, 详见文献 [26]. 这一结论与 6.2.1 节利用连接图方法导出的结果是一致的.

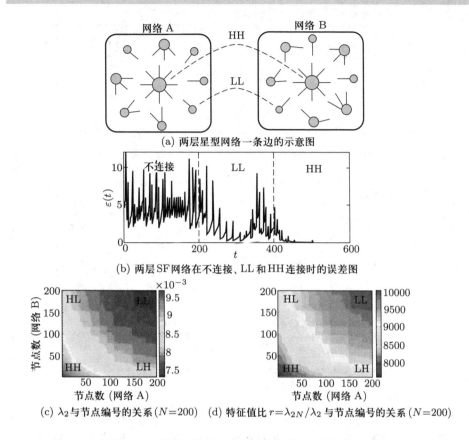

(a) 两层星型网络一条边的示意图

(b) 两层 SF 网络在不连接、LL 和 HH 连接时的误差图

(c) λ_2 与节点编号的关系 $(N=200)$ (d) 特征值比 $r=\lambda_{2N}/\lambda_2$ 与节点编号的关系 $(N=200)$

图 9.24   层间一条边连接的同步能力 (取自文献 [26])

图 9.24 (b)~ 图 9.24 (d) 为两层 SF 网络, $N = 200$, 节点为 Rössler. 图 9.24 (b) 表明 LL($t = 200$) 不能同步, HH($t = 400$) 时完全同步. 图 9.24 (c) 和图 9.24 (d) 给出了 λ_2 和 $r = \lambda_{2N}/\lambda_2$ 与节点编号的关系. 图 9.25 给出层间一条边连接时同步能力随 a 的变化情况, 图 9.25 (a) 和图 9.25 (b) 为 $N = 6$ 时的解析结果, 图 9.25 (c) 和图 9.25 (d) 为 $N = 500$ 时的仿真结果. 从图中可见, 在层间强度 a 相同的情况下, HH 方式同步能力最强, HL 其次, LL 同步能力最弱. 同时, r 随着 a 的增加先减小然后增加, 有一个最小值, 而且 HH 的最小值比 HL 和 LL 的最小值更小, 说明层间连接按 HH 方式可以达到最强的同步能力.

2. 层间两条边情形

文献 [27] 讨论了两层之间有两条边连接的两层网络的同步问题. 两层星型

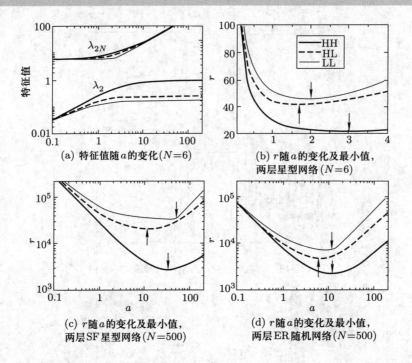

(a) 特征值随 a 的变化 $(N=6)$

(b) r 随 a 的变化及最小值，两层星型网络 $(N=6)$

(c) r 随 a 的变化及最小值，两层SF星型网络 $(N=500)$

(d) r 随 a 的变化及最小值，两层ER随机网络 $(N=500)$

图 9.25　层间一条边连接的同步能力随 a 的变化 (取自文献 [26])

网络通过层间两条边连接可以有 3 种方式: 一层的中心节点和一个边缘节点分别连接另一层的中心节点和一个边缘节点, 记为 HH–LL, 类似地还有 HL–LH 和 LL–LL 连接方式. 假设每一层有 N 个节点, 层间两条边连接的耦合强度都为 a. 于是可以导出两层网络的超 Laplacian 矩阵的 λ_2 和 λ_{2N} 满足如下的代数方程.

对于 HH–LL 情形, 满足

$$
\begin{aligned}
&\lambda^5 + (-2N - 4a - 2)\lambda^4 + (N^2 + 6Na + 4N + 4a^2 + 8a + 1)\lambda^3 \\
&+(-2N^2a - 2N^2 - 4Na^2 - 10Na - 2N - 8a^2 - 8a)\lambda^2 + (2N^2a \\
&+N^2 + 8Na^2 + 8Na + 4a^2 + 4a)\lambda - 4Na^2 - 4Na = 0
\end{aligned} \tag{9.10}
$$

对于 HL–LH 情形, 满足

$$
\begin{aligned}
&\lambda^5 + (-2N - 4a - 2)\lambda^4 + (N^2 + 6Na + 4N + 4a^2 + 8a + 1)\lambda^3 \\
&+(-2N^2a - 2N^2 - 4Na^2 - 10Na - 2N - 8a^2 - 8a)\lambda^2 + (N^2a^2 \\
&+2N^2a + N^2 + 4Na^2 + 8Na + 8a^2 + 4a)\lambda - 4Na^2 - 4Na = 0
\end{aligned} \tag{9.11}
$$

对于 LL–LL 情形, 满足

$$\lambda^5 + (-2N - 4a - 2)\lambda^4 + (N^2 + 8Na + 4N + 4a^2 + 4a + 1)\lambda^3$$
$$+(-4N^2a - 2N^2 - 8Na^2 - 8Na - 2N - 4a)\lambda^2 + (4N^2a^2 \qquad (9.12)$$
$$+4N^2a + N^2 + 4Na + 8a^2 + 4a)\lambda - 8Na^2 - 4Na = 0$$

图 9.26 给出了两层网络 ($N = 25$) 的同步能力随 a 的变化, 其中图 9.26 (a) 和图 9.26 (b) 是从 Laplacian 矩阵计算得到, 图 9.26 (c) 和图 9.26 (d) 是从方程 (9.10) $\sim$ (9.12) 计算得到.

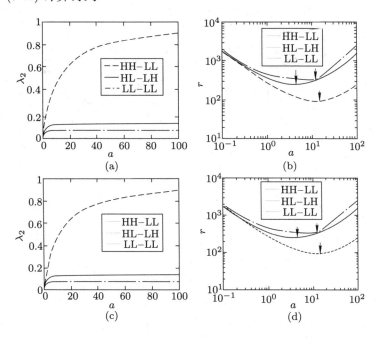

图 9.26　层间两条边连接的星型网络同步能力随 a 的变化 (取自文献 [27])

图 9.27 和图 9.28 分别给出了星型网络–SF 网络和星型网络–ER 网络, 通过层间两条边连接的两层网络的同步能力随耦合强度 a 的变化. 从图中可以看出, λ_2 随 a 的增加而提高, 但是当 a 增加到一定值时 λ_2 的提高变得非常缓慢; r 随着 a 的增加先减小然后增加, 有一个最小值, HL–LH 情况最小值首先达到, 然后是 HH–LL, 最后是 LL–LL 情况达到最小值; 而且 HH–LL 的最小值比 HL–LH 和 LL–LL 的最小值更小, 说明层间连接按 HH–LL 方式可以达到最强的同步能力.

图 9.29 给出了节点为 Rössler 系统通过层间两条边连接的两层星型网络的

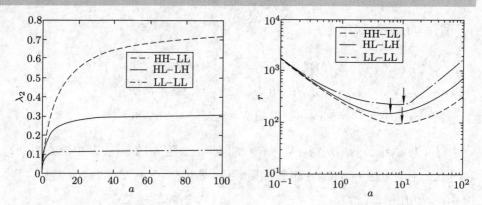

图 9.27 　层间两条边连接的星型–SF 网络同步能力随 a 的变化 $(N = 25)$(取自文献 [27])

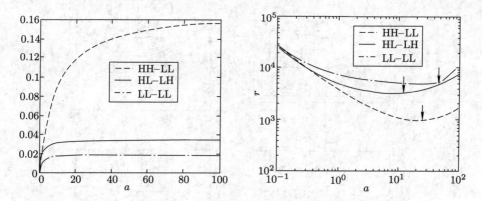

图 9.28 　层间两条边连接的星型–ER 网络同步能力随 a 的变化 $(N = 100)$(取自文献 [27])

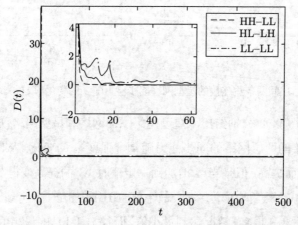

图 9.29 　节点为 Rössler 系统的两层星型网络的同步误差演化图, 纵坐标为 20 次平均的同步误差 $(N = 15)$(取自文献 [27])

254

同步误差演化图, 层间强度 $a = 10$, $N = 15$.

9.3.3 两层星型网络通过层间 N 条边连接的同步问题

考虑两个单层节点数均为 N 的星形网络, 层间按照中心节点与中心节点、叶子节点之间一一对应连接成的两层网络. 两层网络的节点的动力学如 (9.7) 中 $M = 2$ 的情形. 层内耦合强度为 $a_1 = a_2 = a$, 中心节点之间的层间耦合强度是 d_0, 叶子节点之间的层间耦合强度是 d. 文献 [28, 29] 详细推导了这种情形两层网络的 Supra-Laplace 矩阵特征值的解析表达式, 由于实际网络的节点数目非常大的, 总可以假设 $N \gg a; d; d_0$, 于是做线性近似, 得到 $\lambda_2 = \min\{a; 2d\}$, $\lambda_{2N} = Na + 2d_0$.

为了方便分析, 按同步域为无界和有界两种情形, 将 λ_2 和 $r = \lambda_{2N}/\lambda_2$ 随 N, a, d_0, d 的变化情形列于表 9.2.

表 9.2 λ_2 和 $r = \lambda_{2N}/\lambda_2$ 随 N, a, d_0, d 的变化

		N 增大	a 增大	d_0 增大	d 增大
$\lambda_2 = min\{a, 2d\}$	$a < 2d$	不变	增大	不变	不变
	$a > 2d$	不变	不变	不变	增大
$r = \dfrac{Na + 2d_0}{min\{a, 2d\}}$	$a < 2d$	增大	减小	增大	不变
	$a > 2d$	增大	增大	增大	减小

从表 9.2 中可以得出:

(1) 对于同步域为无界情形: 当 $a < 2d$ 时, $\lambda_2 = a$; 当 $a > 2d$ 时, $\lambda_2 = 2d$. 这说明网络的同步能力与 a 或 $2d$ 有关. 当 a 比较小时, 网络的同步能力由 a 决定; 当 $2d$ 比较小时, 网络的同步能力由 d 决定. a 或 d 的增大都会增加网络的同步能力. 说明这种两层星型网络的同步能力在层内耦合强度比较弱时, 只与层内耦合强度有关, 当层间耦合强度比较弱时, 网络的同步能力只与层间耦合强度有关. 也就是说, 层内耦合强度和层间耦合强度两者之间, 弱者决定同步能力.

(2) 对于同步域为有界情形: 当 $a < 2d$ 时, $r = (Na + 2d_0)/a$; 当 $a > 2d$ 时, $r = (Na + 2d_0)/2d$. 这说明当 a 比较小时, a 增大会增强网络的同步能力, 而 N

和 d_0 的增大反而削弱网络的同步能力; 当 $2d$ 比较小时, 增大 d 会增强网络的同步能力, 而 N, a 和 d_0 的增大会削弱网络的同步能力.

文献 [29] 还针对层数 M 为一般情形的这种多层网络, 在假设层与层之间的耦合强度均相同、每层的层内耦合强度也相同的情形下, 推导了 Supra-laplace 矩阵特征多项式和特征值. 最后还研究了当网络的节点数固定, 如何改变层内耦合强度和层间耦合强度更有利于网络的同步能力, 得到了一些有趣的结果. 有兴趣的读者可以阅读论文.

更一般的多层网络的同步, 目前已经有一些新的成果, 譬如文献 [30, 31].

9.3.4　BA–BA 两层网络通过度相关性连接的同步问题

BA 无标度网络是最常见复杂网络模型, 文献 [28] 讨论了两层 BA 网络之间按度相关性连接的同步问题. 假设两层 BA 网络都有 N 个节点, 通过 N 条边一一连接, 每一个节点只与另一层的一个节点连接, 层间每一条边的强度均为 a. 这 N 条边的连接方式可以分为正相关 (两个单层网络的度大节点与度大节点、度小节点与度小节点一一相连)、负相关 (一层网络度大节点与另一层网络度小节点一一相连) 和随机相关 (一层网络节点与另一层网络节点一一随机相连). BA 无标度网络在构造过程中涉及初始网络规模 m_0 和每次引入新节点的边数 m, 一般取 $m_0 = m$. 选两个相同的 BA 网络, $N = 500$, 以上 3 种连接方式的网络 Laplacian 矩阵特征值 λ_2 和 λ_{2N}, 分别记为 $\lambda_2^p, \lambda_2^n, \lambda_2^r$ 和 $\lambda_{2N}^p, \lambda_{2N}^n, \lambda_{2N}^r$.

通过数值仿真发现, $\lambda_2^p, \lambda_2^n, \lambda_2^r$ 随 a 的增加而提高, 但是当 a 增加到一定值时 λ_2 的提高变得非常缓慢, 分别有上界 $\lambda_2^{sp}, \lambda_2^{sn}, \lambda_2^{sr}$, 并且有 $\lambda_2^{sp} < \lambda_2^{sr} < \lambda_2^{sn}$ (见图 9.30). 从数值仿真还发现, $r = \lambda_{2N}/\lambda_2$ 随着 a 的增加先减小然后增加, $\lambda_{2N}^p/\lambda_2^p, \lambda_{2N}^r/\lambda_2^r$ 和 $\lambda_{2N}^n/\lambda_2^n$ 依次达到最小值, 并且 $\lambda_{2N}^n/\lambda_2^n < \lambda_{2N}^r/\lambda_2^r < \lambda_{2N}^p/\lambda_2^p$ (见图 9.31).

因此, 对于两层 BA 网络之间有 N 条边一一连接的两层网络来说, 按负相关连接的同步能力最强, 其次是随机连接, 正相关连接的同步能力最弱. 这可能是因为负相关连接使得两层网络变得更加均匀.

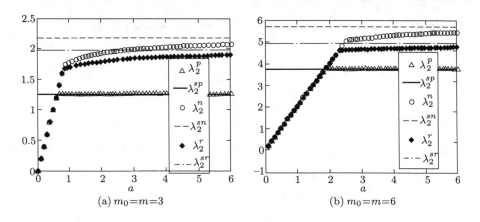

图 9.30　两层 BA 网络通过度相关性连接的 λ_2 随 a 的变化 $(N = 100)$ (取自文献 [28])

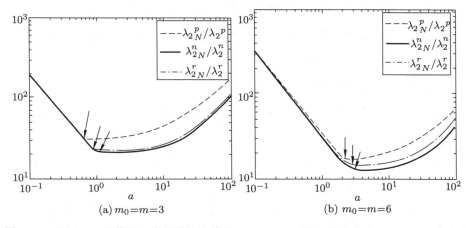

图 9.31　两层 BA 网络通过度相关性连接的 $r = \lambda_{2N}/\lambda_2$ 随 a 的变化 $(N = 100)$(取自文献 [28])

9.4　其他进展和展望

复杂动态网络的同步来自物理、化学、生物、工程技术以及社会和经济等广泛的领域, 已经取得了很大的进展并有大量的文献, 本书主要研究含节点动力学的动态网络的完全同步问题, 也讨论了 Kuramoto 模型的相同步问题. 除了这两种最基本的同步问题外, 还有一些重要的网络同步形式, 譬如网络的聚类同步 (cluster synchronization)[32−35]、广义同步 (generalized synchronization)[36−41]、投影同步 (projective synchronization)[42−45], 也有着广泛的背景.

尽管复杂网络同步问题的研究已经取得丰硕的成果, 但仍然还有许多问题需要继续深入研究[46]. 前面我们已经介绍了网络同步在近期的某些重要进展, 这里我们再列出一些比较重要的问题, 供读者参考.

主稳定函数方法为研究网络的同步问题, 提供了强有力的分析手段, 然而, 该方法是基于节点动力学完全相同的完全同步的线性稳定性分析, 而实际系统中节点动力学不一定全部相同, 而完全同步也是非常理想化的, 严格的完全同步可能更加脆弱, 应该考虑不同层次的同步, 这样反而可以使系统的同步性质更具有鲁棒性和协调灵活特点. 另外, 同步过程的研究有利于揭示复杂系统的演化机理, 它与特征值谱存在着紧密的关系, 目前主要考虑的是最小非零特征值和最大特征值, 而对特征值谱和特征向量的研究仍然比较缺乏[47−50].

目前大量文献研究的是无向网络, 而有向加权网络的同步也开始引起人们的关注, 涉及有向加权网络的谱性质与同步过程的关系等问题[51−55]. 当节点为混沌或超混沌系统并且含有时滞、随机或脉冲时, 各种复杂动态网络的同步现象变得更加复杂, 同步判据也都有待进一步研究.

网络结构如何决定和影响网络同步目前已有大量研究, 反过来的问题这几年也已经有不少研究, 但还远远不够, 我们在第 8 章系统地介绍了基于同步的网络结构识别方法, 并且指出更为实际的问题是基于实际数据的网络结构反演, 这是目前一个前沿的研究方向, 还有许多工作可做.

复杂网络的可控性研究是近几年网络科学中的一个热点问题. 虽然传统的控制理论中关于系统控制问题已经有非常成熟的理论, 但是由于复杂网络的规模庞大, 传统控制的 Kalman's 理论需要测试的数目随网络规模的增大而指数增长, 所以不能直接适用. 2011 年 Nature 上的一篇文章[56] 在复杂网络可控性方向做出了开创性工作, 它把复杂网络与传统控制理论相结合, 在结构可控性的基础上解析计算出有向网络实现完全可控所需的最少外界输入数目. 其后, 严格可控性的提出又为研究具有任意拓扑结构和权重网络的可控性提供了理论框架. 结构可控和严格可控开辟了复杂网络可控性问题研究的新方法和思路, 并引起了广泛的关注. 在此基础上, 一系列相关的研究工作逐步展开, 还有很多未解决的问题, 譬如可控性能与鲁棒性之间的关系、时变网络的可控性问题、控制器的设置、最小控制能量等问题都有待深入研究.

复杂网络同步在科学、工程技术、社会科学等方面的应用也十分广泛. 20 世纪 90 年代发展起来的混沌控制与同步为保密通信提供了新的研究方向, 目前也有开始研究基于网络同步的保密通信问题. 复杂网络同步与生物、神经领域关系十分密切, 譬如神经系统中癫痫的突然发作 (或者社会中的突发灾难) 与网络同步的鲁棒性有关. 还有基因网络、生理节律、神经系统中突触的可变性, 都与网络同步相关. 最后, 我们提一下复杂网络与大脑结构的关系. 人类大脑大约有 1000 亿个神经元, 它们如何连接以及连接错误导致精神错乱或是出现严重的神经性疾病, 时至今日人类并没有弄清楚, 人类迫切地希望知道大脑的结构以及它是如何工作的. 我们期盼网络科学在探索人类大脑奥秘中做出应有的贡献.

参考文献

[1] Bollobás B. The evolution of sparse graphs [M]// Erdös P, Bollobás B. Graph Theory and Combinatorics. London: Academic press, 1984: 35–57.

[2] Alvarez-Hamelin J I, Dall'Asta L, Barrat A, et al. K-core decomposition of Internet graphs: hierarchies, self-similarity and measurement biases [J]. Networks and Heterogeneous Media, 2008, 3: 371–393.

[3] Girvan M, Newman M E J. Community structure in social and biological networks [J]. Proc. Natl. Acad. Sci. USA, 2002, 99: 7821–7826.

[4] Reichardt J, Bornholdt S. Detecting fuzzy community structures in complex networks with a potts model [J]. Phys. Rev. Let., 2004, 93(19): 218701.

[5] Donetti L, Muñoz M A. Detecting network communities: a new systematic and efficient algorithm [J]. J. Stat. Mech, 2004, 10: P10012.

[6] Palla G, Derényi I, Farkas I, et al. Uncovering the overlapping community structures of complex networks in nature and society [J]. Nature, 2005, 435(7043): 814–818.

[7] Guimera Ř, Amaral L A N. Functional cartography of complex metabolic networks [J]. Nature, 2005, 433: 895–900.

[8] Newman M E J. Modularity and community structure in networks [J]. Proc. Natl. Acad. Sci., 2006, 103(23): 8577–8582.

[9] Song C, Havlin S, Makse H. Self-similarity of complex networks [J]. Nature, 2005, 433: 392–395.

[10] Gfeller D, Rios P D L. Spectral coarse graining of complex networks [J]. Phys. Rev. Lett., 2007, 99: 038701.

[11] Gfeller D, Rios P D L. Spectral coarse graining and synchronization in oscillators networks [J]. Phys. Rev. Lett., 2008, 100: 174104.

[12] Chen J, Lu J A, Lu X F, et al. Spectral coarse graining of complex clustered networks [J]. Commun. Nonlinear Sci. Numer. Simulat., 2013, 18(11): 3036–3045.

[13] Huang L, Lai Y C, Gatenby R A. Optimization of synchronization in complex clustered networks [J]. Chaos, 2008, 18: 013101.

[14] Arenas A, Díaz-Guilera A, Kurths J, et al. Synchronization in complex networks [J]. Physics Reports, 2008, 469: 93–153.

[15] Newman M E J, Girvan M. Finding and evaluating community structure in networks [J]. Phys. Rev. E, 2004, 69: 026113.

[16] Ma X J, Huang L, Lai Y C, et al. Synchronization-based scalability of complex clustered networks [J]. Chaos, 2008, 18: 043109.

[17] Lu J A, Zhang Y, Chen J, et al. Scalability analysis of the synchronizability for ring or chain networks with dense clusters [J]. Journal of Statistical Mechanics: Theory and Experiment, 2014, 3: 1–17.

[18] Han X P, Lu J A. The changes on synchronizing ability of coupled networks from ring networks to chain networks [J]. Science in China Series F: Information Sciences, 2007, 50(4): 615–624.

[19] Watts D J, Dodds P S, Newman M E. Identity and Search in Social Networks [J]. Science, 2002, 296: 1302–1305.

[20] Ravasz E, Somera A L, Mongru D A, et al. Hierarchical organization of modularity in metabolic networks [J]. Science, 2002, 297: 1551–1555.

[21] Boccaletti S, Bianconi G, Criado R, et al. The structure and dynamics of multilayer networks [J]. Physics Reports, 2014, 544 (1): 1–122.

[22] Lee K, Kim J, Lee S, et al. Multiplex networks [M]//D'Agostino G, Scala A. Networks

of Networks: The Last Frontier of Complexity. 1st ed. New York: Springer, 2014.

[23] Bauch C T, Galvani A P. Social Factors in Epidemiology [J]. Science, 2013, 342: 47–49.

[24] Gómez S, Díaz-Guilera A, Gómez-Gardeñes J, et al. Diffusion dynamics on multi-plexnetworks [J]. Physical Review Letters, 2013, 110: 028701.

[25] Solé-Ribalta A, De Domenico M, Kouvaris N E, et al. Spectral properties of the Laplacian of multiplex networks [J]. Physical Review E, 2013, 88: 032807.

[26] Aguirre J, Sevilla-Escoboza R, Gutiérrez R, et al. Synchronization of interconnected networks: the role of connector nodes [J]. Physical Review Letters, 2014, 112: 248701.

[27] Li Y, Wu X Q, Lu J A, et al. Synchronization of duplex star networks [J]. IEEE Transactions on Circuits and Systems-II, Express Briefs, 2016, 63 (2): 206–210.

[28] Xu M M, Zhou J, Lu J A, et al. Synchronizability of two-Layer Networks [J]. European Physical Journal B, 2015, 88: 240.

[29] 徐明明, 陆君安, 周进. 两层星型网络的特征值谱及同步能力 [J]. 物理学报, 2016, 65 (2): 028902.

[30] Ning D, Wu X Q, Lu J A, et al. Driving-based generalized synchronization in two-layer networks via pinning control [J]. Chaos, 2015, 25: 113104.

[31] Lu R Q, Yu W W, Lü J H, et al. Synchronization on complex networks of networks [J]. IEEE Transactions on Neural Networks and Learning Systems, 2014, 25(11): 2110–2118.

[32] Wu W, Zhou W, Chen T. Cluster synchronization of linearly coupled complex networks under pinning control[J]. IEEE Transactions on Circuits and Systems-I, 2009, 56: 829–839.

[33] Belykh V N, Belykh I V, Mosekilde E. Cluster synchronization modes in an ensemble of coupled chaotic oscillators[J]. Physical Review E, 2001, 63: 036216.

[34] Qin W X, Chen G R. Coupling schemes for cluster synchronization in coupled Josephson equation[J]. Physica D, 2004, 197: 375–391.

[35] Chen L, Lu J A. Cluster synchronization in a complex dynamical network with two nonidentical clusters[J]. Journal of Systems Science and Complexity, 2008, 21: 20–33.

[36] Rulkov N F, Sushchik M M, Tsimring L S, et al. Generalized synchronization of chaos in directionally coupled chaotic systems[J]. Physical Review E, 1995, 51(2): 980–994.

[37] Abarbanel H D I, Rulkov N F, Sushchik M M. Generalized synchronization of chaos: The auxiliary system approach[J]. Physical Review E, 1996, 53(5): 4528–4535.

[38] Guan S, Wang X, Gong X, et al. The development of generalized synchronization on complex networks[J]. Chaos, 2009, 19:013130.

[39] Uchida A, McAllister R, Meucci R, et al. Generalized synchronization of chaos in identical systems with hidden degrees of freedom[J]. Physical Review Letters, 2003, 91: 174101.

[40] Chen J, Lu J A, Wu X Q, et al. Generalized synchronization of complex dynamical networks via impulsive control [J]. Chaos, 2009, 19: 043119.

[41] Liu H, Chen J, Lu J A, et al. Generalized synchronization in complex dynamical networks via adaptive couplings[J]. Physica A, 2010, 389: 1759–1770.

[42] Ronnie M, Jan R. Projective synchronization in three-dimension chaotic systems[J]. Physical Review Letters, 1999. 82: 3042–3045.

[43] Xu D, Li Z. Controlled projective synchronization in non-partially-linear chaotic systems[J]. International Journal of Bifurcation and Chaos, 2002, 12(6): 1395–1402.

[44] 刘杰, 陈士华, 陆君安. 统一混沌系统的投影同步与控制 [J]. 物理学报, 2003, 52(07): 1595–05.

[45] Wu Z Y, Fu X C. Complex projective synchronization in drive-response networks coupled with complex-variable chaotic systems [J]. Nonlinear Dynamics, 2013, 72: 9–15.

[46] Arenas A, Díaz-Guilera A, Kurths J, et al. Synchronization in complex networks[J]. Physics Reports, 2008, 469: 93–153.

[47] Kim D H, Motter A E. Ensemble averageability in network spectra[J]. Physical Review Letters, 2007, 98: 248701.

[48] Chung F, Lu L, Vu V. Spectra of random graphs with given expected degrees[J]. Proceedings of the National Academy of Sciences, 2003, 100: 6313–6318.

[49] Kim D, Kahng B. Spectral densities of scale-free networks[J]. Chaos, 2007, 17: 6115.

[50] 陈娟, 陆君安. 复杂网络中尺度研究揭开网络同步化过程 [J]. 电子科技大学学报, 2012,41(1): 8–16.

[51] Barrat A, Barthelemy M, Pastor-Satorras R A. The architecture of complex weighted networks[J]. Proceedings of the National Academy of Sciences, 2004, 101: 3747–3752.

[52] Garlaschelli D, Loffredo M I. Patterns of link reciprocity in directed networks[J]. Physical Review Letters, 2004,93: 268701.

[53] Bianconi G, Gulbahce N, Motter A E. Local structure of directed networks[J]. Physical Review Letters, 2008, 100: 118701.

[54] Rajan K, Abbott L F. Eigenvalue spectra of random matrices for neural networks[J]. Physical Review Letters, 2006, 97(18): 188104.

[55] Liu H, Cao M, Wu C W, et al. Synchronization in directed complex networks using graph comparison tools[J]. IEEE Transactions on Circuits and Systems-I, 2015, 62(4): 1185-1194.

[56] Liu Y Y, Slotine J J, Albert B. Controllability of complex networks[J]. Nature, 2011, 473: 167.

索引

复杂动态网络的同步

郑重声明

高等教育出版社依法对本书享有专有出版权。任何未经许可的复制、销售行为均违反《中华人民共和国著作权法》，其行为人将承担相应的民事责任和行政责任；构成犯罪的，将被依法追究刑事责任。为了维护市场秩序，保护读者的合法权益，避免读者误用盗版书造成不良后果，我社将配合行政执法部门和司法机关对违法犯罪的单位和个人进行严厉打击。社会各界人士如发现上述侵权行为，希望及时举报，本社将奖励举报有功人员。

反盗版举报电话 （010）58581999 58582371 58582488
反盗版举报传真 （010）82086060
反盗版举报邮箱 dd@hep.com.cn
通信地址 北京市西城区德外大街 4 号
　　　　　高等教育出版社法律事务与版权管理部
邮政编码 100120